"十三五"高等职业教育规划教材

人工智能概论

周 苏 王 文◎主编

U0310470

中国铁道出版社有限公司
CHINA RAILWAY PUBLISHING HOUSE CO., LTD.

内 容 简 介

人工智能是计算机科学的一个重要分支与应用。目前人工智能主要的研究与开发方向有模拟、延伸与扩展人类智能的理论、方法、技术及应用系统，涉及的技术与应用包括：大数据思维、知识表示、专家系统、机器学习、深度学习、机器人技术、图像识别、语音识别和自然语言处理等。

本书系统、全面地介绍了人工智能的相关基本观念与知识，既简明扼要地介绍了这一学科的基础知识与应用技术，也对自然语言处理、神经网络与深度学习等内容进行了拓展，更辅以实例作为思维与动手实践的学习支架，帮助读者打好学习人工智能的知识基础。

与本书配套的教学课件等文档可从 www.tdpress.com/51eds 网站下载。

本书适合作为高等院校相关专业的教材，也可作为对人工智能相关领域感兴趣的读者的学习用书。

图书在版编目（CIP）数据

人工智能概论 / 周苏，王文主编 . —北京：中国铁道出版社有限公司，2020.1（2023.9 重印）
"十三五"高等职业教育规划教材
ISBN 978-7-113-26403-1

Ⅰ.①人… Ⅱ.①周… ②王… Ⅲ.①人工智能 – 高等职业教育 – 教材 Ⅳ.① TP18

中国版本图书馆 CIP 数据核字 (2019) 第 260319 号

书　　名：人工智能概论
作　　者：周　苏　王　文

策　　划：秦绪好　汪　敏　　　　　　　　　编辑部电话：(010)51873628
责任编辑：汪　敏　冯彩茹
封面设计：刘　莎
责任校对：张玉华
责任印制：樊启鹏

出版发行：中国铁道出版社有限公司（100054，北京市西城区右安门西街 8 号）
网　　址：http://www.tdpress.com/51eds/
印　　刷：番茄云印刷（沧州）有限公司
版　　次：2020 年 1 月第 1 版　　2023 年 9 月第 6 次印刷
开　　本：850 mm×1 168 mm　印张：17　字数：389 千字
书　　号：ISBN 978-7-113-26403-1
定　　价：49.80 元

作为计算机科学的一个重要的研究与应用分支，人工智能曾经历几起几落，终于迎来了高速发展、硕果累累的大好局面。毫无疑问，一如当年的计算机、之后的网络、后来的云计算和大数据，今天，人工智能与这些主题一样，是每个高校学生必须关注、学习和重视的知识与现实。

人工智能是研究、开发用于模拟、延伸和扩展人的智能的理论、方法、技术及应用系统的一门技术学科，它试图了解人类智能的实质，并生产出一种新的能以人类智能相似的方式做出反应的智能机器，该领域的研究包括机器人、语言识别、图像识别、自然语言处理和专家系统等，可以想象，未来人工智能带来的科技产品，将会是人类智慧的"容器"。人工智能不是人的智能，但能像人那样思考，甚至也可能超过人的智能。

人工智能是一门极富挑战性的科学，包括十分广泛的知识内容，从事这项工作的人必须了解计算机科学、心理学和哲学等学科知识。目前，人工智能主要涉及的技术与应用包括大数据、知识表示、专家系统、机器学习、深度学习、机器人技术、图像识别和自然语言处理等方面。

本书系统、全面地介绍了人工智能的相关基本观念与知识，既简明扼要地介绍了这一学科的基础知识与应用技术，也对自然语言处理、神经网络与深度学习等内容进行了拓展，更辅以实例作为思维与动手实践的学习支架，帮助读者打好学习人工智能的知识基础。

每一个学习单元（模块）在编写时，都遵循下列五个要点：

（1）以深入浅出的方式，引发学习者的自我学习兴趣。

（2）介绍基本观念或解释原理，让学习者能切实理解和掌握人工智能的基本原理及相关应用知识。

（3）提供浅显易懂的案例，配合计算机网络的多媒体呈现方式，善用学习金字塔的学习效能要求，让学习者运用可视化的多元学习方式，易学易懂。

（4）思维与动手实践并进，让有了基本观念的学习者在思维与探究实作课程中练习。

（5）每一章使用低认知负荷的自我评量题目，让学习者在自我成就中建构人工智能的基本观念与技术架构。

结合课堂教学方法改革的要求，全书设计了课程教学过程，为每章都针对性地安排了导读案例、作业和思维与实训操作等环节，要求学生在课前阅读导读案例，在课后阅读课文并完成相应的作业，在网络搜索浏览的基础上，延伸阅读，深入理解课程知识内涵。

虽然已经进入电子时代，但我们仍然竭力倡导读书。为各章设计的作业其实并不难，学生只要认真阅读课文（知识准备），都能准确回答。并且，在书的附录部分给出了作业参考答案，供阅读者对比思考。

在教学过程中，建议让学生自由组织（头脑风暴）学习小组，以小组讨论和个人思考相结合的形式积极参与，努力完成实训任务。

本课程的教学进度设计见《课程教学进度表》，该表可作为教师授课参考和学生课程学习的概要。实际执行时，应按照教学大纲编排教学进度和校历中关于本学期节假日的安排，实际确定本课程的教学进度。

本课程的教学评测可以从以下几个方面入手：

（1）每章课文之前的导读案例。

（2）每章课后的作业。

（3）每章课后的"思维与实训操作"。

（4）课程学习与实训总结。

（5）平时考勤。

（6）任课教师认为必要的其他考核方法。

与本书配套的教学课件等文档可从中国铁道出版社有限公司网站(www.tdpress.com/51eds) 的下载区下载，欢迎教师与作者交流并索取为本书教学配套的相关资料并交流：zhousu@qq.com，QQ：81505050。

本书是浙江安防职业技术学院 2019 年度教材建设项目"高职人工智能系列教材"的成果之一。

本书由周苏、王文任主编。本书的编写得到浙江安防职业技术学院、浙江商业职业技术学院、浙大城市学院等多所院校师生的支持，在此一并表示感谢！

编　者

2019 年 8 月

课程教学进度表

（20　—20　学年第学期）

课程号：_____　　课程名称：__人工智能概论__　学分：_2_　周学时：_2_

总学时：_32_（其中理论学时：_32_　课外实践学时：_32_）

主讲教师：_____

序号	校历周次	章节（或实训、习题课等）名称与内容	学时	教学方法	课后作业布置
1	1	第一部分　引言与典型应用 第1章　绪论	2		
2	2	第2章　智慧城市与智能家居	2		
3	3	第3章　智慧医疗与公共健康	2		
4	4	第4章　新零售与客户服务	2		
5	5	第5章　智慧地球之智慧教育	2		
6	6	第6章　人工智能与社会发展	2		
7	7	第二部分　基础知识 第7章　大数据思维	2	导读案例 教学视频 课文	作业 思维与操作实训
8	8	第8章　知识表示	2		
9	9	第8章　知识表示	2		
10	10	第三部分　基于知识的系统 第9章　专家系统	2		
11	11	第10章　机器学习	2		
12	12	第11章　深度学习	2		
13	13	第11章　深度学习	2		
14	14	第四部分　高级专题 第12章　机器人技术	2		
15	15	第13章　智能图像处理	2		
16	16	第14章　自然语言处理	2		课程学习实训总结

填表人（签字）：　　　　　　　　　　　　　　　日期：

系（教研室）主任（签字）：　　　　　　　　　日期：

CONTENTS **目 录**

第一部分　了解人工智能及其典型应用

第二部分　基础知识

第三部分　基于知识的系统

第四部分　高 级 专 题

第一部分

了解人工智能及其典型应用

第 1 章

绪　　论

电影《人工智能》

在科技发展日新月异的今天，人工智能受到越来越多的关注。其实，在电影中，也不乏人工智能的身影，它们大多拥有酷炫的外表、丰富的情感和高超的本领，对未来的人类社会和人工智能的发展进行了大胆设想。这些精彩的电影，你看过几部？

《人工智能》是由华纳兄弟影片公司于 2001 年拍摄发行的一部未来派的科幻类电影（见图 1-1）。影片讲述 21 世纪中期，人类的科学技术已经达到了相当高的水平，一个小机器人为了寻找养母，为了缩短机器人和人类之间的差距而奋斗的故事。

图 1-1　电影《人工智能》海报

在机器人的发展过程中，赋予机器人以情感是最富有争议的，也是最后未能做到的事。通常机器人被视作一个极其复杂的装置，人们认为他们不会具备感情。但是，有很多父母失去了自己的孩子，时代的需要就使这种可能性大大增加。终于，Cybertronics Manufacturing 制作公司着手解决这个问题，制造出了第一个具有感情的机器人，他的名字叫大卫。

作为第一个被输入情感程序的机器男孩，大卫是这个公司的员工亨瑞和他妻子的一个试验品，他们夫妻俩收养了大卫。而他们自己的孩子却最终因病被冷冻起来，以期待有朝一日，有一种能治疗这种病的方法会出现。尽管大卫逐渐成了他们的孩子，拥有了所有的爱，成为家庭的一员，但一系列意想不到的事件的发生使得大卫的生活无法进行下去。

　　人类与机器最终都无法接受他，大卫只有唯一的一个伙伴机器——他的超级玩具泰迪熊，也是他的保护者。大卫踏上了旅程，开始寻找真正属于自己的地方。他要找寻自我、探索人性，成为一个真正意义上的人。

📢 教学视频 机器人的平衡能力

　　科学界已经开发出这样的机器人，它具有极好的平衡能力，在模拟人类搬运物品行走的过程中，可以轻松应对各种突发状况。请观看"教学视频案例：机器人的平衡能力"（见图 1-2）。

图 1-2　机器人的平衡能力

1.1　人工智能的概念

　　作为计算机科学的一个分支，人工智能（Artificial Intelligence, AI）是研究、开发用于模拟、延伸和扩展人的智能的理论、方法、技术及应用系统的一门新的技术科学，是一门自然科学、社会科学和技术科学交叉的边缘学科（见图 1-3），它涉及的学科内容包括哲学和认知科学、数学、神经生理学、心理学、计算机科学、信息论、控制论、不定性论、仿生学、社会结构学与科学发展观等。

图 1-3　人工智能

　　人工智能企图了解智能的实质，并生产出一种新的能以人类智能相似的方式做出反应的智能机器。人工智能的研究范畴包括自然语言学习与处理、知识表现、智能搜索、推理、规划、机器学习、知识获取、组合调度、感知、模式识别、逻辑程序设计、软计算、不精确和不确定的管理、人工生命、神经网络、复杂系统、遗传算法、人类思维方式等。一般认为，人工智能最关键的难题还是机器自主创造性思维能力的塑造与提升。

人工智能从诞生以来，其理论和技术日益成熟，应用领域也不断扩大，可以设想，未来人工智能带来的科技产品将会是人类智慧的"容器"。人工智能是对人的意识、思维的信息过程的模拟。人工智能不是人的智能，但能像人那样思考，甚至也可能超过人的智能。因此，人工智能是一门极富挑战性的科学。

1.1.1 人工智能的定义

人工智能的定义可分为两部分，即"人工"和"智能"。

"人工"比较好理解，有时我们也会进一步考虑什么是人力所能及制造的，或者人自身的智能程度有没有高到可以创造人工智能的地步，等等。

至于什么是"智能"，问题就复杂多了，它涉及诸如意识、自我、思维（包括无意识的思维）等问题。事实上，人唯一了解的智能是人本身的智能，但我们对自身智能的理解、对构成人的智能的必要元素也了解有限，很难准确定义出什么是"人工"制造的"智能"。因此，人工智能的研究往往涉及对人的智能本身的研究（见图 1-4），其他关于动物或人造系统的智能也普遍被认为是与人工智能相关的研究课题。

图 1-4　人的智能

尼尔逊教授对人工智能下了这样一个定义："人工智能是关于知识的学科——怎样表示知识以及怎样获得知识并使用知识的科学。"而温斯顿教授认为："人工智能就是研究如何使计算机去做过去只有人才能做的智能工作。"这些说法反映了人工智能学科的基本思想和基本内容，即人工智能是研究人类智能活动的规律，构造具有一定智能的人工系统，研究如何让计算机去完成以往需要人的智力才能胜任的工作，也就是研究如何应用计算机的软 / 硬件来模拟人类某些智能行为的基本理论、方法和技术。

20 世纪 70 年代以来，人工智能被称为是世界三大尖端技术（空间技术、能源技术、人工智能）之一，也被认为是 21 世纪三大尖端技术（基因工程、纳米科学、人工智能）之一，近 30 年来它得到迅速发展，在很多学科领域都获得了广泛应用，并取得了丰硕的成果。

人工智能与思维科学的关系是实践和理论的关系，它是思维科学技术应用层次的一个分支。从思维观点看，人工智能没有局限于逻辑思维，也考虑形象思维、灵感思维，促进了人工智能的突破性发展。

1.1.2 强人工智能与弱人工智能

就其本质而言，人工智能是对人的思维的信息过程的模拟。对于人的思维模拟可以从两个方面进行：一是结构模拟，仿照人脑的结构机制，制造出"类人脑"的机器；二是功能模拟，暂时撇开人脑的内部结构，从其功能过程进行模拟。现代电子计算机的产生便是对人脑思维功能的模拟，是对人脑思维的信息过程的模拟。

强人工智能（Bottom-Up AI），又称多元智能，大多数研究人员希望他们的研究最终将被纳入一个具有多元智能，结合其所有的技能并且超越大部分人类的能力。有些人认为要达成以上目标，可能需要拟人化的特性，如人工意识或人工大脑。这些问题被认为是体现人工智能的完整性：为了解决其中一个问题，必须解决全部的问题。即使一个简单和特定的任务，如机器翻译，要求机器按照作者的论点（推理），知道什么是被人谈论（知识），忠实地再现作者的意图（情感计算）。因此，机器翻译被认为具有人工智能完整性。

强人工智能的观点认为有可能制造出真正能推理和解决问题的智能机器，并且这样的机器将被认为是有知觉的、有自我意识的。强人工智能分两类：

（1）类人的人工智能，即机器的思考和推理就像人的思维一样。

（2）非类人的人工智能，即机器产生了和人完全不一样的知觉和意识，使用和人完全不一样的推理方式。

弱人工智能（Top-Down AI），认为不可能制造出能真正地推理和解决问题的智能机器，这些机器只不过是看起来像是智能的，但并不真正拥有智能，也不会有自主意识。如今主流的研究活动都集中在弱人工智能上，并且这一领域的研究已经取得可观的成就，而强人工智能的研究还处于停滞不前的状态。

1.2 人工智能发展历史

科学家已经制造出了汽车、火车、飞机、收音机等技术系统，它们模仿并拓展了人类身体器官的功能。但是，技术系统能不能模仿人类大脑的功能呢？截至目前，我们对这个装在人类天灵盖里面的由数十亿个神经细胞组成的器官还知之甚少，模仿它或许是天下最困难的事情。

1.2.1 了解图灵和冯·诺依曼

艾伦·麦席森·图灵（Alan Mathison Turing，1912年6月23日至1954年6月7日，见图1-5），出生于英国伦敦帕丁顿，毕业于普林斯顿大学，是数学家、逻辑学家，被誉为"计算机科学之父""人工智能之父"，他是计算机逻辑的奠基者。1950年，图灵在论文《计算机器与智能》中提出了著名的"图灵机"和"图灵测试"等重要概念。图灵测试的内容是，如果计算机能在5 min内回答由人类测试者提出的一系列问题，且被超过30%的测试者误认为是人类所答，则计算机通过测试。图灵思想为现代计算机的逻辑工作方式奠定了基础。为了纪念图灵对计算机科学的巨大贡献，1966年，美国计算机协会（ACM）设立一年一度的"图灵奖"，以表彰在计算机科学中做出突出贡献的人。图灵奖被喻为"计算机界的诺贝尔奖"。

约翰·冯·诺依曼（John von Neumann，1903年12月28日至1957年2月8日，见图1-6），

出生于匈牙利，毕业于苏黎世联邦工业大学，数学家，现代计算机、博弈论、核武器和生化武器等领域内的科学全才，被后人称为"现代计算机之父"和"博弈论之父"。他在泛函分析、遍历理论、几何学、拓扑学和数值分析等众多数学领域及计算机学、量子力学和经济学中都有重大成就，也为第一颗原子弹和第一台电子计算机的研制作出了巨大贡献。

图 1-5　计算机科学之父、人工智能之父——图灵　　图 1-6　现代计算机之父、博弈论之父——冯·诺依曼

1.2.2　通用机器

电子计算机通称电脑，简称计算机，是一种通用的信息处理机器，它能执行可以详细描述的任何过程。用于描述解决特定问题的步骤序列称为算法，算法可以变成软件（程序），确定硬件（物理机）能做什么和做了什么。创建软件的过程称为编程。

世界上第一台通用电子数字计算机 ENIAC（见图 1-7）诞生于 1946 年，中国的第一台电子计算机诞生于 1958 年。在 2019 年 6 月 17 日公布的全球超算 500 强榜单中，中国以拥有 219 台超级计算机，继续蝉联全球拥有超算数量最多的国家。

图 1-7　世界上第一台通用计算机 ENIAC

但是，计算机到底是什么机器？一个计算设备怎么能执行这么多不同的任务？现代计算机被定义为"在可改变的程序的控制下，存储和操纵信息的机器"。该定义有两个关键要素：

（1）计算机是用于操纵信息的设备。这意味着我们可以将信息放入计算机，计算机将信息转换为新的、有用的形式，然后输出或显示信息。

（2）计算机在可改变的程序的控制下运行。计算机不是唯一能操纵信息的机器。当你用简单的计算器来运算一组数字时，就是在输入信息（数字）、处理信息（如计算连续的总和），然后显示。另一个简单的例子是油泵。给油箱加油时，油泵将某些输入（当前每升汽油的价

格和来自传感器的信号、读取汽油流入汽车油箱的速率）转换为加了多少汽油和应付多少钱的信息。但计算器或油泵并不是完整的计算机，尽管这些设备实际上可能包含有嵌入式计算机（芯片），但与计算机不同，它们被构建为执行单个特定任务。

1.2.3　人工智能学科的诞生

电子计算机的出现使信息存储和处理的各个方面都发生了变革，计算机理论的发展产生了计算机科学并最终促使人工智能的出现。计算机这个用电子方式处理数据的发明，为人工智能的可能实现提供了一种媒介。

虽然计算机为人工智能提供了必要的技术基础，但直到 20 世纪 50 年代早期，人们才注意到人类智能与机器之间的联系。诺伯特·维纳是最早研究反馈理论的美国人之一，典型的反馈控制的例子是自动调温器。它把收集到的房间温度与希望的温度进行比较并做出反应，将加热器开大或关小，从而控制环境温度。这项对反馈回路的研究重要性在于：维纳从理论上指出，所有的智能活动都是反馈机制的结果，而反馈机制是有可能用机器模拟的。这项发现对早期人工智能的发展影响很大。

人工智能的传说甚至可以追溯到古埃及，但随着 1946 年电子计算机的出现，开始真正有了一个可以模拟人类思维的工具，在以后的岁月中，无数科学家为这个目标而努力着。如今，全世界几乎所有大学的计算机系都有人在研究这门学科，各个专业大学生也都开始学习这样一门课程，在大家不懈的努力下，现代计算机似乎已经变得十分聪明。

1956 年夏季，以麦卡赛、明斯基、罗切斯特和香农等为首的一批有远见卓识的年轻科学家在达特茅斯学会上聚会，共同研究和探讨用机器模拟智能的一系列有关问题，首次提出了"人工智能"这一术语，它标志着"人工智能"这门新兴学科的正式诞生。

1997 年 5 月，IBM 公司研制的深蓝计算机战胜了国际象棋大师卡斯帕罗夫，这是人工智能技术的一次完美表现（见图 1-8）。大家或许不会注意到，在一些地方，计算机正在帮助人们进行原来只属于人类的工作，计算机以其高速和准确为人类发挥着它的作用。

图 1-8　卡斯帕罗夫与深蓝对弈中

我国政府以及社会各界都高度重视人工智能学科的发展。2017 年 12 月，人工智能入选"2017 年度中国媒体十大流行语"。2019 年 6 月 17 日，国家新一代人工智能治理专业委员会发布《新一代人工智能治理原则——发展负责任的人工智能》，提出了人工智能治理的框架和行动指南。这是中国促进新一代人工智能健康发展，加强人工智能法律、伦理、社会问题研究，积极推动人工智能全球治理的一项重要成果。

1.2.4 人工智能的发展历程

事实上，人工智能学科 60 余年的发展历程还是颇具坎坷的，大致可划分为六个阶段（见图 1-9）。

图 1-9 人工智能发展历程

（1）起步发展期：1956 年 ~20 世纪 60 年代初。人工智能概念在 1956 年首次被提出后，相继取得了一批令人瞩目的研究成果，如机器定理证明、跳棋程序、Lisp 表处理语言等，掀起了人工智能发展的第一个高潮。

（2）反思发展期：20 世纪 60 年代 ~70 年代初。发展初期的突破性进展大大提升了人们对人工智能的期望，人们开始尝试更具挑战性的任务，并提出了一些不切实际的研发目标。然而，接二连三的失败和预期目标的落空（例如，无法用机器证明两个连续函数之和还是连续函数、机器翻译闹出笑话等），使人工智能的发展走入了低谷。

（3）应用发展期：20 世纪 70 年代初 ~80 年代中。20 世纪 70 年代出现的专家系统模拟人类专家的知识和经验解决特定领域的问题，实现了人工智能从理论研究走向实际应用、从一般推理策略探讨转向运用专门知识的重大突破。专家系统在医疗、化学、地质等领域取得成功，推动人工智能走入了应用发展的新高潮。

（4）低迷发展期：20 世纪 80 年代中 ~90 年代中。随着人工智能的应用规模不断扩大，专家系统存在的应用领域狭窄、缺乏常识性知识、知识获取困难、推理方法单一、缺乏分布式功能、难以与现有数据库兼容等问题逐渐暴露出来。

（5）稳步发展期：20 世纪 90 年代中 ~2010 年。由于网络特别是互联网技术的发展，信息与数据的汇聚不断加速，互联网应用的不断普及加速了人工智能的创新研究，促使人工智能技术进一步走向实用化。1997 年 IBM 深蓝计算机战胜国际象棋大师卡斯帕罗夫、2008 年 IBM 提出"智慧地球"的概念，这些都是这一时期的标志性事件。

（6）蓬勃发展期：2011 年至今。随着互联网、物联网、云计算、大数据等信息技术的发展，泛在感知数据和图形处理器（Graphics Processing Unit，GPU）等计算平台推动了以深度神经网络为代表的人工智能技术飞速发展，大幅跨越科学与应用之间的"技术鸿沟"，图像分类、语音识别、知识问答、人机对弈、无人驾驶等具有广阔应用前景的人工智能技术突破了从"不能用、不好用"到"可以用"的技术瓶颈，人工智能发展进入爆发式增长的新高潮。

1.3 人工智能的研究

早先，繁重的科学和工程计算是要人脑来承担的，如今计算机不但能完成这种计算，而且能够比人脑做得更快、更准确，因此，人们已不再把这种计算看作是"需要人类智能才能完成的复杂任务"。可见，复杂工作的定义是随着时代的发展和技术的进步而变化的，人工智能这门科学的具体目标也自然随着时代的变化而发展。它一方面不断获得新的进展，另一方面又转向更有意义、更加困难的目标。

对人工智能技术的深入研究与应用，必将对人类社会的发展产生深刻的影响，包括：

（1）人工智能对自然科学的影响。对需要使用数学计算机工具解决问题的学科，人工智能带来的帮助不言而喻。更重要的是，反过来，它又有助于人类最终认识自身智能的形成。

（2）人工智能对经济的影响。专家系统更深入各行各业，带来巨大的宏观效益。人工智能也促进了计算机工业、网络工业的发展。但同时也带来了劳务就业问题。由于人工智能在科技和工程中的应用，能够代替人类进行各种技术工作和脑力劳动，会造成社会结构的剧烈变化。

（3）人工智能对社会的影响。人工智能也为人类文化生活提供了新的模式。现有的游戏将逐步发展为更高智能的交互式文化娱乐手段，今天，游戏中的人工智能应用已经深入到各大游戏制造商的开发中。

1.3.1 人工智能的研究领域

人工智能的发展历史是和计算机科学技术的发展史联系在一起的。除了计算机科学以外，人工智能还涉及信息论、控制论、自动化、仿生学、生物学、心理学、数理逻辑、语言学、医学和哲学等多门学科（见图 1-10）。人工智能学科研究的主要内容包括：知识表示、自动推理和搜索方法、机器学习（深度学习）和知识获取、知识处理系统、自然语言处理、计算机视觉、智能机器人、自动程序设计、数据挖掘等方面。

（1）深度学习。基于现有数据进行学习操作，是机器学习研究中一个新的领域，其动机在于建立、模拟人脑进行分析学习的神经网络，模仿人脑的机制来解释数据，如图像、声音和文本（见图 1-11）。

图 1-10　人工智能的相关领域 　　　　　　　图 1-11　神经网络与深度学习

（2）自然语言处理。这是用自然语言与计算机进行通信的一种技术，是人工智能的分支学科。它研究用电子计算机模拟人的语言交际过程，使计算机能理解和运用人类社会的自然语言，如汉语、英语等，实现人机之间的自然语言通信，以代替人的部分脑力劳动，包括查询资料、解答问题、摘录文献、汇编资料以及一切有关自然语言信息的加工处理。例如，生活中电话机器人的核心技术之一就是自然语言处理。

（3）计算机视觉，是指用摄影机和计算机等各种成像系统代替人眼（视觉器官）对目标进行识别、跟踪和测量，并进一步做图形处理，使计算机处理成为更适合人眼观察或传送给仪器检测的图像（见图 1-12）。计算机视觉应用的实例有很多，包括用于控制过程、导航、自动检测等方面。

（4）智能机器人（机器人学）。见图 1-13，如今我们的身边逐渐出现很多智能机器人，它们具备形形色色的内部信息传感器和外部信息传感器，如视觉、听觉、触觉、嗅觉。除具有感受器外，它还有效应器，作为作用于周围环境的手段。这些机器人都离不开人工智能的技术支持。

图 1-12　计算机视觉应用 　　　　　　　　　图 1-13　智能机器人

科学家们认为，智能机器人的研发方向是，给机器人装上"大脑芯片"，从而使其智能性更强，在认知学习、自动组织、对模糊信息的综合处理等方面将会前进一大步。

（5）自动程序设计，指根据给定问题的原始描述，自动生成满足要求的程序。它是软件工程和人工智能相结合的研究课题。自动程序设计主要包含程序综合和程序验证两方面内容。前者实现自动编程，即用户只需告知机器"做什么"，无须告诉"怎么做"，后一步的工作由机器自动完成；后者是程序的自动验证，自动完成正确性检查，其目的是提高软件生产率和软件产品质量。该研究的重大贡献之一，是把程序调试的概念作为问题求解的策略来使用。

（6）数据挖掘，是指从大量数据中通过算法搜索隐藏于其中信息的过程。它通常与计算机科学有关，并通过统计、在线分析处理、情报检索、机器学习、专家系统（依靠过去的经验法则）和模式识别等诸多方法来实现上述目标。它的分析方法包括分类、估计、预测、相关性分组或关联规则、聚类和复杂数据类型挖掘。

人工智能技术的三大结合领域分别是大数据、物联网和边缘计算（云计算）。经过多年的发展，大数据在技术体系上已经趋于成熟，人工智能领域的机器学习也是大数据分析比较常见的方式。物联网是人工智能的基础，也是未来智能体重要的落地应用场景，所以学习人工智能技术也离不开物联网知识。人工智能领域的研发对于数学基础的要求比较高，具有扎实的数学基础对于掌握人工智能技术很有帮助。

1.3.2　人工智能在计算机上的实现方法

人工智能在计算机上实现时有两种不同的方式，为了得到相同的智能效果，两种方式通常都可使用。

（1）采用传统的编程技术，使系统呈现智能的效果，而不考虑所用方法是否与人或动物机体所用的方法相同。这种方法称为工程学方法，它已在一些领域内作出了成果，如文字识别、计算机下棋等。

（2）模拟法，它不仅要看效果，还要求实现方法和人类或生物机体所用的方法相同或类似。遗传算法和人工神经网络（ANN）均属于这个类型。遗传算法模拟人类或生物的遗传—进化机制，人工神经网络则是模拟人类或动物大脑中神经细胞的活动方式。

采用传统的编程技术，需要人工详细规定程序逻辑，如果游戏简单，还是方便的。如果游戏复杂，角色数量和活动空间增加，相应的逻辑就会很复杂（按指数式增长），人工编程就非常烦琐，容易出错。而一旦出错，就必须修改原程序，重新编译、调试，最后为用户提供一个新的版本或提供一个新补丁，非常麻烦。

采用模拟法时，编程者要为每一角色设计一个智能系统（一个模块）进行控制，这个智能系统（模块）开始什么也不懂，就像初生婴儿那样，但它能够学习，渐渐地适应环境，应付各种复杂情况。这种系统开始也常犯错误，但它能吸取教训，下一次运行时就可能改正，无须发布新版本或打补丁。利用这种方法来实现人工智能，要求编程者具有生物学的思考方法，入门难度大一点。但一旦入了门，就可得到广泛应用。由于这种方法编程时无须对角色的活动规律做详细规定，应用于复杂问题通常会比前一种方法更省力。

1.4　人工智能的应用领域

随着人工智能技术研究与应用的持续和深入发展，人工智能对传统行业的带动效应已经显现，AI+ 的系列应用生态正在形成。人工智能已广泛应用到制造、医疗、交通、家居、安防、网络安全等多个领域。从全球范围来看，发达国家在人工智能部分应用领域的生态构建、政策支持、基础建设等方面拥有先发优势；而我国也在国家、行业等层面纷纷发力，为跻身世界前列积极准备。

（1）智能制造。工业发达国家条件成熟，我国在快速发展的网络信息技术和先进制造技术推动下，制造业智能化水平大幅提高。我国自主研发的多功能传感器、智能控制系统已逐步达到世界先进水平（见图1-14）。

（2）智慧医疗。人工智能技术已经逐渐应用于药物研发、医学影像、辅助治疗、健康管理、基因检测、智慧医院等领域。其中，药物研发的市场份额最大，利用人工智能，可大幅缩短药物研发周期，降低成本（见图1-15）。

图1-14　智能制造　　　　　　　　　　图1-15　智慧医疗

（3）智慧交通。美、欧、日等发达国家起步早，已完成智能交通系统体系框架建设（见图1-16）。其中美国已成为智能交通和智能汽车发展的引领者。我国的智能交通发展还处于基础建设阶段，正在向智能化服务方向发展。

图1-16　智能交通

（4）智能家居。美国智能家居应用收益和普及率全球领先，中国智能家居收益位居全球第二，普及率有待提高。从终端产品智能化水平来看，我国智能家居还处于单品智能化阶段，正在向跨产品互动化迈进（见图1-17）。

（5）智慧安防。国际安防巨头美国的霍尼韦尔、德国的博世、韩国的三星、日本的索尼等企业具有强大的品牌效应和技术优势，在国际高端市场（如金融）占有率较高；我国的海康威视和大华在全球市场总体占有率位列第一和第二（见图1-18）。

（6）智慧网络安全。全球发展空间巨大，我国亟需建立集热数据、人工智能等技术于一体的智能网络安全系统，突破网络安全领域的人工智能技术，以应对未来网络安全带来的威胁和挑战。

图1-17　智能家居

图1-18　智能安防监控

 作 业

1. 作为计算机科学的一个分支，人工智能的英文缩写是（　　）。

    A．CPU　　　　　　　　B．AI　　　　　　　　C．BI　　　　　　　　D．DI

2. 人工智能是研究、开发用于模拟、延伸和扩展人的智能的理论、方法、技术及应用系统的一门交叉科学，它涉及（　　）。

    A．自然科学　　　　　　　　　　　　B．社会科学

    C．技术科学　　　　　　　　　　　　D．A、B和C

3. 人工智能定义中的"智能"，涉及诸如（　　）等问题。

    A．B、C和D　　　　　　　　　　　　B．意识

    C．自我　　　　　　　　　　　　　　D．思维

4. 下列关于人工智能的说法不正确的是（　　）。

    A．人工智能是关于知识的学科——怎样表示知识以及怎样获得知识并使用知识的科学

    B．人工智能就是研究如何使计算机去做过去只有人才能做的智能工作

    C．自1946年以来，人工智能学科经过多年的发展，已经趋于成熟，得到充分应用

    D．人工智能不是人的智能，但能像人那样思考，甚至也可能超过人的智能

5. 人工智能经常被称为世界三大尖端技术之一，下列说法中错误的是（　　）。

    A．空间技术、能源技术、人工智能

    B．管理技术、工程技术、人工智能

    C．基因工程、纳米科学、人工智能

    D．人工智能已成为一个独立的学科分支，无论在理论和实践上都已自成系统

6. 人工智能与思维科学的关系是实践和理论的关系。从思维观点看，人工智能不包括（　　）。

    A．直觉思维　　　　　B．逻辑思维　　　　　C．形象思维　　　　　D．灵感思维

7. 强人工智能强调人工智能的完整性，下列（ ）不属于强人工智能。

    A. （类人）机器的思考和推理就像人的思维一样

    B. （非类人）机器产生了和人完全不一样的知觉和意识

    C. 看起来像是智能的，其实并不真正拥有智能，也不会有自主意识

    D. 有可能制造出真正能推理和解决问题的智能机器

8. 被誉为"人工智能之父"的科学大师是（ ）。

    A. 爱因斯坦   B. 冯·诺依曼

    C. 钱学森   D. 图灵

9. 电子计算机的出现使信息存储和处理的各个方面都发生了革命。下列说法中不正确的是（ ）。

    A. 计算机是用于操纵信息的设备

    B. 计算机在可改变的程序的控制下运行

    C. 人工智能技术是后计算机时代的先进工具

    D. 计算机这个用电子方式处理数据的发明，为实现人工智能提供了一种媒介

10. 维纳从理论上指出，所有的智能活动都是（ ）机制的结果，而这一机制是有可能用机器模拟的。这项发现对早期 AI 的发展影响很大。

    A. 反馈   B. 分解   C. 抽   D. 综合

11. （ ）年夏季，一批有远见卓识的年轻科学家在达特茅斯学会上聚会，共同研究和探讨用机器模拟智能的一系列有关问题，首次提出了"人工智能（AI）"这一术语，它标志着"人工智能"这门新兴学科的正式诞生。

    A. 1946   B. 1956   C. 1976   D. 1986

12. 用来研究人工智能的主要物质基础以及能够实现人工智能技术平台的机器就是计算机。下列（ ）不是人工智能研究的主要领域。

    A. 深度学习   B. 计算机视觉

    C. 智能机器人   D. 人文地理

13. 人工智能在计算机上的实现方法有多种，但下列（ ）不属于其中。

    A. 传统的编程技术，使系统呈现智能的效果

    B. 多媒体复制和剪切的方法

    C. 传统开发方法不考虑所用方法是否与人或动物机体所用的方法相同

    D. 模拟法，不仅要看效果，还要求实现方法也和人类或生物机体所用的方法相同或类似

思维与操作实训 讨论：是强人工智能还是弱人工智能

1. 实训目的

在开始本实训之前，请认真阅读课文的相关内容。

（1）了解人工智能的发展历史，熟悉人工智能的相关定义。

（2）了解什么是强人工智能，什么是弱人工智能。通过小组讨论，谈谈自己的认识。

（3）课外观看电影《人工智能》，讨论人工智能技术未来的发展和未来对人类生活的影响。

2．实训内容与步骤

（1）观看本章的视频案例：机器人的平衡能力。

（2）开展头脑风暴小组讨论：人工智能未来的发展方向，是强人工智能还是弱人工智能？请记录小组讨论的主要观点，推选代表在课堂上简单阐述你们的观点。

_____

_____

_____

_____

3．实训总结

_____

_____

_____

_____

4．教师对实训的评价

_____

_____

第2章
智慧城市与智能家居

导读案例 **动物智能：聪明的汉斯**

关于动物智能，有一则有趣的轶事：

大约在 1900 年，德国柏林有一匹马，人称"聪明的汉斯"（见图 2-1）。

图 2-1　聪明的汉斯

汉斯之所以聪明，是因为它会做数学题，它会做数学题的一个原因，是它的饲养者是一个数学老师。这个数学老师是个单身，闲暇之余就对这匹马进行训练，他希望能将这匹马通过训练，会做一些数学题。当然，指望这匹马做微积分是不行的，数学老师希望它做十以内的加减法——这个对于马来讲已经是非常了不起的了。所以他就每天在家里面训练，训练之后他发现这匹马真的很聪明，可以去做这样的数学题。他就把它拉到集市上去表演，很多人参观。有一些搞心理学的人非常惊讶，说这匹马真的是非常聪明、真的是可以做数学题吗？他们仔细观察这匹马，后来就发现了，其实这匹马并没有做数学题那么高的智商，但是它建立了连锁反应，它跟数学老师经常生活在一起，所以能非常快速或者是非常敏锐地觉察出他的一些反应。比如说，这个老师会问 2 加 2 等于几，在问的时候其实马是不认识数字的，黑板上写什么，它不知道，别人给它说什么，它也不知道，但它知道踩脚，就是说用前蹄踩地，可是它在踩地的过程中，当踩到第四下的时候，这个数学老师会有一个无意识的反应，因为他期待着第四下的出现，等第四下出现的时候，他就开始微微笑，然后抬起头来，他这一系列的动作表明"结束了"，所以马就知道了——你说结束了，我就停止了。镇上的人看了就说这匹马很聪明，它确实能够知道2加2等于4，所以人们把它看作是一匹聪明的马。

汉斯马告诉我们，在一定程度上，我们的自我实现受到了他人的期待，受到了他人的影响。

教学视频 飞行机器人

故事《阿拉丁神灯》中讲述了一种名为"飞毯"的神奇交通工具，它可以轻松且快速地将一个人从一个地方空运到另一个地方，就像是我们今天的飞机一样能在空中自由自在地翱翔。从古至今，这一直是人类梦寐以求的美好愿望。

请欣赏"教学视频案例：飞行机器人"（见图 2-2）。

图 2-2　视频案例：飞行机器人

2.1　智慧城市的概念

随着人类社会的不断发展，未来城市将承载越来越多的人口。目前，我国正处于城镇化加速发展的时期，为解决城市发展难题，实现城市可持续发展，建设智慧城市已成为不可逆转的历史潮流（见图 2-3）。

所谓"智慧城市"就是运用信息和通信技术手段感测、分析、整合城市运行核心系统的各项关键信息，从而对包括民生、环保、公共安全、城市服务、工商业活动在内的各种需求做出智能响应。其实质是利用先进的信息技术，实现城市智慧式管理和运行，进而为城市中的人创造更美好的生活，促进城市的和谐、可持续成长。

图 2-3　华为倡导业务与技术双轮驱动，构建智慧城市的基础平台

建设智慧城市，也是转变城市发展方式、提升城市发展质量的客观要求。通过建设智慧城市，及时传递、整合、交流，使用城市经济、文化、公共资源、管理服务、市民生活、生态环境等各类信息，提高物与物、物与人、人与人的互联互通、全面感知和利用信息能力，从而能够极大地提高政府管理和服务的能力，提升人民群众的物质和文化生活水平。建设智慧城市，会让城市发展更全面、更协调、更可持续，会让城市生活变得更健康、更和谐、更美好。

智慧城市概念源于 2008 年 IBM 公司提出的"智慧地球"的理念，是数字城市与物联网相结合的产物，被认为是信息时代城市发展的方向、文明发展的趋势。许多发达国家积极开展智慧城市建设，将城市中的水、电、油、气、交通等公共服务资源信息通过互联网有机连接起来，作出智能化的响应，更好地服务于市民的学习、生活、工作、医疗等方面的需求，以及改善政府对交通的管理、环境的控制，等等。

发展智慧城市，是我国促进城市高度信息化、网络化的重大举措和综合性措施。从设备厂商的角度来说，光通信设备厂商、无线通信设备厂商将充分发挥所属技术领域的优势，将无线和有线充分进行融合，实现网络最优化配置，以加速推动智慧城市的发展进程。与之相对应的通信设备厂商、芯片厂商等将从中获得巨大收益。

对城市居民而言，智慧城市的基本要件就是能轻松找到最快捷的上下班路线、供水供电有保障，且街道更加安全。如今的消费者正日益占据主导地位，他们希望在城市负担人口流入、实现经济增长的同时，自己对生活质量的要求能够得到满足。

针对"智慧的城市"愿景，IBM 经过研究认为，城市由关系到城市主要功能的不同类型的网络、基础设施和环境六个核心系统组成：组织（人）、业务/政务、交通、通信、水和能源。这些系统不是零散的，而是以一种协作的方式相互衔接。而城市本身，则是由这些系统所组成的宏观系统。

智慧城市作为信息技术的深度拓展和集成应用，是新一代信息技术孕育突破的重要方向之一，是全球战略新兴产业发展的重要组成部分。在我国，开展"智慧城市"技术和标准试点，是科技部和国家管理标准委员会为促进我国智慧城市建设健康有序发展、推动我国自主创新成果在智慧城市中推广应用共同开展的一项示范性工作，旨在形成我国具有自主知识产权的智慧城市技术与标准体系和解决方案，为我国智慧城市建设提供科技支撑。

2014 年 8 月 29 日，经国务院同意，发改委、工信部、科技部、公安部、财政部、自然资源部、住建部、交通部八部委印发《关于促进智慧城市健康发展的指导意见》，要求各地区、

各有关部门落实本指导意见提出的各项任务，确保智慧城市建设健康有序推进。意见提出，到 2020 年，建成一批特色鲜明的智慧城市，聚集和辐射带动作用大幅增强，综合竞争优势明显提高，在保障和改善民生服务、创新社会管理、维护网络安全等方面取得显著成效。

2.2 智慧城市及其他

智慧城市经常与数字城市、感知城市、无线城市、智能城市、生态城市、低碳城市等区域发展概念相交叉，甚至与电子政务、智能交通、智能电网等行业信息化概念产生重叠。一些城市信息化建设的先行城市认为，智慧不仅仅是智能，不仅仅是物联网、云计算等新一代信息技术的应用，智慧城市还包括人的智慧参与、以人为本、可持续发展等内涵。

2.2.1 智慧城市与数字城市

数字城市（见图 2-4）是数字地球的重要组成部分，是传统城市的数字化形态。数字城市是应用计算机、互联网、多媒体等技术将城市地理信息和城市其他信息相结合，数字化并存储于计算机网络上所形成的城市虚拟空间。数字城市建设通过空间数据基础设施的标准化、各类城市信息的数字化，整合多方资源，从技术和体制两方面为实现数据共享和互操作提供了基础，实现了城市的一体化集成和各行业、各领域信息化的深入应用。数字城市的发展积累了大量的基础和运行数据，也面临诸多挑战，包括城市级海量信息的采集、分析、存储、利用等处理问题，多系统融合中的各种复杂问题，以及技术发展带来的城市发展异化问题。

图 2-4 数字城市

新一代信息技术的发展使城市形态在数字化基础上进一步实现智能化成为现实。依托物联网可实现智能化感知、识别、定位、跟踪和监管；借助云计算及智能分析技术可实现海量信息的处理和决策支持。同时，伴随知识社会环境下创新形态的逐步展现，现代信息技术在对工业时代各类产业完成面向效率提升的数字化改造之后，逐步衍生出一些新的产业业态、组织形态，使人们对信息技术引领的创新形态演变、社会变革有了更真切的体会，对科技创新、以人为本有了更深入的理解，对现代科技发展下的城市形态演化也有了新的认识。

对比数字城市和智慧城市，可以发现以下六方面的差异：

（1）数字城市通过城市地理空间信息与城市各方面信息的数字化，在虚拟空间再现传统城市；智慧城市则注重在此基础上进一步利用传感技术、智能技术实现对城市运行状态的自动、实时、全面透彻的感知。

（2）数字城市通过城市各行业的信息化提高了各行业管理效率和服务质量；智慧城市

则更强调从行业分割、相对封闭的信息化架构迈向作为复杂巨系统的开放、整合、协同的城市信息化架构，发挥城市信息化的整体效能。

（3）数字城市基于互联网形成初步的业务协同；智慧城市则更注重通过泛在网络、移动技术实现无所不在的互联和随时随地随身的智能融合服务。

（4）数字城市关注数据资源的生产、积累和应用；智慧城市更关注用户视角的服务设计和提供。

（5）数字城市更多注重利用信息技术实现城市各领域的信息化以提升社会生产效率；智慧城市则更强调人的主体地位，更强调开放创新空间的塑造及其间的市民参与、用户体验，及以人为本实现可持续创新。

（6）数字城市致力于通过信息化手段实现城市运行与发展各方面功能，提高城市运行效率，服务城市管理和发展；智慧城市则更强调通过政府、市场、社会各方力量的参与和协同实现城市公共价值塑造和独特价值创造。

智慧城市不但广泛采用物联网、云计算、人工智能、数据挖掘、知识管理、社交网络等技术工具，也注重用户参与、以人为本的创新理念及其方法的应用，构建有利于创新涌现的制度环境，以实现智慧技术高度集成、智慧产业高端发展、智慧服务高效便民、以人为本持续创新，完成从数字城市向智慧城市的跃升。

2.2.2　智慧城市与智能城市

智能城市是科技创新和城市发展的深度融合，通过科技和前瞻性的城市发展理念赋能城市，以生态融合升级的方式推动城市智能化进程，实现普惠便捷的民众生活、高效精准的城市治理、高质量发展的产业经济、绿色宜居的资源环境和智能可靠的基础设施，是支撑城市服务的供给侧结构性改革，满足城市美好生活需要的城市发展新理念、新模式和新形态。

智能城市是在城市数字化和网络化发展基础上的智能升级，是城市由局部智慧走向全面智慧的必经阶段。智能城市应是智慧城市发展的重点阶段。通过智能技术赋能城市发展，实现惠民服务、城市治理、宜居环境和基础设施的智能水平提升；同时智能城市建设最重要的内容是推进产业经济的智能化，一方面包括智能技术和传统产业融合，以推进传统产业变革，实现转型提升；另一方面要通过科技成果转化和示范性应用，加速推进智能产业突破发展。

未来智能城市通过信息技术支持，将分割的城市功能融合，将产业经济、惠民服务、政府治理、资源环境和基础支撑五大体系关联起来，使城市从"条块分割"状态逐渐进化为"有机生命体"。伴随着智能城市的发展，智能技术逐渐实现物理城市空间、虚拟城市空间和社会空间的深度融合，三者互动协同，使城市逐渐具备越来越强的推演预测和自动决策的能力，预测并干预未来可能出现的问题，城市可以持续升级进化。所以，智能城市是智慧城市发展的重点阶段。

2.2.3　智慧城市与智慧农业

不管城市如何智能化，最后智慧城市的工作难点还会落在农业上，城市居民的吃喝用，绝大多数产品或者说原材料是来自农业，而我国的农业自动化和智能化程度较低，实现智慧城市关键在于智慧农业的普及应用（见图 2-5）。

图 2-5　智慧农业

　　据有关资料显示，"智慧农业"就是充分应用现代信息技术成果，集成应用计算机与网络技术、物联网技术、音视频技术、传感器技术、无线通信技术及专家智慧与知识平台，实现农业可视化远程诊断、远程控制、灾变预警等智能管理、远程诊断交流、远程咨询、远程会诊，逐步建立农业信息服务的可视化传播与应用模式；实现对农业生产环境的远程精准监测和控制，提高设施农业建设管理水平，依靠存储在知识库中的农业专家的知识，运用推理、分析等机制，指导农牧业进行生产和流通作业。

　　可见，智慧农业的核心技术与目标与智慧城市是不谋而合的，智慧城市的实现需要智慧农业的普及，智慧农业的成功应用是智慧城市的有力支撑。

2.3　智慧城市的应用体系

　　智慧城市的应用体系，包括智慧物流体系、智慧制造体系、智慧贸易体系、智慧能源应用体系、智慧公共服务、智慧社会管理体系、智慧交通体系、智慧健康保障体系、智慧安居服务体系、智慧文化服务体系等一系列建设内容。

　　(1) 智慧公共服务。建设智慧公共服务和城市管理系统。通过加强就业、医疗、文化、安居等专业性应用系统建设，通过提升城市建设和管理的规范化、精准化和智能化水平，有效促进城市公共资源在全市范围共享，积极推动城市人流、物流、信息流、资金流的协调高效运行，在提升城市运行效率和公共服务水平的同时，推动城市发展转型升级。

　　(2)智慧城市综合体。采用视觉采集和识别、各类传感器、无线定位系统、RFID(射频识别)、条码识别、视觉标签等顶尖技术，构建智能视觉物联网，对城市综合体的要素进行智能感知、自动数据采集，涵盖城市综合体当中的商业、办公、居住、旅店、展览、餐饮、会议、文娱和交通、灯光照明、信息通信和显示等方方面面，将采集的数据可视化和规范化，让管理者能进行可视化城市综合体管理。

（3）智慧政务城市综合管理运营平台。包括指挥中心、计算机网络机房、智能监控系统、地方图书馆和数字化公共服务网络系统等部分，其中指挥中心系统囊括政府智慧大脑六大中枢系统，分别为公安应急系统、公共服务系统、社会管理系统、城市管理系统、经济分析系统、舆情分析系统，该项目为满足政府应急指挥和决策办公的需要，对现有监控系统进行升级换代，增加智能视觉分析设备，提升快速反应速度，做到事前预警、事中处理及时迅速，并统一数据、统一网络，建设数据中心、共享平台，从根本上有效的将政府各个部门的数据信息互联互通，并对全区域的车流、人流、物流实现全面的感知，为领导的科学指挥决策提供技术支撑作用。

（4）智慧安居服务。开展智慧社区安居的调研试点工作，充分考虑公共区、商务区、居住区的不同需求，融合应用物联网、互联网、移动通信等各种信息技术，发展社区政务、智慧家居系统、智慧楼宇管理、智慧社区服务、社区远程监控、安全管理、智慧商务办公等智慧应用系统，使居民生活"智能化发展"。加快智慧社区安居标准方面的探索推进工作。

（5）智慧教育文化服务。积极推进智慧教育文化体系建设。建设完善教育城域网和校园网工程，推动智慧教育事业发展，重点建设教育综合信息网、网络学校、数字化课件、教学资源库、虚拟图书馆、教学综合管理系统、远程教育系统等资源共享数据库及共享应用平台系统。继续推进再教育工程，提供多渠道的教育培训就业服务，建设学习型社会。继续深化"文化共享"工程建设，积极推进先进网络文化的发展，加快新闻出版、广播影视、电子娱乐等行业信息化步伐，加强信息资源整合，完善公共文化信息服务体系。构建旅游公共信息服务平台，提供更加便捷的旅游服务，提升旅游文化品牌。

（6）智慧服务应用（见图 2-6）。组织实施部分智慧服务业试点项目，通过示范带动，推进传统服务企业经营、管理和服务模式创新，加快向现代智慧服务产业转型。

图 2-6　智慧旅游

① 智慧物流。配合综合物流园区信息化建设，推广射频识别、多维条码、卫星定位、货物跟踪、电子商务等信息技术在物流行业中的应用，加快基于物联网的物流信息平台及第四方物流信息平台建设，整合物流资源，实现物流政务服务和物流商务服务的一体化，推动信息化、标准化、智能化的物流企业和物流产业发展。

② 智慧贸易。支持企业通过自建网站或第三方电子商务平台，开展网上询价、网上采购、网上营销，网上支付等活动。积极推动商贸服务业、旅游会展业、中介服务业等现代服务业领域运用电子商务手段，创新服务方式，提高服务层次。结合实体市场的建立，积极推进电子商务平台建设，鼓励发展以电商平台为聚合点的行业性公共信息服务平台，培育发展电子商务企业，重点发展集产品展示、信息发布、交易、支付于一体的综合电商企业或行业电商网站。

③ 建设智慧服务业示范推广基地。积极通过信息化深入应用，改造传统服务业经营、管理和服务模式，加快向智能化现代服务业转型。结合我市服务业发展现状，加快推进现代金融、服务外包、高端商务、现代商贸等现代服务业发展。

（7）智慧健康保障体系建设。重点推进"数字卫生"系统建设。建立卫生服务网络和城市社区卫生服务体系，构建全市区域化卫生信息管理为核心的信息平台，促进各医疗卫生单位信息系统之间的沟通和交互。以医院管理和电子病历为重点，建立全市居民电子健康档案；以实现医院服务网络化为重点，推进远程挂号、电子收费、数字远程医疗服务、图文体检诊断系统等智慧医疗系统建设，提升医疗和健康服务水平。

（8）智慧交通。建设"数字交通"工程，通过监控、监测、交通流量分布优化等技术，完善公安、城管、公路等监控体系和信息网络系统，建立以交通诱导、应急指挥、智能出行、出租车和公交车管理等系统为重点的、统一的智能化城市交通综合管理和服务系统建设，实现交通信息的充分共享、公路交通状况的实时监控及动态管理，全面提升监控力度和智能化管理水平，确保交通运输安全、畅通。

2.4 智慧交通——智慧城市建设的必经之路

智慧交通（见图 2-7）作为智慧城市在交通领域的具体体现，使城市交通系统具备泛在感知、互联、分析、预测、控制等能力，是智慧城市的重要组成部分，智慧交通的建设将推进智慧城市的发展。

图 2-7　地铁车站

2.4.1 智慧交通是智慧城市的建设前提

交通运输被认为是城市发展的"血管"，在高速发展的现代化城市建设中，智慧交通的打造对于提升"血流"至关重要。智慧交通融合智能化、数据化、信息化发展的理念，进一步推动了城市化可持续发展的进程，提升了城市综合竞争实力。

智慧交通以需求为核心，催生应用服务，针对复杂的随机需求动态生成服务、动态匹配服务、动态衍生新服务，实现交通信息精确供给，互联网将同交通行业深度渗透融合，对相关环节产生深刻变革，并将成为建设智慧交通的提升技术和重要思路。立足于大数据思维，将城市交通数据有条件地开放，基于开放的数据进行数据融合、深度挖掘，为交通出行者和管理者提供更为智能和便利的交通信息服务。立足于用户思维，运用互联网交互体验，开展公众需求调查，了解公众最迫切希望解决的问题，在任何时间、任何地点随时随地提供个性化、多样化的信息服务。

智慧交通得到了国家和各级政府的大力支持和推动。聚焦于智慧交通落地发展情况来看，借助云计算、大数据、移动互联网等新一代信息技术，利用智能化交通管控优势，进行交通数据的综合管理是城市智慧交通发展的共识。

2.4.2 轨道交通驾驶系统的发展

世界上一些大城市经过几十年甚至上百年的建设，已形成了城市轨道交通网，城市轨道交通已成为市民出行的主要公共交通工具。近十余年来，我国城市轨道交通发展速度明显加快，特别是北京、上海、广州、杭州等城市，正在加速新线建设并逐步形成城市轨道交通网络（见图 2-8），这将从根本上解决城市的公交困难状况。

图 2-8　地铁线路

随着科学技术的发展以及自动化程度的提高，世界上城市轨道交通系统的运行模式大致经历了三个发展阶段：

（1）人工驾驶模式。列车驾驶员根据运行图在独立的信号系统中驾驶列车运行，并得到 ATP（列车自动保护系统）的超速监控与保护。

（2）人工驾驶的自动化运行模式。列车设驾驶员，其主要任务是为乘客上下车开、关车门，给出列车起动的控制信号；而列车的加速、惰行、制动以及停站，均通过 ATC（列车自动控制）信号系统与车辆控制系统的接口，经协调配合自动完成。

（3）全自动无人驾驶模式。列车的唤醒、起动、行驶、停站、开/关车门、故障降级运行，以及列车出入停车场、洗车和休眠等都不需要驾驶员操作，完全自动完成。

2.4.3　轨道交通的无人驾驶模式

　　我国近几年建设的新线，多属于人工驾驶的自动化运行模式。但纵观当今世界，科学技术的进步正在使城市轨道交通技术发生着革命性的变化。借助于全新的设计理念，计算机网络控制技术的应用，集成电路、电子元器件和机电部件的可靠性提高，生产制造工艺技术的革新等，已使城市轨道交通系统的可靠性、安全性达到99.99%；自动化程度的提高，使人工干预的内容越来越少，并已达到列车驾驶员的职能完全由"自动化"系统来替代的程度。城市轨道交通技术正进入一个崭新的"全自动无人驾驶模式"的发展期。全自动无人驾驶系统作为先进的城市公共交通系统，代表了城市轨道交通领域的发展方向。

　　无人驾驶系统是一项成熟的技术（见图2-9），在设计、施工和设备制造等方面已经取得了丰富的经验，作为先进的客运交通系统，正引导城市轨道交通的发展趋势，已经在世界上很多城市得到了广泛的应用，并取得了成功，如哥本哈根、巴黎、新加坡等城市的无人驾驶系统均已投入运营。

图2-9　杭州地铁

　　无人驾驶系统的列车完全在基于通信的控制系统下运行，包括车辆段（含停车场）列车唤醒、车站准备、进入正线服务、正线列车运行、折返站折返、退出正线服务、进段、洗车和休眠等作业。列车的启动、牵引、巡航、惰行和制动，车门和屏蔽门的开关，车站和车载广播等控制都可在无人状态下自动运行。

　　无人驾驶系统涉及车辆、信号、通信、综合自动化等多个专业，所有专业均按照无人驾驶系统的要求设计，提高了系统的安全性和可靠性，加速了各专业技术水平的发展，达到降低投资运营成本、提高轨道交通运营管理水平、优化对乘客的服务质量等标准。与有人监督自动驾驶系统相比，无人驾驶系统具有以下特点：

　　（1）线路应完全封闭、车站设置屏蔽门，车辆段无人自动驾驶区域应设置围栏、隔离设施和门禁等防护措施。

　　（2）车辆、信号以及车辆与控制中心的通信系统等采用多重冗余技术，主、备系统之间能够实现"无缝"切换，提高系统的可靠性和可用性。

　　（3）车辆应具备更高的牵引和制动控制精度，具有待班列车的自动预检、更强的故障诊断和报警、对车厢内环境的调节，并具有多重控制方式。同时应设置车辆排障设备和脱轨检测设备，并与信号系统接口，在发生紧急情况时应能紧急制动。

（4）车地间应实现实时、安全、高速、大容量的双向通信，包括列车控制信息传输、故障诊断与报警信息传输、车厢内闭路电视监视信息传输、中心和车站与旅客直接通话传输等。

（5）无人驾驶系统优先采用基于通信的移动闭塞系统，在保证列车运行安全的前提下，能够缩短追踪间隔，实现列车的精确定位和实时跟踪。同时，信号系统应提供特有的"超低速运行模式"用于实现系统故障时的运行。信号车载和轨道设备故障时应具有可靠的应急运行方式，列车上应设置人工驾驶盘以作为必要时授权人工驾驶，以及提供乘客紧急停车按钮或手柄。

（6）车辆段应采用与正线相同的信号系统，包括进出段联络线，以实现全线的无人自动驾驶。段内根据作业性质分为无人自动驾驶区域和有人驾驶区域。列车出入段进路必须预先计划并自动控制。段内自动作业包括激活列车启动自检、启动列车、将列车送至正线、送至洗车库接受预定清洗、送至预先分配的停车线和将列车休眠等。

（7）具备快速、准确、安全的故障检测和排除功能以及强大的故障救援能力。无人驾驶系统以故障—安全的 ATC 系统和高效智能的综合自动化系统为基础，结合人工监视和干预机制，建立健全运营应急预案，当列车由于某种原因在区间停车、发生火灾、车门无法关闭等情况下，能够迅速将报警信息传输给中心和相关车站，启动应急预案，及时响应并采取措施，提高对灾害、事故等情况下的应急处理能力。

（8）运营管理模式发生较大变化，中心调度员将由对人的调度关系转变为直接面向列车和旅客，原来对司机的调度电话将转变为中心与列车间的通信，同时要直接服务旅客、指导旅客处理紧急事务及逃生。

（9）无人驾驶系统在适当的列车编组情况下，通过缩短行车间隔，能增加运能，并节省车辆配置；更高的牵引和制动控制精度可以使列车运行趋于理想的运行曲线，降低了牵引能耗和车辆耗损；减少了驾驶员数量，节约了人工成本。

（10）无人驾驶系统有利于行车间隔、站停时间的精确控制，从而提高了旅客的旅行速度。列车的高安全性、高可靠性和高准点运行增强了旅客对城市轨道交通的信任度。

无人驾驶系统是高科技含量的轨道交通系统，需要有高的管理水平与之相适应。因此，要求管理人员有较高的素质，不仅要有较高的专业水平，能沉着、机灵应对突发事件，更要有极高的服务意识和责任感，使运营服务水准有明显的提高。

2.5 智能家居

智能家居（图 2-10）是以住宅为平台，通过物联网技术将家中的各种设备（如音视频设备、照明系统、窗帘控制、空调控制、安防系统、数字影院系统、影音服务器、影柜系统、网络家电等）连接到一起，实现智能化的一种生态系统。它具有智能灯光控制、智能电器控制、安防监控系统、智能背景音乐、智能视频共享、可视对讲系统、家庭影院系统、室内外遥控、防盗报警、环境监测、暖通控制、红外转发以及可编程定时控制等多种功能和手段。

智能灯光控制
调节亮度，一键情景控制，RGB颜色调整，远程遥控，定时照明，自动开/关灯。

影音控制
一键开启家庭影院（集中控制），多种情景控制，远程控制，定时控制。

智能门锁
可视对讲无线开锁，手机控制开锁，国标大锁体

可视对讲
全双工数字可视对讲，远程门禁开锁，手机可视开锁、8防区安防报警，访客留言留影，小区服务信息发布，智能家居功能。

背景音乐
支持多种音频源，提供多区域控制，支持多种控制终端控制。

远程控制
支持Android、iOS等多种操作系统多系统本地或远程控制。

窗帘、门窗控制
窗帘、幕布、车库门、自动门窗手机控制，情景控制，远程控制。

安防监控
远程视频监控，防居室入侵、燃气泄漏，电话、短信报警。

园林灌溉系统
手机或定时控制灌溉系统开启和关闭。

图 2-10　智能家居

　　智能家居利用综合布线技术、网络通信技术、安全防范技术、自动控制技术、音视频技术将家居生活有关的设施集成，构建高效的住宅设施与家庭日程事务的管理系统，提升家居安全性、便利性、舒适性、艺术性，并实现环保节能的居住环境。与普通家居相比，智能家居不仅具有传统的居住功能，还为网络通信、信息家电、设备自动化提供全方位的信息交互功能，还可以节约各种能源费用。

　　智能家居的概念起源很早，但一直未有具体的建筑案例出现，直到 1984 年美国联合科技公司将建筑设备信息化、整合化概念应用于美国康涅狄格州哈特佛市的城市广场建筑时，出现了首栋"智能型建筑"，从此揭开了全世界争相建造智能家居派的序幕。

2.5.1　家庭自动化

　　家庭自动化（Home Automation）是指利用微处理电子技术，来集成或控制家中的电子电器产品或系统（见图 2-11），如照明灯、咖啡炉、计算机设备、保安系统、暖气及冷气系统、视讯及音响系统等。家庭自动化系统主要是以一个中央微处理机（CPU）接收来自相关电子电器产品的信息后，再以既定的程序发送适当的信息给其他电子电器产品。中央微处理机必须透过许多界面来控制家中的电器产品，这些界面可以是键盘，也可以是触摸式荧幕、按钮、计算机、电话机、遥控器等；使用者可发送信号至中央微处理机，或接收来自中央微处理机的信号。

图 2-11　智能家居

　　家庭自动化是智能家居的一个重要系统，在智能家居刚出现时，家庭自动化甚至就等同于智能家居，今天它仍是智能家居的核心之一，但随着网络技术在智能家居中的普遍应用，网络家电 / 信息家电的成熟，家庭自动化的许多产品功能将融入这些新产品中去，从而使单纯的家庭自动化产品在系统设计中越来越少，其核心地位也将被家庭网络 / 家庭信息系统所代替。它将作为家庭网络中的控制网络部分在智能家居中发挥作用。

2.5.2 家庭网络

家庭网络(Home Networking)和纯粹的"家庭局域网"不同,家庭网络是在家庭范围内(可扩展至邻居,小区)将 PC、家电、安全系统、照明系统和广域网相连接的一种新技术。当前在家庭网络所采用的连接技术,包括"有线"和"无线"两大类。

与传统的办公网络相比,家庭网络加入了很多家庭应用产品和系统,如家电设备、照明系统,因此相应技术标准也错综复杂,其发展趋势是将智能家居中的其他系统融合进去。

2.5.3 网络家电

网络家电(见图 2-12)是将普通家用电器利用数字技术、网络技术及智能控制技术设计改进的新型家电产品。网络家电可以实现互连,组成一个家庭内部网络,同时这个家庭网络又可以与外部互联网连接。可见,网络家电技术包括两个层面:第一个层面是家电之间的互连问题,也就是使不同家电之间能够互相识别,协同工作;第二个层面是解决家电网络与外部网络的通信,使家庭中的家电网络真正成为外部网络的延伸。

图 2-12　网络家电

要实现家电间互连和信息交换,就需要解决以下问题:

(1)描述家电工作特性的产品模型,使数据的交换具有特定含义。

(2)信息传输的网络媒介。在解决网络媒介这一难点中,可选择的网络媒介有电力线、无线射频、双绞线、同轴电缆、红外线、光纤。认为比较可行的网络家电包括网络冰箱、网络空调、网络洗衣机、网络热水器、网络微波炉、网络炊具等。网络家电未来的方向是充分融合到家庭网络中去。

2.5.4 智能家居的设计理念

衡量一个住宅小区智能化系统的成功与否,并非仅仅取决于智能化系统的多少、系统的先进性或集成度,更重要的是系统的设计和配置是否经济合理并且系统能否成功运行,系统的使用、管理和维护是否方便,系统或产品的技术是否成熟适用。换句话说,就是如何以最少的投入、最简便的实现途径来换取最大的功效,实现便捷高质量的生活。

为了实现上述目标,智能家居系统设计时要遵循以下原则:

(1)实用便利。智能家居最基本的目标是为人们提供一个舒适、安全、方便和高效的生活环境。对智能家居产品来说，最重要的是以实用为核心，摒弃那些华而不实、只能充作摆设的功能，以实用性、易用性和人性化为主（见图2-13）。

图 2-13　智能家居

在设计智能家居系统时，应根据用户对智能家居功能的需求，整合最实用最基本的家居控制功能，包括智能家电控制、智能灯光控制、电动窗帘控制、防盗报警、门禁对讲、煤气泄漏等，同时还可以拓展诸如三表抄送、视频点播等服务增值功能。对很多个性化智能家居的控制方式有本地控制、遥控控制、集中控制、手机远程控制、感应控制、网络控制、定时控制等，其本意是让人们摆脱烦琐的事务，提高效率。如果操作过程和程序设置过于烦琐，容易让用户产生排斥心理。所以，在对智能家居进行设计时，一定要充分考虑到用户体验，注重操作的便利化和直观性。

（2）可靠性。整个建筑的各个智能化子系统应能二十四小时运转，系统的安全性、可靠性和容错能力必须予以高度重视。对各个子系统，对电源、系统备份等采取相应的容错措施，保证系统能正常安全使用，且质量、性能良好，具备应付各种复杂环境变化的能力。

（3）标准性。智能家居系统方案的设计应依照国家和地区的有关标准进行，确保系统的扩充性和扩展性，在系统传输上采用标准的网络技术，保证不同产商之间的系统可以兼容与互连。系统的前端设备是多功能的、开放的、可以扩展的设备。如系统主机、终端与模块采用标准化接口设计，为家居智能系统外部厂商提供集成的平台，而且其功能可以扩展，当需要增加功能时，不必再开挖管网，简单可靠、方便节约。设计选用的系统和产品能够使本系统与未来不断发展的第三方受控设备进行互通互连。

（4）方便性。布线安装是否简单直接关系到成本、可扩展性、可维护性的问题，一定要选择布线简单的系统，施工时可与小区宽带一起布线；设备方面易操作和维护简便。

（5）轻巧型。智能家居产品应该是一种轻量级的系统，简单、实用、灵巧是它的最主要特点，也是其与传统智能家居系统最大的区别。所以我们一般把无须施工部署，功能可自由搭配组合，且价格相对便宜，可直接面对最终消费者销售的智能家居产品称为轻巧型智能家居产品。

随着智能家居的迅猛发展，越来越多的家居开始引进智能化系统和设备。智能化系统涵盖的内容也从单纯的方式向多种方式相结合的方向发展。

1. 所谓"智慧城市",就是（　　　）。

    A. 运用信息和通信技术手段感测、分析、整合城市运行核心系统的各项关键信息

    B. 对民生、环保、公共安全、城市服务、工商业活动等各种需求做出智能响应

    C. 利用先进的信息技术，实现城市智慧式管理和运行，为城市人创造更美好的生活

    D. 上述所有

2. "智慧城市"的概念源于（　　　）的理念。

    A. 2008 年 IBM 公司提出的"智慧地球"

    B. 1995 年微软公司提出的"Windows 95"

    C. 1987 年华为公司提出的"构建万物互联的智能世界"

    D. 2010 年谷歌公司提出的"工作赋予挑战，挑战带来快乐"

3. 对城市居民而言，智慧城市的基本要件就是能轻松找到最快捷的（　　　）、供水供电有保障，且街道更加安全。

    A. 打酱油便利店   B. 上下班路线

    C. 便宜的学区房   D. 涨工资的诀窍

4. 针对"智慧的城市"愿景，IBM 认为，城市由关系到城市主要功能的不同类型的网络、基础设施和环境等六个核心系统组成，即（　　　）、业务/政务、通信和能源。

    A. 组织（人）   B. 交通

    C. A、B 和 D   D. 水

5. 2014 年 8 月 29 日，经国务院同意，发改委、工信部、科技部、公安部、财政部、自然资源部、住建部、交通部八部委提出，到（　　　）年建成一批特色鲜明的智慧城市。

    A. 2030   B. 2020   C. 2050   D. 2025

6. 智慧城市经常与（　　　）、无线城市、生态城市、低碳城市等区域发展概念相交叉，甚至与电子政务、智能交通、智能电网等行业信息化概念产生重叠。

    A. B、C、D   B. 数字城市

    C. 智能城市   D. 感知城市

7. 建设智慧城市，不管城市如何智能化，最后的工作难点还会落在（　　　）上。

    A. 商业   B. 交通   C. 工业   D. 农业

8. 智慧城市的应用体系，不包括智慧（　　　）体系。

    A. 物流   B. 制造   C. 军工   D. 公共服务

9. 智慧交通作为智慧城市在交通领域的具体体现，是智慧城市的（　　　）组成部分。

    A. 配套   B. 重要   C. 独立   D. 一般

10. 智能家居是以（　　　）为平台，通过物联网技术将家中的各种设备连接到一起，实现智能化的一种生态系统。

    A. 住宅   B. 小区   C. 街道   D. 花园

11. 智能家居通过（　　　）技术将家中的各种设备（如音视频设备、照明系统、窗帘控制、空调控制、安防系统、数字影院系统、影音服务器、影柜系统、网络家电等）连接到一起。

A. 物联网　　　　　　B. 互联网　　　　　　C. 内联网　　　　　　D. 社交网

思维与操作实训 小组讨论：智慧地球与智慧城市

1. 实训目的

在开始本实训之前，请认真阅读课文的相关内容。

(1) 了解 IBM 首先提出的"智慧地球"，由此出发，思考"智慧 +"的概念。

(2) 熟悉什么是智慧城市，它与智能城市、智慧农业有什么关系？

(3) 讨论：人工智能技术将如何影响智慧地球建设和智慧城市建设。

2. 实训内容与步骤

(1) 观看本章的视频案例：飞行机器人。

(2) 开展头脑风暴小组讨论：人工智能技术将如何影响智慧地球建设和智慧城市建设。

请记录小组讨论的主要观点，推选代表在课堂上简单阐述你们的观点。

_____

_____

_____

_____

3. 实训总结

_____

_____

_____

_____

4. 教师对实训的评价

_____

_____

_____

_____

第 3 章

智慧医疗与公共健康

导读案例 大数据变革公共卫生

2009 年出现了一种新的流感病毒甲型 H1N1，这种流感结合了导致禽流感和猪流感病毒的特点，在短短几周之内迅速传播开来。全球的公共卫生机构都担心一场致命的流行病即将来袭。有的评论家甚至警告说，可能会爆发大规模流感，类似于 1918 年在西班牙爆发的影响了 5 亿人口并夺走了数千万人性命的大规模流感。更糟糕的是，我们还没有研发出对抗这种新型流感病毒的疫苗。公共卫生专家能做的只是减慢它传播的速度。但要做到这一点，他们必须先知道这种流感出现在哪里。

许多国家都会要求医生在发现新型流感病例时告知疾病控制与预防中心。但由于人们可能患病多日才会去医院，同时这个信息传达回疾控中心也需要时间，因此，通告新流感病例时往往会有一两周的延迟，而且，疾控中心每周只进行一次数据汇总。然而，对于一种飞速传播的疾病，信息滞后两周的后果将是致命的。这种滞后导致公共卫生机构在疫情爆发的关键时期反而无所适从。

在甲型 H1N1 流感爆发的几周前，互联网巨头谷歌公司的工程师们在《自然》杂志上发表了一篇引人注目的论文。它令公共卫生官员们和计算机科学家们感到震惊。文中解释了谷歌为什么能够预测冬季流感的传播：不仅是全美范围的传播，而且可以具体到特定的地区和州。谷歌通过观察人们在网上的搜索记录来完成这个预测，而这种方法以前一直是被忽略的。谷歌保存了多年来所有的搜索记录，而且每天都会收到来自全球超过 30 亿条的搜索指令，如此庞大的数据资源足以支撑和帮助它完成这项工作。

谷歌公司把 5 000 万条美国人最频繁检索的词条和美国疾控中心在 2003 年至 2008 年间季节性流感传播时期的数据进行了比较。他们希望通过分析人们的搜索记录来判断这些人是否患上了流感，其他公司也曾试图确定这些相关的词条，但是他们缺乏像谷歌公司一样庞大的数据资源、处理能力和统计技术。

虽然谷歌公司的员工猜测，特定的检索词条是为了在网络上得到关于流感的信息，如"哪些是治疗咳嗽和发热的药物"，但是找出这些词条并不是重点，他们也不知道哪些词条更重要。更关键的是，他们建立的系统并不依赖于这样的语义理解。他们设立的这个系统唯一关注的就是特定检索词条的使用频率与流感在时间和空间上的传播之间的联系。谷歌公司为了测试这些检索词条，总共处理了4.5亿个不同的数学模型。在将得出的预测与2007年、2008年美国疾控中心记录的实际流感病例进行对比后，谷歌公司发现，他们的软件发现了45条检索词条的组合，将它们用于一个特定的数学模型后，他们的预测与官方数据的相关性高达97%。和疾控中心一样，他们也能判断出流感是从哪里传播出来的，而且判断非常及时，不会像疾控中心一样要在流感爆发一两周之后才可以做到。

所以，2009年甲型H1N1流感爆发的时候，与习惯性滞后的官方数据相比，谷歌成为一个更有效、更及时的指示标。公共卫生机构的官员获得了非常有价值的数据信息。惊人的是，谷歌公司的方法甚至不需要分发口腔试纸和联系医生——它是建立在大数据的基础之上的。这是当今社会所独有的一种新型能力；以一种前所未有的方式，通过对海量数据进行分析，获得有巨大价值的产品和服务，或深刻的洞见。基于这样的技术理念和数据储备，下一次流感来袭的时候，世界将会拥有一种更好的预测工具，以预防流感的传播。

📢教学视频 电影赏析《机器管家》

上映时间：1999年。

机器人安德鲁是一户人家连续四代的管家（见图3-1），在经历数年的风雨和人类的生离死别后，它拥有了人类的知识，也逐渐学会了如何体会人类的情感。此后的岁月，安德鲁不断追求着自由乃至爱情。最终，在一位工程师的帮助下，他从里到外，将自己的机器零件替换成了人工器官，几乎变成了一个真正的人。

符合现实的部分：在电影世界中最终出现了一个非暴力的人工智能，而大部分专家也乐观地认为，人工智能是完全能够与人类实现和平相处的。

偏离现实之处：电影中的机器人一心想成为人类，它们理应没有这样的愿望，这使人类显得有些"太以自我为中心"。现实中，机器人不太会产生这样的想法。

图3-1 电影《机器管家》剧照

3.1 数据智慧促进医疗与健康

循证医学（Evidence-based medicine，EBM），意为"遵循证据的医学"，又称实证医学，其核心思想是医疗决策（即病人的处理、治疗指南和医疗政策的制定等）应在现有的最好的临床研究依据基础上做出，同时也重视结合个人的临床经验（见图 3-2）。

图 3-2　循证医学金字塔

3.1.1　循证医学的发展

传统医学以经验医学为主，即根据非实验性的临床经验、临床资料和对疾病基础知识的理解来诊治病人（见图 3-3）。在传统医学下，医生根据自己的实践经验、高年资医师的指导，教科书和医学期刊上零散的研究报告为依据来处理病人。其结果是：一些真正有效的疗法因不为公众所了解而长期未被临床采用；一些实践无效甚至有害的疗法因从理论上推断可能有效而长期广泛使用。

图 3-3　传统医学是以经验医学为主

　　循证医学的方法与内容实际上来源于临床流行病学。费恩斯坦在美国的《临床药理学与治疗学》杂志上，以"临床生物统计学"为题，从 1970 年到 1981 年的 11 年间，共发表了 57 篇的连载论文，他的论文将数理统计学与逻辑学导入临床流行病学，系统地构建了临床流行病学的体系，被认为富含极其敏锐的洞察能力，因此为医学界所推崇。

　　循证医学不同于传统医学，它并非要取代临床技能、临床经验、临床资料和医学专业知识，它只是强调任何医疗决策应建立在最佳科学研究证据的基础上。循证医学实践既重视个人临床经验又强调采用现有的、最好的研究证据，两者缺一不可（见图 3-4）。

图 3-4　循证医学重视个人临床经验，也强调研究证据

　　1992 年，来自安大略麦克马斯特大学的两名内科医生戈登·盖伊特和大卫·萨基特发表了呼吁使用"循证医学"的宣言。他们的核心思想很简单，医学治疗应该基于最好的证据，而且如果有统计数据的话，最好的证据应来自对统计数据的研究。盖伊特和萨基特希望统计数据在医疗诊断中起到更大的作用。

　　医生应该重视统计数据的这种观点，直到今天仍颇受争议。从广义上来说，努力推广循证医学，就是在努力推广智能分析，事关统计分析对实际决策的影响。由于循证医学运动的成功，一些医生已将数据分析结果与医疗诊断相结合，互联网在信息追溯方面的进步促进了一项影响深远的技术的发展，而且利用数据做出决策的过程也达到了前所未有的速度。

3.1.2　医疗保健新突破

　　根据美国疾病控制中心（CDC）的研究，心脏病是美国的第一大致命杀手，每年 250 万的死亡人数中，约有 60 万人死于心脏病，而癌症紧随其后。在 25~44 岁的美国人群中，1995 年，艾滋病是致死的头号原因（现在已降至第六位）。死者中每年仅有 2/3 的人死于自然原因。另据统计，美国民众每年总共会得 10 亿次感冒，平均每人 3 次。普通感冒是各种鼻病毒引起的，其中大约有 99 种已经排序，种类之多是普通感冒长久以来如此难治的根源所在。

　　在医疗保健方面的应用，除了分析并指出非自然死亡的原因之外，大数据同样也可以增加医疗保健的机会、提升生活质量、减少因身体素质差造成的时间和生产力损失。

　　以美国为例，通常一年在医疗保健上要花费 27 万亿美元，即人均 8 650 美元。随着人均寿命增长，婴儿出生死亡率降低，更多的人患上了慢性病并长期受其困扰。如今，因为注射

疫苗的小孩增多，所以减少了五岁以下小孩的死亡数。而除了非洲地区，肥胖症已成为比营养不良更严重的问题。在比尔与美琳达·盖茨基金会以及其他人资助的研究中，科学家发现，虽然世界人口寿命变长，但大家的身体素质却下降了。所有这些都表明我们亟需提供更高效的医疗保健，尽可能地帮助人们跟踪并改善身体健康。

1. 量化自我，关注个人健康

谷歌联合创始人谢尔盖·布林的妻子安妮·沃西基（公司首席执行官）在 2006 年创办了 DNA[①]（见图 3-5）测试和数据分析公司 23andMe。除了收集和分析个人健康信息，公司还将大数据应用到个人遗传学上，至今已分析了数十万人的唾液（见图 3-6）。

图 3-5　基因 DNA 图片

图 3-6　23andMe 的 DNA 测试

通过分析人们的基因组数据，公司确认了个体的遗传性疾病，如帕金森氏病和肥胖症等遗传倾向。通过收集和分析大量的人体遗传信息数据，该公司不仅希望可以识别个人遗传风险因素以帮助人们增强体质并延年益寿，而且希望能识别更普遍的趋势。通过分析，公司已确定了约 180 个新的特征，例如所谓的"见光喷嚏反射"，即人们从阴暗处移动到阳光明媚的地方时会有打喷嚏的倾向；还有一个特征则与人们对药草、香菜的喜恶有关。

事实上，利用基因组数据来为医疗保健提供更好的洞悉是合情合理的。人类基因计划组（HGP）绘制出总数约有 23 000 组的基因组，而这所有的基因组也最终构成了人类的 DNA。这一项目费时 13 年，耗资 38 亿美元。

当然，仅有 DNA 测测不足以提升我们的健康，我们也需要在日常生活中做出改变。

2. 可穿戴的个人健康设备

Fitbit 是美国的一家移动电子医疗公司（见图 3-7），致力于研发和推广健康乐活产品，从而帮助人们改变生活方式，其目标是通过使保持健康变得有趣来让其变得更简单。Fitbit 公司所售的一款设备可以跟踪你一天的身体活动，还有晚间的睡眠模式。Fitbit 公司还提供一项免费的手机应用程序，可以让用户记录他们的食物和液体摄入量。通过对活动水平和营养摄入的跟踪，用户可以确定哪些有效、哪些无效。营养学家建议，准确记录我们的食物和活动量是控制体重的最重要一环，因为数字明确且具有说服力。Fitbit 公司正在收集关于人们身体状况、个人习惯的大量信息。如此一来，它就能将图表呈现给用户，从而帮助用户直观地了解自己的营养状况和活动水平，而且，它能就可改善的方面提出建议。

---

① DNA：（Deoxyribonucleic acid，脱氧核糖核酸），是一种分子，可组成遗传指令，以引导生物发育与生命机能运作。

图 3-7　Fitbit 设备

耐克公司推出了类似的产品 Nike+ FuelBand，即一条可以戴在手腕上收集每日活动数据的手环。这一设备采用了内置加速传感器来检测和跟踪每日的活动，诸如跑步、散步以及其他体育运动。加上 Nike Plus 网站和手机应用程序的辅助，这一设备令用户可以更加方便地跟踪自己的活动行为、设定目标并改变习惯。耐克公司也为其知名的游戏系统提供训练计划，使用户在家也能健身。使用这一款软件，用户就可以和朋友或其他人在健身区一起训练。这一想法旨在让健身活动更有乐趣、更加轻松，同时也更社交化。

另一款设备是可穿戴技术商身体媒体公司（Body Media）推出的 BodyMedia 臂带，它每分钟可捕捉到 5 000 多个数据点，包括体温、汗液、步伐、卡路里消耗及睡眠质量等。

Strava 公司通过将这些挑战搬到室外，把现实世界的运动和虚拟的比赛结合在一起。公司推出的跑步和骑车程序，为充分利用体育活动的竞技属性而进行了专门的设计。健身爱好者可以通过拍摄各种真实的运动片段来角逐排行榜，如挑战单车上险坡等，并在 Strava 网站上对他们的情况进行比较。

据估计，美国公司每年与健康相关的生产力损失高达 2 258 亿美元。因此，类似 Fitbit 和 Nike+ FuelBand 这样的设备对不断推高医疗保健和个人健康的成本确实有影响。

回溯过去，检测身体健康发展情况需要用到特殊的设备，或是不辞辛苦、花费高额就诊费去医生办公室问诊。新型应用程序最引人瞩目的一面是，它们使健康信息的检测变得更简单易行。低成本的个人健康检测程序以及相关技术甚至"唤醒"了全民对个人健康的关注。

3.1.3　超级大数据的最佳伙伴——搜索

循证医学运动之前的医学实践受到了医学研究成果缓慢低效的传导机制的束缚。据美国医学协会的估计，"一项经过随机控制试验产生的新成果应用到医疗实践中，平均需要 17 年，而且这种应用还非常参差不齐。"医学科学的每次进步都伴随着巨大的麻烦。如果医生们没有在医学院或者住院实习期间学会这些东西，似乎永远也把握不住好机会。

如果医生不知道有什么样的统计结果，他就不可能根据统计结果进行决策。要使统计分析有影响力，就需要有一些能够将分析结果传达给决策制定者的传导机制。智能分析的崛起往往伴随着并受益于传播技术的改进，这样，决策制定者就可以更加迅速地即时获取并分析数据。甚至在互联网试验的应用中，我们也已经看过传导环节的自动化。Google AdWords 功能不仅能够即时报告测试结果，还可以自动切换到效果最好的那个网页。智能分析速度越快，就越可能改变决策制定者的选择。

与其他使用智能分析的情况相似，循证医学运动也在设法缩短传播重要研究结果的时间。循证医学最核心也最可能受抵制的要求是，提倡医生们研究和发现病人的问题。一直"跟踪研究"从业医生的学者们发现，新患者所提出的问题大约有 2/3 会对研究有益。这一比重在新住院的病人中更高。然而被"跟踪研究"的医生却很少有人愿意花时间去回答这些问题。

对于循证医学的批评往往集中在信息匮乏上。反对者声称，在很多情况下根本不存在能够为日常治疗决策所遇到的大量问题提供指导的高质量的统计研究。抵制循证医学的更深层原因其实恰恰相反：对于每个从业医生来说，有太多循证信息，以至于无法合理地吸收利用。仅以冠心病为例，每年有 3 600 多篇统计方面的论文发表。这样，想跟踪这一领域的学者必须每天（包括周末）读十几篇文章。如果读一篇文章需要 15 min，那么关于每种疾病的文章每天就要花掉两个半小时。显然，要求医生投入如此多的时间去仔细查阅海量的统计研究资料，是行不通的。

循证医学的倡导者们从最开始就意识到信息追索技术的重要性，它使得从业医生可以从数量巨大且时时变化的医学研究资料中提取出高质量的相关信息。网络的信息提取技术使得医生更容易查到特定病人特定问题的相关结果。即使现在高质量的统计研究文献比以往都多，医生在大海里捞针的速度也同时得到了提高。现在有众多计算机辅助搜索引擎，可以使医生接触到相关的统计学研究。

对于研究结果的综述通常带有链接，这样医生在点开链接后就可以查看全文以及引用过该研究的所有后续研究。即使不点开链接，仅仅从"证据质量水平"中，医生也可以根据最初的搜索结果了解到很多。现在，每项研究都会得到牛津大学循证医学中心研发的 15 等级分类法中的一个等级，以便使读者迅速地了解证据的质量。最高等级（"1a"）只授给那些经过多个随机试验验证后都得到相似结果的研究，而最低等级则给那些仅仅根据专家意见而形成的疗法。

这种简洁标注证据质量的变化很可能成为循证医学运动最有影响力的部分。现在，从业医生评估统计研究提出的政策建议，可以更好地了解自己能在多大程度上信赖这种建议。最酷的是，智能分析回归分析不仅可以做预测，而且还可以告诉你预测的精度。循证医学不仅提出治疗建议，同时还会告诉医生支撑这些建议的数据质量如何。

互联网的开放性甚至改变了医学界的文化。回归分析和随机试验的结果都公布出来，不仅仅是医生，任何有时间用谷歌搜索几个关键词的人都可以看到。医生越来越感到学习的紧迫性，不是因为（较年轻的）同事们告诉他们要这样做，而是因为多学习可以使他们比病人懂得更多。正像买车的人在去展厅前先会上网查看一样，许多病人也会登录 Medline①（见图 3-8）等网站看看自己可能患上什么样的疾病。Medline 网站最初是供医生和研究人员使用的，现在，1/3 以上的浏览者是普通老百姓。互联网不仅仅改变着信息传导给医生的机制，也改变着科技的影响力，即病人影响医生的机制。

---

① Medline 是美国国立医学图书馆生产的国际性综合生物医学信息书目数据库，是当前国际上最权威的生物医学文献数据库。

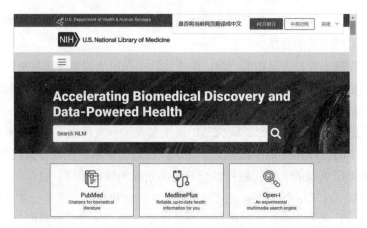

图 3-8　Medline，国际上最权威的生物医学文献数据库

3.1.4　数据决策的成功崛起

循证医学的成功就是数据决策的成功，它使决策的制定不仅基于数据或个人经验，也依据系统的统计研究。例如，正是智能分析颠覆了传统观念，发现受体阻滞剂对心脏病人有效，证明了雌性激素疗法不会延缓女性衰老。

智能分析将使诊断预测更加准确。例如，"伊沙贝尔"数据库，它只不过是把医学期刊上的文章堆积起来而已。然后，配有像谷歌这样的语言引擎辅助的医生，搜索与某个症状相关的已公布的症状，并把结果输入到诊断结果数据库中。

截至目前，如果你去看病或者住院治疗，你看病的结果决不会对集体治疗知识有帮助——除非在极个别的情况下，医生决定把你的病例写成文章投到期刊，或者你的病例恰好是一项特定研究的一部分。

医疗记录的迅速数字化意味着医生们可以利用包含在过去治疗经历中丰富的整体信息，这是前所未有的。未来，"伊沙贝尔"能够针对你的特定症状、病史及化验结果给出患某种疾病的概率，而不仅仅是给出不加区分的一系列可能的诊断结果。

有了数字化医疗记录，医生们不再需要输入病人的症状并向计算机求助。"伊沙贝尔"可以根据治疗记录自动提取信息并做出预测。实际上，"伊沙贝尔"已经与 NextGen 合作研发出一种结构灵活的输入软件，以抓取最关键的信息。从某种意义上来说，这使医生不再单纯地扮演记录数据的角色。

3.2　智慧医疗的定义

智慧医疗（Wise Information Technology of 120, WIT120）是新兴起的专有医疗名词，是指通过打造健康档案区域医疗信息平台，利用最先进的物联网技术，实现患者与医务人员、医疗机构、医疗设备之间的互动，逐步达到信息化。

在不久的将来医疗行业将融入更多人工智慧、传感技术等高科技，使医疗服务走向真正意义的智能化，推动医疗事业的繁荣发展。

3.2.1 智能时代的医疗信息

大量的医疗信息收集工作依然靠纸笔进行。纸笔记录的优势在于方便、快捷、成本低廉。但是,因为纸笔做的记录会分散在多处,这就导致医疗工作者难以找到患者的关键医疗信息。

2009 年颁布的美国《卫生信息技术促进经济和临床健康法案》(HITECH) 旨在促进医疗信息技术的应用,尤其是电子健康档案(EHRs)的推广。法案也在 2015 年给予医疗工作者经济上的激励,鼓励他们采用电子健康档案,同时会对不采用者施以处罚。电子病历(EMRs,见图 3-9) 是纸质记录的电子档,如今许多医生都在使用。相比之下,电子健康档案意图打造病人健康概况的普通档案,这使得它能被医疗工作者轻易接触到。医生还可以使用一些新的 APP 应用程序,在移动终端设备或网页浏览器上收集病人的信息。除了可以收集过去用纸笔记录的信息之外,医生们还将通过这些程序实现从语言转换到文本的听写、收集图像和视频等其他功能。

图 3-9　电子病历

电子健康档案、DNA 测试和新的成像技术在不断产生大量数据。收集和存储这些数据对于医疗工作者而言是一项挑战,也是一个机遇。不同于以往采用的封闭式的医院 IT 系统,更新、更开放的系统与数字化的病人信息相结合可以带来医疗突破。

如此种种分析也会给人们带来别样的见解。比如说,智能系统可以提醒医生使用与自己通常推荐的治疗方式相关的其他治疗方式和程序。这种系统也可以告知那些忙碌无暇的医生某一领域的最新研究成果。这些系统收集、存储的数据量大得惊人。越来越多的病患数据会采用数字化形式存储,不仅是填写在健康问卷上或医生记录在表格里的数据,还包括手机等设备以及新的医疗成像系统（如 X 光机和超音设备）生成的数字图像。

这意味着未来将会出现更好、更有效的患者看护,更为普及的自我监控以及防护性养生保健,也意味着要处理更多的数据。其中的挑战在于,要确保所收集的数据能够为医疗工作者以及个人提供重要的见解。

3.2.2 智慧的医疗信息平台

由于国内公共医疗管理系统的不完善,医疗成本高、渠道少、覆盖面低等问题困扰着大众民生。尤其以"效率较低的医疗体系、质量欠佳的医疗服务、看病难且贵的就医现状"为代表的医疗问题为社会关注的主要焦点。大医院人满为患，社区医院无人问津，病人就诊手续烦琐等问题都是由于医疗信息不畅、医疗资源两极化、医疗监督机制不全等原因导致，这些问题已经成为影响社会和谐发展的重要因素。所以需要建立一套智慧的医疗信息网络平台体系，使患者用较短的等疗时间、支付基本的医疗费用，就可以享受安全、便利、优质的诊疗服务。从根本上解决"看病难、看病贵"等问题，真正做到"人人健康，健康人人"。

通过无线网络，使用手持 PDA 便捷地联通各种诊疗仪器，使医务人员随时掌握每个病人的病案信息和最新诊疗报告，随时随地快速制定诊疗方案；在医院任何一个地方，医护人员都可以登录距自己最近的系统查询医学影像资料和医嘱；患者的转诊信息及病历可以在任意一家医院通过医疗联网方式调阅……随着医疗信息化的快速发展，这样的场景在不久的将来将日渐普及，智慧的医疗正日渐走入人们的生活。作为中国最知名的医院，北京协和医院在各方面都走在了最前列，在智慧医疗上也不例外。

以医疗信息系统为例，智慧医疗具有以下特点：

（1）互联的。经授权的医生能够随时查阅病人的病历、患史、治疗措施和保险细则，患者也可以自主选择更换医生或医院。

（2）协作的。把信息仓库变成可分享的记录，整合并共享医疗信息和记录，以期构建一个综合的专业的医疗网络。

（3）预防的。实时感知、处理和分析重大的医疗事件，从而快速、有效地做出响应。

（4）普及的。支持乡镇医院和社区医院无缝地连接到中心医院，以便可以实时地获取专家建议、安排转诊和接受培训。

（5）创新的。提升知识和过程处理能力，进一步推动临床创新和研究。

（6）可靠的。使从业医生能够搜索、分析和引用大量科学证据来支持他们的诊断。

3.2.3 医疗体制改革

构建富有效率的医疗卫生体制是一个世界性的难题，纵观各国医疗卫生体制改革之路可以看出，尽管改革思路和方法有所不同，但在通过信息化手段全面构建并应用数字卫生系统、推动医疗卫生体制改革、更好地解决医疗卫生服务需求与服务供给的平衡方面都有着共同的期望。

在国家新医改方案的统一指导下，通过智慧医疗，实现居民获得可及优质的卫生服务、连续的健康信息和全程健康管理；卫生服务机构保证服务质量，提高服务效率；公共卫生专业机构有效地开展疾病管理、卫生管理、应急管理、健康教育等工作；卫生行政部门提高卫生服务质量、强化绩效考核以及加强监管能力；医保、药监、计生、公安、民政等部门协同开展工作。

3.3　智慧医疗的组成

智慧医疗由三部分组成，即智慧医院系统、区域卫生系统以及家庭健康系统。

3.3.1　智慧医院系统

医生资源在全世界范围内都仍属于稀缺资源，这种供求关系在一定程度上决定了病患看病难的问题，而我国医疗长期存在"重医疗，轻预防；重城市，轻农村；重大型医院，轻社区卫生"的倾向，居民又过多依赖大型医院，更加加重就医矛盾，一号难求现象频发。因此，便捷快速的预约挂号成为用户对医院资源最大的需求。智慧医院是在智慧医疗概念下对医疗机构的信息化建设。从狭义上来说，智慧医院可以是基于移动设备的掌上医院，在数字化医院建设的基础上，创新性地将现代移动终端作为切入点，将手机的移动便携特性充分应用到就医流程中。

智慧医院由数字医院和提升应用两部分组成。

数字医院包括医院信息系统（Hospital Information System，HIS）、实验室信息管理系统（Laboratory Information Management System，LIS）、医学影像信息的存储系统（Picture Archiving and Communication Systems，PACS）和传输系统及医生工作站四个部分。实现病人诊疗信息和行政管理信息的收集、存储、处理、提取及数据交换。

医生工作站的核心工作是采集、存储、传输、处理和利用病人健康状况和医疗信息。医生工作站包括门诊和住院诊疗的接诊、检查、诊断、治疗、处方和医疗医嘱、病程记录、会诊、转科、手术、出院、病案生成等全部医疗过程的工作平台。

提升应用包括远程图像传输、海量数据计算处理等技术在数字医院建设过程的应用，实现医疗服务水平的提升。比如：

（1）远程探视。避免探访者与病患的直接接触，杜绝疾病蔓延，缩短恢复进程。

（2）远程会诊。支持优势医疗资源共享和跨地域优化配置。

（3）自动报警。对病患的生命体征数据进行监控，降低重症护理成本。

（4）临床决策系统。协助医生分析详尽的病历，为制定准确有效的治疗方案提供基础。

（5）智慧处方。分析患者过敏和用药史，反映药品产地批次等信息，有效记录和分析处方变更等信息，为慢性病治疗和保健提供参考。

3.3.2　区域卫生系统

区域卫生系统由区域卫生平台和公共卫生系统两部分组成。

区域卫生平台包括收集、处理、传输社区、医院、医疗科研机构、卫生监管部门记录的所有信息的区域卫生信息平台；包括旨在运用尖端的科学和计算机技术，帮助医疗单位以及其他有关组织开展疾病危险度的评价，制定以个人为基础的危险因素干预计划，减少医疗费用支出，以及制定预防和控制疾病的发生和发展的电子健康档案（Electronic Health Record，HER）。比如：

（1）社区医疗服务系统，提供一般疾病的基本治疗、慢性病的社区护理、大病向上转诊、接收恢复转诊的服务；

（2）科研机构管理系统，对医学院、药品研究所、中医研究院等医疗卫生科院机构的病理研究、药品与设备开发、临床试验等信息进行综合管理。

（3）公共卫生系统由卫生监督管理系统和疫情发布控制系统组成。

3.3.3 家庭健康系统

家庭健康系统是最贴近市民的健康保障，包括针对行动不便无法送往医院进行救治病患的视讯医疗，对慢性病以及老幼病患远程的照护，对智障、残疾、传染病等特殊人群的健康监测，还包括自动提示用药时间、服用禁忌、剩余药量等的智能服药系统。

从技术角度分析，智慧医疗的概念框架（见智慧医疗方案架构图）包括基础环境、基础数据库群、软件基础平台及数据交换平台、综合运用及其服务体系、保障体系五个方面。

（1）基础环境。通过建设公共卫生专网，实现与政府信息网的互联互通；建设卫生数据中心，为卫生基础数据和各种应用系统提供安全保障。

（2）基础数据库。包括药品目录数据库、居民健康档案数据库、PACS 影像数据库、LIS 检验数据库、医疗人员数据库、医疗设备等卫生领域的六大基础数据库。

（3）软件基础平台及数据交换平台。提供三个层面的服务：

①基础架构服务。提供虚拟优化服务器、存储服务器及网络资源。

②平台服务。提供优化的中间件，包括应用服务器、数据库服务器、门户服务器等。

③软件服务。包括应用、流程和信息服务。

（4）综合应用及其服务体系。包括智慧医院系统、区域卫生平台和家庭健康系统三大类综合应用。

（5）保障体系。包括安全保障体系、标准规范体系和管理保障体系三个方面。从技术安全，运行安全和管理安全三方面构建安全防范体系，确实保护基础平台及各个应用系统的可用性、机密性、完整性、抗抵赖性、可审计性和可控性。

3.4 健康美好未来

高效、高质量和可负担的智慧医疗不但可以有效提高医疗质量，更可以有效阻止医疗费用的攀升。智慧医疗使从业医生能够搜索、分析和引用大量科学证据来支持他们的诊断，同时还可以使医生、医疗研究人员、药物供应商、保险公司等整个医疗生态圈的每一个群体受益。在不同医疗机构之间，建起医疗信息整合平台，将医院之间的业务流程进行整合，医疗信息和资源可以共享和交换，跨医疗机构也可以进行在线预约和双向转诊，这使得"小病在社区，大病进医院，康复回社区"的居民就诊就医模式成为现实，从而大幅提升了医疗资源的合理化分配，真正做到以病人为中心。

例如，电子健康档案 / 电子病历的建设，通过标准化的业务语言组件，在授权许可范围内，共享患者的病历信息，以供医护人员随时查询，为预防、诊断、康复提供可靠参考。这保证了患者在任何地方都能得到一致的护理服务，从而有效提升了医疗服务水平。又如，智慧医疗系统融合了中西方医疗方法与技术。中医医院将中西医各类临床信息整合成标准化、可计算的模型，使医务人员可以准确制定融合中西医的治疗方案。

医疗信息整合平台和电子健康档案 / 电子病历、移动医疗设备、个人医疗信息门户、远程医疗服务和虚拟医疗团队等，都将有力地推动智慧医疗的建设，也将助力于建设覆盖城乡居民的基本医疗卫生制度，为群众提供安全、有效、方便、价廉的医疗卫生服务。在未来，当智慧元素融入整个行业，医疗信息系统必将以前所未有的速度开始进化，并对医疗卫生行业，乃至全人类的健康产生重大影响。

物联网技术在医疗领域的应用潜力巨大，能够帮助医院实现对人的智能化医疗和对物的智能化管理工作，支持医院内部医疗信息、设备信息、药品信息、人员信息、管理信息的数字化采集、处理、存储、传输、共享等，实现物资管理可视化、医疗信息数字化、医疗过程数字化、医疗流程科学化、服务沟通人性化，能够满足医疗健康信息、医疗设备与用品、公共卫生安全的智能化管理与监控等方面的需求，从而解决医疗平台支撑薄弱、医疗服务水平整体较低、医疗安全生产隐患等问题。

利用物联网技术构建"电子医疗"服务体系，可以为医疗服务领域带来四大便利：

（1）把现有的医疗监护设备无线化，进而降低公众医疗负担。

（2）通过信息化手段实现远程医疗和自助医疗，有利于缓解医疗资源紧缺的压力。

（3）信息在医疗卫生领域各参与主体间共享互通，有利于医疗信息充分共享。

（4）有利于我国医疗服务的现代化，有利于提升医疗服务水平。

 作业

1. 传统医学以经验医学为主，即根据（　　　）的临床经验、临床资料和对疾病基础知识的理解来诊治病人。

   A. 实验性　　　　　　　　B. 经验性

   C. 非经验性　　　　　　　D. 非实验性

2. 循证医学意为"遵循证据的医学"，其核心思想是医疗决策（即病人的处理、治疗指南和医疗政策的制定等）应（　　　）。

   A. 重视医生个人的临床实践

   B. 在现有的最好的临床研究依据基础上做出，同时也重视结合个人的临床经验

   C. 在现有的最好的临床研究依据基础上做出

   D. 根据医院 X 光、CT 等医疗检测设备的检查

3. 医生应该特别重视统计数据的这种观点，直到今天（　　　）。

   A. 仍颇受争议　　　　　　B. 被广泛认同

   C. 无人知晓　　　　　　　D. 病人不欢迎

4. 在医疗保健方面的应用，除了分析并指出非自然死亡的原因之外，（　　　）数据同样也可以增加医疗保健的机会、提升生活质量、减少因身体素质差造成的时间和生产力损失。

   A. 小　　　　　　　　　　B. 大

   C. 非结构化　　　　　　　D. 结构化

5. 安妮·沃西基 2006 年创办了 DNA 测试和数据分析公司（　　　），公司并非仅限于个人健康信息的收集和分析，而是将眼光放得更远，将大数据应用到个人遗传学上。

   A. 23andMe　　　　　　　B. 23andDNA

   C. 48andYou　　　　　　　D. GoogleAndDna

6. 值得一提的是，存储人类基因数据（   ）。

    A. 需要占据很大的空间

    B. 并不需要多少空间

    C. 几乎不占空间

    D. 目前的计算技术无法承担

7. 过去，检测身体健康发展情况需要用到特殊的设备，或是不辞辛苦去医院就诊。（   ）使得健康信息的检测变得更简单易行。低成本的个人健康检测程序以及相关技术甚至"唤醒"了全民对个人健康的关注。

    A. 报纸上刊载的自我检测表格

    B. 手机上流传的健康保健段子

    C. 可穿戴的个人健康设备

    D. 现代化大医院的门诊检查

8. 电子健康档案、DNA测试和新的成像技术在不断产生大量数据。收集和存储这些数据对于医疗工作者而言（   ）。

    A. 是容易实现的机遇   B. 是难以接受的挑战

    C. 是一件额外的工作   D. 既是挑战也是机遇

9. 循证医学运动之前的医学实践受到了医学研究成果缓慢低效的传导机制的束缚，要使统计分析有影响力，就需要有一些能够将分析结果传达给决策制定者的传导机制。（   ）的崛起往往伴随着并受益于传播技术的改进。

    A. 算法分析   B. 盈利分析

    C. 气候分析   D. 智能分析

10. 智慧医疗是指通过打造健康档案区域医疗信息平台，利用最先进的物联网技术，实现（   ）与医务人员、医疗机构、医疗设备之间的互动，逐步达到信息化。

    A. 患者   B. 医生

    C. 管理部门   D. 政府

11. 智慧医疗无助于改变以"（   ）"为代表的医疗问题。

    A. 效率较低的医疗体系

    B. 价格昂贵功能一般的医疗设备

    C. 质量欠佳的医疗服务

    D. 看病难且贵的就医现状

12. 下列（   ）不是由于医疗信息不畅，医疗资源两极化，医疗监督机制不全等原因导致的。

    A. 大医院人满为患   B. 社区医院无人问津

    C. 自然环境污染严重   D. 病人就诊手续烦琐

13. 以医疗信息系统为例，智慧医疗具有的特点中不包括（   ）。

    A. 互联的   B. 协作的   C. 预防的   D. 稀有的

14. 下列（　　）不是智慧医疗的组成部分。

  A. 医政管理系统   B. 智慧医院系统

  C. 区域卫生系统   D. 家庭健康系统

15. 物联网技术在医疗领域的应用潜力巨大，利用物联网技术构建"电子医疗"服务体系，可以为医疗服务领域带来进步。但下列（　　）不是物联网技术带来的便利。

  A. 把现有的医疗监护设备无线化，进而大大降低公众医疗负担

  B. 运用裁剪技术进行设备创新，有利于降低医院运行成本

  C. 通过信息化手段实现远程医疗和自助医疗，有利于缓解医疗资源紧缺的压力

  D. 信息在医疗卫生领域各参与主体间共享互通，将有利于医疗信息充分共享

思维与操作实训 讨论：智慧医疗与医院管理信息系统有什么不同

1. 实训目的

在开始本实训之前，请认真阅读课文的相关内容。

（1）熟悉数据智慧对智慧医疗与公共健康的促进作用。

（2）了解什么是循证医学，循证医学与现时的传统诊疗不同在哪里。

（3）讨论：智慧医疗与现在的医院管理信息系统 HMIS 有什么不同？

2. 实训内容与步骤

（1）课外观看电影《机器管家》，思考电影表达的人工智能元素。

（2）组织头脑风暴小组，讨论智慧医疗与现在的医院管理信息系统 HMIS 有何不同。

3. 实训总结

_____

_____

_____

_____

4. 教师对实训的评价

_____

_____

_____

_____

第 4 章

新零售与客户服务

导读案例 **人工智能的原理**

人工智能的原理，用一句话概括就是：人工智能＝数学计算。

而机器的智能程度，取决于"算法"。

最初，人们发现用电路的开和关可以表示 1 和 0（见图 4-1）。那么很多个电路组织在一起，不同的排列变化，就可以表示很多的事情，如颜色、形状、字母。

图 4-1 电灯开关

再加上逻辑元件（三极管），就形成了"输入（按开关按钮）—计算（电流通过线路）—输出（灯亮了）"这种模式。想象一下家里的双控开关。

为了实现更复杂的计算，最终变成了"大规模集成电路"——芯片。

电路逻辑层层嵌套，层层封装之后，我们改变电流状态的方法，就变成了"编写程序语言"。

程序员让计算机如何执行，它就如何执行，整个流程都是被程序固定死的。所以，要让计算机执行某项任务，程序员必须首先完全弄清楚任务的流程。如联控电梯（见图 4-2），别小看这电梯，也很"智能"，考虑一下它需要做哪些判断：

（1）上下方向。

（2）是否满员。

（3）高峰时段。

（4）停止时间是否足够。

（5）单双楼层，等等。

图 4-2　联控电梯

需要提前想好所有的可能性，否则就要出 bug。

某种程度上说，是程序员控制了这个世界（程序员表示压力好大）。

可总是这样事必躬亲，程序员太累了，于是就想：能不能让计算机自己学习，遇到问题自己解决？而我们只需要告诉它一套学习方法。

1997 年，IBM 用专门设计的计算机，赢了国际象棋冠军。其实，它的办法很笨——暴力计算，术语叫"穷举"（实际上，为了节省算力，IBM 人工替它修剪去了很多不必要的计算，比如那些明显的蠢棋，并针对卡斯帕罗夫的风格做了优化）。计算机把每一步棋的每一种下法全部算清楚，然后对比人类的比赛棋谱，找出最优解。

但是到了围棋这里，没法再这样穷举下去。围棋的可能性走法，远超宇宙中全部原子之和（已知），即使用目前最牛的超算，也要算几万年。在量子计算机成熟之前，电子计算机几无可能。

所以，程序员给阿尔法狗多加了一层算法：

A．先计算：哪里需要计算，哪里需要忽略。

B．然后，有针对性地计算。

——本质上，还是计算。

在 A 步，它该如何判断"哪里需要计算"呢？这就是"人工智能"的核心问题："学习"的过程。

仔细想一下，人类是怎样学习的？人类的所有认知，都来源于对观察到的现象进行总结，并根据总结的规律，预测未来。

当你见过一只四条腿、短毛、个子中等、嘴巴长、汪汪叫的动物，名之为狗，你就会把以后见到的所有类似物体，归为狗类。

不过，机器的学习方式和人类有着质的不同：人通过观察少数特征，就能推及多数未知。举一隅而反三隅。机器必须观察好多好多条狗，才能知道跑来的是不是狗。

这么笨的机器，能指望它来统治人类吗？具体来讲，它"学习"的算法术语叫"神经网络"（比较唬人），原理如图 4-3 所示。

图 4-3　神经网络示意

其中的特征提取器总结对象的特征，然后把特征放进一个池子里整合，全连接神经网络输出最终结论。

它需要两个前提条件：

（1）吃进大量的数据来试错，逐渐调整自己的准确度。

（2）神经网络层数越多，计算越准确（有极限），需要的算力也越大。

所以，神经网络这种方法虽然多年前就有了（那时还叫作"感知机"），但是受限于数据量和计算力，没有发展起来。

神经网络听起来比感知机高端多了，这再次告诉我们起一个好听的名字对于研究（还可以另外称呼吗）有多重要！

现在，这两个条件都已具备——大数据和云计算。谁拥有数据，谁才有可能做 AI。

目前 AI 常见的应用领域有：图像识别（安防识别、指纹、美颜、图片搜索、医疗图像诊断）用的是"卷积神经网络（CNN）"，主要提取空间维度的特征来识别图像；自然语言处理（人机对话、翻译）用的是"循环神经网络（RNN）"，主要提取时间维度的特征。因为说话是有前后顺序的，单词出现的时间决定了语义。

神经网络算法的设计水平，决定了它对现实的刻画能力。顶级大牛吴恩达就曾经设计过高达 100 多层的卷积层（层数过多容易出现过拟合问题）。

当我们深入理解了计算的含义：有明确的数学规律。那么，这个世界是有量子（随机）特征的，就决定了计算机的理论局限性——事实上，计算机连真正的随机数都产生不了——机器仍然是笨笨的。

2018 年初，某家公司曾在电视上演示他们利用人工智能诊断医学影像的准确率，比医生人工判断得还准，引起一片惊讶。

人类医生的诊断，是对发病机理、化验结果的结合，而机器仅仅是根据医生对大量化验结果的历史诊断，估算出近似值。虽然表面看起来还算准确，一旦有个新病出来，便不知道该如何处理。

——机器能不能模拟整个人体系统？器官、血液、心情、饮食、劳动强度？模拟它们之间的相互联系，进而懂得发病机理？

不可能。因为人体系统具有量子效应——随机的宏观表现，更不用说人的自发意识对疾病的影响。

人类能认识内在规律，机器只能总结表面规律。

其实，我们连什么是智能、意识，还都完全没弄清楚。只有几个哲学家争论，科学界对此毫无进展，连下个定义都很难！谈何机器拥有自主意识？

因此，观点可以很明确：AI 将极大提高生产力，是没什么疑问的，就像曾经的内燃机一样。也可能会产生破坏——但不是它自主破坏的，而是使用不当。

可以肯定的是，就目前来看，它绝无可能统治人类。

接着而来的问题是——AI 会导致失业潮吗？

第一次工业革命中，新型纺织机抢走了纺织工人的饭碗。当时，工人们还真的联合起来闹了一闹，砸了一些工厂和机器。

现在是不是又到了那个阶段？自从计算机出现，人们就一直在担心计算机抢了自己饭碗。

其实，经济学中有一个简单粗暴的定理：人的欲望和需求是无止境的，当技术的进步加大了低端产品供给时，需求会自然向高端移动。

有需求就会有就业（需求＝有购买力的欲望）。结构性失业一直在持续，但另一边，新的工作岗位也一直在增加啊。因为：在 AI 人工智能革命中，一定有新的玩意出现。

哪些职业容易被替代呢？从"人工智能＝数学计算"可知：那些算法越明确的工种，机械化、重复化的劳动，越容易被取代。

这里要注意一个问题：有些工作，看起来需要复杂的智力劳动，比如银行柜员：她亲切地向你问好，细致地询问你的需求，处理一大堆文件、签字。怎么看，都不是一个机器人所能胜任的。但是，根据"需求路径理论"，这个过程不是被替代，而是被跳过。这种职业也是危险的。

职业的结构性调整，过程是渐进的。并不会说 AI 产品一下子全部铺开，大量工人一下子失业。理论上讲，没有绝对不可能替代的工作，大势浩荡，无法阻挡。只能是加强学习，加大教育投资。但别被那些哗众取宠的文章给吓到而焦虑不安。

更彻底一点的办法也有，那就是拥有资本——这是另外的事情……

🔊 教学视频 电影赏析《机械姬》

上映时间：2015 年。

在一家著名搜索引擎公司工作的年轻程序员"意外"获得了一次与老板共度假期的机会，但实际上，这一切都是老板之前就精心安排好的。在这座几乎与世隔绝的别墅里，他需要对一个可能具有意识的人工智能机器人进行图灵测试（见图 4-4）。从见到这个机器人的第一眼起，程序员就被这个漂亮的机器人所吸引，随着交流的深入，他对它的好感更是与日俱增。

图 4-4　电影《机械姬》剧照

　　符合现实的部分：电影中机器人的制造者并未突然造出人工智能，而是在经过许多版本的测试后，依然不确定自己制造出来的机器人是否真的具有意识。赫特表示，虽然这部电影对图灵测试的还原有些拙劣，但在场景设置上并不夸张。

　　偏离现实之处：电影中一个人凭借孤身奋战就能在僻静的山野中设计出人工智能，这依旧是不现实的。另外，在人类连自身意识起源都没有弄清楚之前，就来制造有意识的机器人，似乎还是太早了点。

4.1　智慧新零售

　　所谓"新零售（New Retailing）"（见图 4-5），是指"以互联网为依托，通过运用大数据、人工智能等先进技术手段并运用心理学知识，对商品的生产、流通与销售过程进行升级改造，进而重塑业态结构与生态圈，并对线上服务、线下体验以及现代物流进行深度融合的零售新模式。"

图 4-5　新零售

　　未来电子商务平台将会消失，线上线下和物流结合在一起，才会产生新零售。2016 年10 月的阿里云栖大会上，有人在演讲中第一次提出了新零售，他认为："未来的十年、二十年，没有电子商务这一说，只有新零售。"

　　这里，线上是指云平台，线下是指销售门店或生产商，新物流消灭库存，减少囤货量。电子商务平台消失是指，现有的电商平台分散，每个人都有自己的电商平台，不再入驻天猫、京东、亚马逊这样的大型电子商务平台。

例如，每个人在电商平台有自己的店铺，集中在平台下进行销售，只能在一块水池里生活，这是很有局限性的。创建新零售，应该满足以下需求，即域名、云平台、云市场、全域营销。

4.1.1　动因与政策背景

如今，传统电商由于互联网和移动互联网终端大范围普及所带来的用户增长以及流量红利正逐渐萎缩，其所面临的增长"瓶颈"开始显现。传统电商发展的"天花板"已经依稀可见，对于电商企业而言，唯有变革才有出路。

另一方面，传统的线上电商从诞生之日起就存在难以补平的明显短板，线上购物的体验始终不及线下购物是不争的事实。相对于线下实体店给顾客提供商品或服务时所具备的可视性、可听性、可触性、可感性、可用性等直观属性，线上电商始终没有找到能够提供真实场景和良好购物体验的现实路径。因此，在用户的消费过程体验方面要远逊于实体店面。不能满足人们日益增长的对高品质、异质化、体验式消费的需求，将成为阻碍传统线上电商企业实现可持续发展的"硬伤"。特别是在居民人均可支配收入不断提高的情况下，人们对购物的关注点已经不再仅仅局限于价格低廉等线上电商曾经引以为傲的优势方面，而是愈发注重对消费过程的体验和感受。因此，探索运用"新零售"模式来启动消费购物体验的升级，推进消费购物方式的变革，构建零售业的全渠道生态格局，成为传统电子商务企业实现自我创新发展的又一次有益尝试。

2016 年 11 月 11 日，国务院办公厅印发《关于推动实体零售创新转型的意见》，明确了推动我国实体零售创新转型的指导思想和基本原则。同时，在调整商业结构、创新发展方式、促进跨界融合、优化发展环境、强化政策支持等方面作出具体部署。《意见》在促进线上线下融合的问题上强调："建立适应融合发展的标准规范、竞争规则，引导实体零售企业逐步提高信息化水平，将线下物流、服务、体验等优势与线上商流、资金流、信息流融合，拓展智能化、网络化的全渠道布局。"

4.1.2　新零售的新观点

"新零售"的核心要义在于推动线上与线下的一体化进程，关键是使线上的互联网力量和线下的实体店终端形成真正意义上的合力，从而完成电商平台和实体零售店面在商业维度上的优化升级。同时，促成价格消费时代向价值消费时代的全面转型。

此外，有学者也提出新零售就是"将零售数据化"。线上用户信息能以数据化呈现，而传统线下用户数据数字化难度较大。目前，在人工智能深度学习的帮助下，视频用户行为分析技术能在线下门店进行用户进店路径抓取、货架前交互行为分析等数字化转化，形成用户标签，并结合线上数据优化用户画像，同时可进行异常行为警报等辅助管理。

有人认为，五大变革将深刻影响各行各业，这五大变革分别是新零售、新制造、新金融、新技术和新能源。

（1）新零售。可总结为"线上 + 线下 + 物流，其核心是以消费者为中心的会员、支付、库存、服务等方面数据的全面打通"。

（2）新制造。过去，制造讲究规模化、标准化，但是，未来 30 年制造讲究的是智慧化、个性化、定制化。

（3）新金融。未来，新金融必须支持新的二八理论，也就是支持 80% 的中小企业、个性化企业。

（4）新技术。这个说的是：原来的机器吃的是电，以后吃的会是数据。

（5）新能源。数据是人类第一次自己创造的新的能源，而且数据越用越值钱。

本世纪初期，当传统零售企业还未能觉察到电子商务对整个商业生态圈所可能产生的颠覆性作用之时，以淘宝、京东等为代表的电子商务平台却开始破土而出。

电子商务发展到今天，已经占据中国零售市场的主导地位，这也印证了比尔·盖茨曾经说过的："人们常常将未来两年可能出现的改变看得过高，但同时又把未来十年可能出现的改变看得过低。"随着"新零售"模式的逐步落地，线上和线下将从原来的相对独立、相互冲突逐渐转化为互为促进、彼此融合，电子商务的表现形式和商业路径必定会发生根本性的转变。当所有实体零售都具有明显的"电商"基因特征之时，传统意义上的"电商"将不复存在，而人们现在经常抱怨的电子商务给实体经济带来的严重冲击也将成为历史。

4.2　智能客户服务

智能客服（又称智能客服机器人）是在大规模知识处理基础上发展起来的一项面向行业的应用，它涉及大规模知识处理、自然语言理解、知识管理、自动问答、推理等技术，具有行业通用性。智能客服不仅为企业提供了细粒度知识管理技术，还为企业与海量用户之间的沟通建立了一种基于自然语言的快捷有效的技术手段；同时还能为企业提供精细化管理所需的统计分析信息。

客服机器人的发展大致有四个阶段：

第一阶段是基于关键词匹配的"检索式机器人"。

第二阶段是运用一定的模板，支持多个词匹配，并具有模糊查询能力。

第三阶段是在关键词匹配的基础上引入了搜索技术，根据文本相关性进行排序。

第四阶段是以神经网络为基础，应用深度学习理解意图的智能客服技术（见图 4-6）。

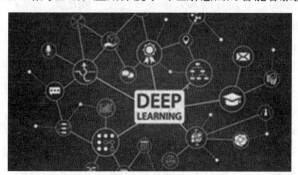

图 4-6　应用深度学习的智能客服技术

4.2.1　智能客服如何帮助企业

设置客服的目的是为了方便企业与用户进行有效的沟通，或者辅助用户在企业所提供的服务中有一个良好的消费体验。但是当用户量过大时，有限的客服能力又会成为用户满意度下降的一个原因，而采用非人工客服方式就能帮助企业解决这一问题。目前智能客服还不能完全取代人工客服，所以，智能客服更多地用于对用户意图的理解和预测上。智能客服首先能够解决"即时客服"的问题；再通过对用户意图的理解将用户意图分类，普通常见问题直接通过智能客服解决，而复杂问题再由智能客服转到人工客服（见图 4-7）。

图 4-7　转接人工客服

此外，智能客服能够做到的还会更多。例如，当用户联系客服进行退换货时，算法可以根据该用户的历史行为判断出这一用户更容易接受退部分差价还是退货、换货，从而让智能客服为用户提供更令人满意的方案。

智能客服还可针对不同企业，聚焦详细场景。一方面，智能客服机器人系统可以把企业业务的详细问题快速导入知识库；另一方面，又可以在某个特定行业中，积累语料，通过云平台的方式扩充企业的知识库。

例如，小 A 智能客服拥有以下四大优势：

（1）降低成本，高效保质。智能问答，有效解答 80% 的用户重复性咨询，可减少人工客服坐席，重点问题快速统一回答，服务标准化，情绪标准化，降低培训成本，提高响应速度以及客户满意度，确保高效高质的服务质量。

（2）全天在线，随享服务。提供 7×24 小时全天候在线客户服务，不因"等待"而错失任何一个客户，稳定性高，可同时接入大量客户，并且能在通信助手（管理 APP）、微信上实时收到机器人的拨打情况，即使不在公司也能远程为客户服务。

（3）语义理解，语音识别。基于中科院先进的语音识别技术和语义理解技术，小 A 机器人识别准确率在 90% 以上，采用深度神经学算法和卷积神经网络算法，抗噪性强，能够高度理解语义，支持一问多答，能根据说话人说的文本内容判断说话人的意图，能将坐席和客户的语音区别开来，给出语音的时间段和角色判断，还能根据客户与坐席对话中的基频、语气、声调、语义等信息，实现针对客户情绪波动的识别。

（4）跟踪需求，辅助决策。自动识别客户热点问题，为管理者提供客户需求，以制定符合客户的需求方案，让管理者发现有价值的数据，随时发现新的商机，同时也有助于人工客服学习新的话术。

智能客服的核心价值在于对成本、效率、员工满意度、客户满意度多方面解决痛点，并且在融入智能客服系统之后还能实现企业客服部门功能升级转型，为企业客服市场变革助力。

4.2.2　研发智能客服需要克服的困难

对于智能客服的实现，有两个重点，一个是 NLP 技术，一个是知识图谱（见图 4-8）。

图 4-8　知识图谱的应用

NLP（Neuro Linguistic Programming，神经语言程序学）是指我们思维上及行为上的习惯，就如同计算机中的程序，可以透过更新软件而改变。故此，NLP 被解释为研究我们的大脑如何工作的学问。NLP 最初由约翰·格林德和理查德·班德勒提出，二人借鉴了一些催眠和心理学的理论，发展出"场域""能量""心法"的层面。之后，NLP 在发展道路上不断吸取逻辑学、心理学、哲学等其他学科的观点并整合成自身的学术论点，形成作为一个学术的逻辑体系。

如果说 NLP 技术考验了智能客服能否"听到"用户的每一句话，那知识图谱技术则意味着智能客服能否"听懂"用户的每一句话。NLP 技术是通用的，但知识图谱在不同行业有很大差异。尤其在汉语中，同样的词汇可能在不同行业、不同场景中有着巨大的差异。比如当用户对智能客服提到"香芋"二字，在外卖平台中可以意味着用户想要香芋口味的食物，但在电商中可能意味着用户在寻找香芋色的服装。

4.2.3　企业如何布局智能客服

对于智能客服，各个行业各个公司都有不同的需求。对于客服量大，服务种类繁多的大企业来说，自主研发智能客服或许更合适一些。大企业用户会覆盖多个渠道平台，拥有自己统一的 CRM（客户关系管理）系统甚至定制智能客服系统（见图 4-9）。

图 4-9　客户关系管理系统

对于中小企业，其客服量较少，选择第三方智能客服服务是明智的。例如，京东将其智能客服能力开放给了一些企业卖家，接替人工客服在工作时间以外的服务。此外，微信针对小程序推出了一个新功能"服务直达区"。假如用户在微信顶部的搜索框中输入"从北京到大连"，在搜索结果中就会出现从北京到大连的机票服务；从某种意义上说这也算是智能客服可以做到的事情——大平台的智能客服为小微企业分发流量。

而平台的智能客服在产品的巨大流量之下，可以承担更多工作，而不仅仅是回答客户的咨询。比如现在的电商平台都在内容端发力，打造更多买家和卖家间的沟通途径。这时智能客服就可以承担群聊机器人、回复商品评价、回复内容评论等工作。例如，在微博上 @ 小冰，她就会回复相关微博评论；其理论都是相同的——更好地和用户沟通。

值得注意的是，在客服领域也存在二八原理，即消费者的问题中，八成以上都是高度重复的，只要知识库的数据足够全面，智能客服就能为用户提供满意的解决方案。

4.3　智能客服时代的人和机器分工

随着人工智能技术的发展，以语音识别、自然语言处理、深度学习为核心技术的人机交互模式正在逐渐改变着传统的客服行业——智能客服，正在悄悄地渗透进人们的生活。

不过，尽管机器人的智能程度在不断提升，但答非所问的现象仍然很常见。在客户服务数字化的进程中，人和机器究竟该如何分工协作？企业在智能客服的应用上又该如何权衡？

4.3.1　用机器守住第一触点

当前，语义识别技术在智能客服领域已经较为成熟。机器能够顺利识别并完成语义指令型语义理解和多轮任务型问答对话，为用户提供不间断的贴心服务，高效完成标准化的详细解答。因此，企业大可放心地将智能客服安排在官网、微信、APP、微博等多个触及客户的一线渠道，让智能客服充当售前服务的主力，而将人工客服分配到更高附加值的任务中，进一步提升前端业务的处理效率（见图 4-10）。

图 4-10　人工客服和机器响应

4.3.2　让机器分发个性内容

在电商领域，不少用户都会发现自己拥有"专属智能客服"。根据用户的浏览路径和历史消费记录，专属智能客服不仅能够自主判断用户的喜好，为其推荐相似的商品，帮助用户扩大选择范围，还能通过大数据建立完整的用户画像，不定时地推送符合用户期待的商品及其他个性化的服务信息，以较低的成本不断激活"沉睡"用户（即对用户的精准二次触达）。

4.3.3 以机器优化人工服务

除了承担烦琐复杂的数据处理和机械应答工作之外，机器介入的意义更在于提升人工客服中心的运作质量。例如，不少企业已经开始用智能质检管理系统代替传统人工抽检。通过灵活的关键词匹配、情感/语速识别和智能业务模型规则，机器能够深入多个业务场景，对人工客服的服务态度、话术规范及处理业务的流程做出自动化的批量检测，将质检覆盖率提升到 100%（传统人工抽检的比例不足 3%，抽检样本也缺乏代表性）。

此外，传统的人工抽检受质检员的主观意志影响大，个体的检验标准存在差异，而机器质检则采用统一规范的评分标准，并由机器统一打分、实时输出分析报告，最大程度地消除了评分的主观性，为座席人员提升自己的服务专业度提供了一套行业内标准化的指导方向。

如果说人工智能技术是企业数字化转型路上的助推器，那么不同渠道的数据及精密的算法处理规则便是其中的燃料之一，而智能客服的兴起正是人们对技术及数据应用的积极突破。未来，依赖智能 AI 交互、智能数据分析等技术，人们还将借助机器实现全业务和服务流程的智能化。在此过程中，人机的高效协作也将逐渐重构品牌与消费者之间的互动法则。

4.4 智能客服——聊天机器人

随着人工智能越来越受到人们的关注，大家对相关产品和服务的期待也越来越高，比如，机器人写作、机器人作曲、自动驾驶汽车，等等。其中最有代表性的应用是活跃于各行各业的智能客服——聊天机器人（见图 4-11）。智能客服是聊天机器人中的一种，一系列典型的聊天机器人的例子如下：

（1）1966 年，麻省理工学院开发出第一个聊天机器人 ELIZA，用于在临床治疗中模仿心理医生与病人互动。虽然其中仅使用了一些简单的关键词匹配和回复规则技术，但是机器人的表现还是超出了预期。

（2）1988 年，加州伯克利分校开发了 UC，用于帮助用户学习使用 UNIX 操作系统。它已经可以分析输入的语言、理解用户的意图、选择合适的内容，并最终生成对话内容反馈给用户，进一步推动了聊天机器人的智能化程度。

图 4-11　机器人下棋

（3）1995 年，理查德·华勒斯开发了 ALICE 系统，同时发布了 AIML 语言，目前被广泛应用在移动端虚拟助手的开发中。

4.4.1 聊天机器人系统的组成结构

聊天机器人系统一般包含语音识别、自然语言理解、对话管理、自然语言生成、语音转换五个主要的功能模块（见图 4-12）。

图 4-12　聊天机器人的组成结构

具体来说，语音识别模块负责接收用户的语音输入，并将其转换成文字形式交由自然语言理解模块进行处理；自然语言理解模块在理解了用户输入的语义之后将特定的语义表达式输入到对话管理模块中；对话管理模块负责协调各个模块的调用及维护当前对话状态，选择特定的回复方式并交由自然语言生成模块进行处理；自然语言生成模块生成回复文本输入给语音合成模块，将文字转换成语音输出给用户。

值得一提的是，很多的聊天机器人仅以文本，输入 / 输出的形式进行交互，因而省略了语音识别和语音合成的部分。

4.4.2　智能客服系统的组成结构

智能客服系统的总体框架结构如图 4-13 所示。

图 4-13　智能客服系统的组成结构

从图 4-13 可以看出，相对于一般的聊天机器人，最大的区别是增强了语义理解部分。语义理解功能是真正实现智能化的核心技术，现在开发的产品往往还会通过大型高质量的语料库建设，以及各种知识库的辅助，来提升智能效果。

一般而言，智能客服机器人的技术核心主要包括三个部分：

（1）通过人工客服日常积累的问题集，建立一个高质量、高扩展性的语料库，并在此基础上通过各种渠道获取尽可能多的行业问答知识。语料库是客服机器人寻找答案的来源，语料库覆盖面越广意味着机器人可以回答的问题越多。

（2）用户所提的问题的形式通常都是非标准化的，同一问题的问法多种多样，因此必须将各种形式的问题归一化，以便同知识库中的标准问法匹配。

（3）最后，在大型语料库中快速高效地检索出正确的答案也是一个不小的挑战。

以上三部分不仅涉及了比较多的前沿技术（如机器学习、自然语言处理、搜索技术），还需要进行工作量巨大的基础性建设（如语料库建设、语义知识库的建设），此类库的规模和质量往往决定了客服机器人的智能水平。

1. 所谓"新零售"，是指"个人、企业以互联网为依托，（　　　）的零售新模式。"

    A. 通过运用大数据、人工智能等先进技术手段并运用心理学知识

    B. 对商品的生产、流通与销售过程进行升级改造，进而重塑业态结构与生态圈

    C. 对线上服务、线下体验以及现代物流进行深度融合

    D. A、B 和 C

2. 未来电子商务平台将会消失，其深层次的原因是（　　　）。

    A. 线上线下和物流结合在一起

    B. 行业发展差，被社会抛弃

    C. 不能适应信息技术的发展

    D. 社会商业活动消失

3. 有人认为，五大变革将深刻影响各行各业，这五大变革分别是（　　　）、新制造、新金融、新技术和新能源。

    A. 新电脑　　　　　　B. 新工具　　　　　　C. 新零售　　　　　　D. 新服务

4. 五大变革中的"新能源"指的是（　　　）。

    A. 太阳能　　　　　　B. 数据　　　　　　　C. 核能　　　　　　　D. 沼气

5. 随着"新零售"模式的逐步落地，未来传统电商将会（　　　）。

    A. 更加辉煌　　　　　B. 维持现状　　　　　C. 新型电商　　　　　D. 不复存在

6. 智能客服（又称智能客服机器人）是在（　　　）的基础上发展起来的一项面向行业的应用。

    A. 大规模知识处理　　　　　　　　　　B. 复杂数据资源

    C. 深层次金融计算　　　　　　　　　　D. 深度算法处理

7. 客服机器人的发展大致有四个阶段，分别是：

    ① 以神经网络为基础，应用深度学习理解意图

    ② 基于关键词匹配的"检索式机器人"

    ③ 在关键词匹配的基础上引入了搜索技术，根据文本相关性进行排序

    ④ 运用一定的模板，支持多个词匹配，并具有模糊查询能力

    它们的发展顺序是（　　　）。

    A. ①②③④　　　　　B. ②④③①　　　　　C. ④③②①　　　　　D. ①③②④

8. 随着人工智能技术的发展，智能客服正在悄悄地渗透进我们的生活。智能客服时代的人和机器分工有四个方面，但下列（　　　）不属于其中。

    A. 用机器守住第一触点　　　　　　　　B. 让机器分发个性内容

    C. 用人工获取消费洞察　　　　　　　　D. 以机器优化人工服务

9. 聊天机器人系统一般包含语音识别、（　　）、对话管理、自然语言生成、语音转换五个主要的功能模块。

    A. 机器语言合成   B. 机器语言理解

    C. 自然语言优化   D. 自然语言理解

10. 相对于聊天机器人，智能客服系统的结构中最大的区别是增强了（　　）部分，它是真正实现智能化的核心技术。

    A. 语义理解   B. 语音辨析   C. 语义合成   D. 音色优化

思维与操作实训 讨论：如何理解未来电子商务将会消失

1. 实训目的

在开始本实训之前，请认真阅读课文的相关内容。

（1）熟悉"智慧地球"下的"新零售"概念，了解"五大变革"。

（2）熟悉智能客户服务的内容与方式，了解智能服务时代的人机分工。

（3）课外观看电影《机械姬》，讨论人工智能技术未来对人类生活的影响。

2. 实训内容与步骤

开展头脑风暴小组讨论：在电子商务占据中国零售市场主导地位的今天，我们如何理解"未来电子商务将会消失"这个命题？

请记录小组讨论的主要观点，推选代表在课堂上简单阐述你们的观点。

_____

_____

_____

_____

3. 实训总结

_____

_____

_____

_____

4. 教师对实训的评价

_____

_____

_____

_____

第**5**章

智慧地球之智慧教育

导读案例 用 AI 分析学生表情姿态，教育现代化不能靠 "噱头"

据媒体报道，国内有一所小学（见图 5-1）正在构建智能课堂行为分析系统，运用如姿态评估、表情识别、语言识别、关键词匹配等技术，探索对课堂教学过程的定量分析。

图 5-1　现代化教室

"AI+ 教育" 是近年来兴起的新教育概念。把人脸识别技术用于课堂教学，已非新鲜事，不少人认为这可能侵犯学生隐私，并会让长期在监控之下的学生养成表演性人格。

这所学校称，使用这一技术是为了对学生的课堂行为进行智能分析，以发现学生的个性、兴趣，更好地因材施教，那是不是说 AI 技术只要使用得好，就能够规避隐私问题，服务于教学质量的提升呢？

技术是中性的，是发挥好的作用还是反作用，关键在于目的和手段。人工智能当然可以用于课堂教学，如教育机器人辅助教学以及建智慧教室，让学生更方便地获得教育资源，参与课堂讨论。

但用 AI 技术监控学生上课的动作、姿势、表情，却需要慎之又慎，即便学校声称这是用于对学生上课行为的分析，例如从一次举手、一个哈欠中分析课堂效果（见图 5-2）。但事实上，一个孩子在 360°无死角监控镜头下的表现和在没有监控下的表现，是完全不同的。镜头收集的信息本就失真，分析结果的可靠性也就大打折扣。

图 5-2　电影《碟中谍 4》剧照

在系统刚使用时，可能仅仅用于行为研究分析。但学校如果进一步扩大其用途，如对学生的学习态度进行评价，对教师课堂表现进行考核，就可能把更多的问题、弊端暴露出来，不但侵犯学生的隐私，还会扭曲师生关系和正常的课堂教学。

其实对类似问题的争议早已有之，为何一些学校还是乐此不疲，甚至作为成绩来宣传？

"现代化"一直是教育发展的方向，但个别学校认为只要引进互联网技术，在教育教学中利用人工智能、大数据，就是现代化，一些地方甚至把这纳入教育现代化评价指标。而脱离理念和制度的深层次改革，执着于"器物"的革新，这既是一种形式主义，也是规避核心问题的"懒政"。

另外，从当前中小学的办学追求来看，引进人工智能技术，对学生进行表情和动作监控、分析，也是和提高学习成绩的目标相契合，甚至也能得到不少家长的支持，因为家长也恨不得时刻盯着孩子的一举一动，在学习时一个哈欠也不要打。但这与因材施教无关，严格说来，这是育分而非育人，是把学生作为学习机器对待。

资本显然也看准了学校"唯分数""唯升学""唯技术"的办学现实，于是对"AI+ 教育"进行包装和炒作，这也加快了我国学校采用所谓的智能课堂行为分析系统的步伐。即便遭遇质疑，也可以包装出一套新的话术来继续推广。

而作为育人者，校领导和老师们显然应该对此保持冷静的思考。以学生为本，不是把他们看作行走的机器，恨不得拆解成零件去研究；相反，教育面向的是心智，只有尊重学生、走进他们的内心，去理解他们的困惑，才是真正意义上的"因材施教"。

来源：熊丙奇，新京报快评，2019-08-24。

📢 教学视频　让鱼爬树的教育

你对今天的教育满意吗？你心目中的教育应该是什么样的？你认为人工智能的广泛应用会促进教育的发展吗？请观看教学视频：让鱼爬树的教育（见图 5-3）。请结合智慧教育的学习，思考未来教育的发展问题。

图 5-3　让鱼爬树的教育

5.1 关于智慧地球

2008 年，IBM 公司首席执行官彭明盛在《智慧地球：下一代领导议程》中首次提出"智慧的地球"概念（见图 5-4）。他认为，智能技术正应用到生活的各个方面，如智慧的医疗、智慧的交通、智慧的电力、智慧的食品、智慧的货币、智慧的零售业、智慧的基础设施甚至智慧的城市，这使地球变得越来越智能化。

图 5-4　IBM"智慧的地球"

5.1.1 智慧地球战略的主要内容

IBM 对"智慧地球"的良好愿景是：借助新一代信息技术（如传感器、物联网、移动通信、大数据分析、3D 打印等）的强力支持，让地球上所有东西实现被感知化、互联化和智能化。

"智慧地球"战略的主要内容是，IT 产业下一阶段的任务，是把新一代 IT 技术充分运用到各行各业中。即把感应器嵌入和装备到电网、铁路、桥梁、隧道、公路、建筑、供水系统、大坝、油气管道等各种物体中，并且被普遍连接，形成所谓的"物联网"。通过超级计算机和云计算将物联网连接起来，实现人类社会与物理系统的整合。在此基础上，人类可以更加精细和动态的方式管理生产和生活，从而达到"智慧"状态。

为了实施这一全新的战略，IBM 推出了各种"智慧"解决方案，如智慧医疗、智慧电网、智慧油田、智慧城市、智慧企业等。在智慧企业方面，IBM 针对需要解决的四个关键问题，开发了八项整合服务和解决方案，包括信息决策运作解决方案、信息架构解决方案、虚拟整合解决方案等。在新一代技术的支持下，布满技术"神经"的世界将变得更小、更平、更开放、更智能。

IBM 希望在全球推出的"智慧地球"战略能够与中国的基础设施建设结合起来，在基础建设的执行中，植入"智慧"的理念，不仅能够在短期内有力地刺激经济、促进就业，而且能够在短时间内为中国打造一个成熟的智慧基础设施平台。

5.1.2 智慧地球的三个重要维度与四个关键问题

IBM 提出的"智慧地球"愿景勾勒出世界智慧运转之道的三个重要维度：

（1）我们需要也能够更透彻地感应和度量世界的本质和变化。

（2）我们的世界正在更加全面地互联互通。

（3）在此基础上所有的事物、流程、运行方式都具有更深入的智能化，我们也获得更智能的洞察。

当这些智慧之道更普遍，更广泛地应用到人、自然系统、社会体系、商业系统和各种组织，甚至是城市和国家中时，"智慧地球"就将成为现实。这种应用将会带来新的节省和效率，也提供了新的进步机会。

向"更智慧"发展，智慧地球需要关注的四个关键问题是：

（1）新锐洞察。面对无数个信息孤岛式的爆炸性数据增长，需要获得新锐的智能和洞察，利用众多来源提供的丰富实时信息，以做出更明智的决策。

（2）智能运作。需要开发和设计新的业务和流程需求，实现在灵活和动态流程支持下的聪明的运营和运作，达到全新的生活和工作方式。

（3）动态架构。需要建立一种可以降低成本、具有智能化和安全特性、并能够与当前的业务环境同样灵活动态的基础设施。

（4）绿色未来。需要采取行动解决能源、环境和可持续发展的问题，提高效率、提升竞争力。

5.2 教育新方向——智慧教育

智慧教育是"智慧地球"构想在教育领域的投射，物联网、云计算和移动互联网是智慧教育的技术背景。

物联网技术为校园传感网的建设，云计算技术为教育云平台的建设，移动互联网技术为泛在学习的实现等提供了技术支撑。面对教育信息化、面对互联一代学生、面对 21 世纪人才培养等的挑战，智慧教育是信息教育发展的必然趋势。

5.2.1 智慧教育的定义

"智慧"指"辨析判断、发明创造的能力"，而"智慧教育"的定义，从目的上来讲就是"通过构建技术融合的学习环境，让教师能够施展高效的教学方法，让学习者能够获得适宜的个性化学习服务和美好的发展体验，使其由不能变为可能，由小能变为大能，从而培养具有良好的价值取向、较强的行动能力、较好的思维品质、较深的创造潜能的人才。"（见图 5-5）

图 5-5 定义智慧教育

不言而喻，智慧教育是一个包含智慧校园和智慧课堂的更为宏大的命题，可以理解为一个智慧教育系统，包括现代化的教育制度、现代化的教师制度、信息化一代的学生、智慧学习环境及智慧教学模式五大要素，而其中，智慧的教学模式是整个智慧教育系统的核心组成。

关于智慧教育的概念主要有以下几种观点：

（1）"智慧教育"是智能教育，主要是使用先进的信息技术实现教育手段的智能化。该观点重点关注技术手段。

（2）智慧教育是一种基于学习者自身的能力与水平，兼顾兴趣，通过娴熟地运用信息技术，获取丰富的学习资料，开展自助式学习的教育。该观点重点关注学习过程与方法，认为 SMART 是由自主式（Self-directed）、兴趣（Motivated）、能力与水平（Adaptive）、丰富的资料（Resource enriched），信息技术（Technology embedded）等词汇构成的合成词。

（3）智慧教育是指在传授知识的同时，着重培养人们智能的教育。这些智能主要包含学习能力、思维能力、记忆能力、想象能力、决断能力、领导能力、创新能力、组织能力、研究能力、表达能力等。

（4）智慧教育是指运用物联网、云计算、移动网络等新一代信息技术，通过构建智慧学习环境，运用智慧教学法，促进学习者进行智慧学习，从而提升成才期望，即培养具有高智能和创造力的人。

智慧教育就是为了全面提高教育质量与效率，运用先进的信息技术，对教育过程的各种信息与情境进行感知、识别、分析、处理，为教育参与者提供快速反馈、决策支持、路径指引和资源配送的教育方式。从技术层面看，智慧教育是指教育过程中运用的智能教育技术，它是信息化教育的高级形态。

创新智慧教育理论，丰富智慧教育资源，深化智慧教育应用，提升智慧教育服务。

①以人为本，融合发展。促进云计算、大数据、物联网、人工智能等智能技术与教育领域全面融合，以技术赋能教育改革发展，建立以学习者为中心的教育环境，促进人的全面发展。

②深化应用，协同创新。创新智慧教育理论，丰富智慧教育资源，深化智慧教育应用，提升智慧教育服务。加强"政产学研用"合作，促进智慧教育高质量发展。

③统筹推进，试点先行。加强统筹规划，分步稳妥实施，以试点先行探索智慧教育路径，以示范引领带动智慧教育发展，提升智慧教育整体水平。

未来，要建成与教育现代化目标相适应的"人人皆学、处处能学、时时可学"的智慧教育服务体系。智慧校园建设示范效应更加明显，教育智能化应用更加深入，面向师生的个性化、体验式教育服务更加普及，灵活开放的智慧教育生态初步形成，智慧教育总体水平位于世界前列。

用不断发展的信息技术，整合教育资源，形成新的学习环境，让教师能够充分发挥教育才能，学生能够拥有个性化的学习环境和更好的发展路线，进而让人实现更好的发展。能够实现这一美好愿景的，就是所谓的"智慧教育"。

5.2.2 智慧校园是智慧教育的一部分

智慧校园（见图 5-6）是信息技术高度融合、信息化应用深度整合、信息终端广泛感知的信息化校园。其特征为：融合的网络与技术环境、广泛感知的信息终端、智能的管理与决策支持、快速综合的业务处理服务、个性化的信息服务、泛在的学习环境、智慧的课堂、充分共享灵活配置教学资源的平台、蕴含教育智慧的学习社区等。

图 5-6　智慧校园

在对智慧校园技术与理念进行厘清后，发现很少有一种确切的定义可以符合整个智慧校园的真实语境定义，而更多的是强调目的。例如，强调在为师生、领导、社会提供全时段、泛在、多方式、互动安全的服务接入与教育教学能力。也有强调技术手段，如强调必须使用虚拟化、AR/VR、大数据、云计算、人工智能等前沿技术描述下的集合物联网智慧建筑集合。

要强调的是，无论是在技术层面，抑或是目的层面，智慧校园必须具备以下三个核心特征：

（1）智慧校园是目前绝大部分学校最为具体的在智慧教育上探索的实体化工程，工程意义非凡，每一步的探索都任重而道远。而在智慧校园的基础上，更包括了智慧教室、校园网络、智慧安防、智慧教务系统等诸多的子应用，共同营造智慧校园。

（2）智慧校园的智慧与智慧教育的智慧具有一致性。智慧教育的核心是智慧的教学模式。

（3）智慧校园是智慧教育的一部分，而智慧校园更是智慧学习环境的具体承载者。

与智慧教育同时提及的，还有智能教育的概念，但智能不等于智慧，只有兼具家国情怀、人文关怀的善行才是智慧。

尽管人工智能技术是新一轮教育信息化浪潮的重要推动力，但是从教育信息化发展进程以及教育改革的本质规律来看，技术显然并不具有自发产生改革的能量，所以我们一贯秉持"技术促变教育而非引领教育"的观点。一轮轮技术引发教育创新应用的经历及成果告诉我们，能够撼动整个教育全局、教育生态，并催发"根本性变革"的因素必然是新理念和新模式，即我们多年来一直倡导的智慧教育。智慧教育是教育信息化的高端形态，已经成为信息化研究的引领方向。

5.2.3　建设智慧教室

实现智慧教育的核心在于创造一个智慧的学习环境。这些年来，信息技术在很大程度上已经对教育提供帮助并产生了深刻的影响，然而这种影响仅限于技术层面，即使是初步的信息化教学，也局限在很小的一部分学校中。然而智慧教育所需要的智慧的学习环境却没有被很好地实现，仅仅是通过网络完成一些任务，有时还会出现偏差。

智慧教室（见图5-7）是体现信息化智慧教育的实体建筑空间，是目前学校课室的一次革命性升级与改革。智慧教室应具有互动性、感知性、开放性、易用性等核心特征。

（1）互动性。教室中的师生、生生、软硬件、教师与教学设备、教师与教学资源、教师与软件、学生与硬件、学生与软件、学生与资源等各种维度的互动，都应该是自然而然的，可以体现在各个层面而非单一教学层面的，智慧教室的互动性是其先进性的基础，只有具备了互动的双向性，才可令彼此发生联系。

（2）感知性。应从物理感知与虚拟空间感知两个层面理解。物理感知基于物联网的硬件设备，可以智慧地感知教室的湿度、温度、亮度、空气情况等，甚至可以通过进一步的录播技术分析师生的情绪变化等；而虚拟感知则通过各种智慧教学、教师助手、学习、教学及教务等平台，基于大数据分析技术收集师生的教学情况、学习情况甚至生活情绪变化，进而加以分析感知，达到物理感知与虚拟空间感知的相对统一。智慧课堂的感知性是其收集信息与数据的主要手段。

图 5-7　智慧教室

（3）开放性。意味着基础软硬件等设备和相关接口是开放的，可以基于不同系统进行互联互通，如录播系统与智慧教室的系统级对接等，通过各系统的互联互通，进一步提升智慧教室的使用便利性。

（4）易用性。是智慧教室用户体验的基础需求，软硬件都应该是信息指示清晰、用户使用简便的产品，这可大大降低师生的使用与学习成本，排除环境干扰，降低认知负荷。而这一切的核心，则是构建一个支持智慧学习框架的实体空间，即是智慧教室的基础要义。

5.2.4　智慧教学模式

智慧教学模式是以教学组织结构为主线把学习方式分成两层，即：

（1）分组合作型学习。主要是培养学习者综合应用能力，强调构建学习共同体，通过智慧教室多屏协作等形式对小组讨论与演示作出最大的支持；强调项目制学习，以可活动新型桌椅及平板学习等的方式支持小组项目制学习的开展。

（2）个人自适应性学习。学习者可以根据个人偏好与发展需要，自主选择学习资源。个人学习空间是个人自适应学习的核心环节，每个学生或者学习者都应有一个具备学情分析报告、微课、预习与作业、巩固复习作业及资源库的综合个人学习空间，基于学生学情自适应推送难度不一的练习等。

5.3　智慧教育（系统）建设

当前智慧教育的研究热点为教育云平台、智慧校园、智慧教室、电子书包、智慧学习终端、移动学习、电子教材、微课、个性化学习网站、学习分析技术与智能测评（见图 5-8）。有些国家已把智慧教育上升为国家战略，如韩国和马来西亚等国。世界各大 IT 企业也关注智慧教育，提出了各自的智慧校园解决方案，如英特尔未来教室、MIT 智慧教室等。

图 5-8 智慧校园子系统

很多技术的出现与成熟为智慧教育的实现提供了可能性。一些知名的互联网公司都推出过自己的技术框架,基于这些框架,也出现了不少智慧教育模式的技术服务供应商。

以数字化信息和网络为基础,在计算机和网络技术上建立起来的对教学、科研、管理、技术服务、生活服务等校园信息的收集、处理、整合、存储、传输和应用,使教学资源得到充分优化和利用。通过实现从环境(包括设备、教室等)、资源(如图书、讲义、课件等)到应用(包括教、学、管理、服务、办公等)的全部数字化,在传统校园基础上构建一个数字空间,以拓展现实校园的时间和空间维度,提升传统校园的运行效率,扩展传统校园的业务功能,最终实现教育过程的全面信息化,达到提高办学质量和管理水平、从而提升核心竞争力。

数字化学校的建设,是凭借现代化数字技术,构建以网络技术为主、充分运用其他数字技术的数字化校园环境;落实数字化环境下素质教育对创新人才的培养目标,实现学校由传统教育向基于数字平台教育的转变。

5.4　智慧教育的内涵与特征

技术推动下的智慧教育发展已是大势所趋,正在成为信息时代全球教育改革的"方向标"。智慧教育是一个宏大的系统,包括智慧环境、智慧教学、智慧学习、智慧管理、智慧科研、智慧评价、智慧服务等核心要素。创新应用科技提升教育智慧,打造和谐、可持续发展的教育信息生态系统,培养大批智慧型人才,是信息时代智慧教育的终极目标。厘清智慧教育的内涵与特征后,接下来还有很多问题亟待深入研究,比如智慧教育的体系架构、智慧教育的发展战略、智慧教育环境的建设、智慧教学与学习模式的设计、智慧环境下基于大数据的教育评价等。

5.4.1 智慧教育的内涵

智慧教育思想最早由哲学家提出并阐述，哲学视角下智慧教育的出发点和归宿点是唤醒、发展人类"智慧"。

1. 生态学视角下的智慧教育

从生态观的视角出发，智慧教育是依托物联网、云计算、无线通信等新一代信息技术所打造的物联化、智能化、感知化、泛在化的教育信息生态系统，是数字教育的高级发展阶段，旨在提升现有数字教育系统的智慧化水平，实现信息技术与教育主流业务的深度融合（智慧教学、智慧管理、智慧评价、智慧科研和智慧服务），促进教育利益相关者（学生、教师、家长、管理者、社会公众等）的智慧养成与可持续发展。

21 世纪人类社会已全面进入信息时代。信息技术不仅能为教育战略目标的落实提供高效率的工具，其普及与渗透还会改变一些重大战略实施的生态环境，从而对这些战略落实提出了变革性的思路和挑战。对于智慧教育而言，技术不再是无足轻重，其角色已经发生"质变"，跃升为整个教育生态系统的关键性物种。信息技术的合理导入和应用加速了整个教育系统的和谐运转和持续进化，带动教育现代化事业不断向前发展。智慧教育不是隔空建楼，而是对现有数字教育系统的升级改造。

新一代信息技术的发展为数字教育转型智慧教育提供了重要机遇。教育的本质是培养人，信息时代的智慧教育更要"面向未来"，合理、有效、创新应用信息技术，培养适应未来社会发展需要、不断推动社会改革与进步的创新型人才。智慧教育要教会学生 21 世纪的生存技能，包括学习与创新技能（批判性思考和解决问题能力、沟通与协作能力、创造与革新能力）、数字素养技能（信息素养、媒体素养、通信技术素养）和职业生活技能（灵活性与适应能力、主动性与自我导向、社交与跨文化交流能力、高效的生产力、责任感、领导力等）。

2. 智慧教育与相关概念辨析

信息化推动下的智慧教育与当前流行的数字教育、教育信息化以及教育现代化之间既有联系又有区别。

（1）智慧教育与数字教育。数字教育是信息化环境开展的基于各种数字技术的新型教育形态。智慧教育是数字教育的进一步发展，严格意义上来说也属于数字教育的范畴，是数字教育的高级发展阶段。二者的关系不是非此即彼、互相替代，智慧教育是整合物联网、云计算、大数据、移动通信、增强现实等先进信息技术的增强型数字教育。智慧教育在发展目标、技术作用、应用的核心技术、建设模式、学习资源、学习方式、教学方式、科研方式、管理模式、评价指导思想等方面与传统数字教育表现出诸多的不同，总体呈现智能化、融合化、泛在化、个性化与开放协同的特征与发展趋势。

（2）智慧教育与教育信息化。教育信息化是在国家及教育部门的统一规划和组织下，在教育领域（管理、教学、科研、服务）全面深入地运用信息技术来促进教育改革和教育发展，加速实现教育现代化的过程。国内著名教育技术专家祝智庭教授认为"智慧教育是当代教育信息化的新境界，是素质教育在信息时代、知识时代和数字时代的深化与提升"。智慧教育已成为当前国际社会教育信息化推进过程中的重要发展战略和长期任务。教育信息化政策、制度、队伍与机制的全方位发展与完善，将为智慧教育提供良好的发展环境。智慧教育的持续发展又将进一步体现教育信息化的战略优势，巩固教育信息化在整个国家教育体系中的地位。

（3）智慧教育与教育现代化。教育现代化（见图5-9）是用现代先进教育思想和科学技术武装人们，使教育思想观念，教育内容、方法与手段以及校舍与设备，逐步提高到现代的世界先进水平，培养出适应参与国际经济竞争和综合国力竞争的新型劳动者和高素质人才的过程。

图 5-9　教育现代化

顾明远教授指出，教育现代化包括教育思想的现代化、教育制度的现代化、教育内容的现代化、教育设备和手段的现代化、教育方法的现代化、教育管理的现代化，呈现出教育的民主性和公平性、终身性和全时空性、生产性和社会性、个性和创造性、多样性和差异性、信息化和创新性、国际性和开放性、科学性和法制性等基本特征。智慧教育是适应信息社会发展需要的高度发达的教育形态，具备公平性、终身性、创新性、开放性、个性化等多个教育现代化的核心特征。智慧教育既是信息时代教育发展的新境界，也是教育现代化追求的重要目标。智慧教育不仅仅体现在教育环境的智慧化上，还包括教与学的智慧化、教育管理的智慧化、教育科研的智慧化、教育服务的智慧化、教育评价的智慧化等多个方面，是信息化推动下的全方位教育变革。教育现代化的核心是人的现代化，智慧教育旨在培养大批具备21世纪技能、拥有创新意识和创新能力的现代智慧型人才。

5.4.2　智慧教育的教育特征

智慧教育是技术支持下的新型教育形态，与传统信息化教育相比，呈现出不同的教育特征和技术特征。

从生态学的视角来看，智慧教育是技术推动下的和谐教育信息生态，其核心教育特征可概括为信息技术与学科教学深度融合、全球教育资源无缝整合共享、无处不在的开放按需学习、绿色高效的教育管理、基于大数据的科学分析与评价。

1. 信息技术与学科教学深度融合

信息技术与教育的"深度融合"涉及方方面面，包括技术与管理的融合、技术与教学的融合、技术与科研的融合、技术与社会服务的融合、技术与校园生活的融合，等等。其中，信息技术与学科教学的深度融合应该是智慧教育的首要价值追求。课堂是教育改革的主阵地，学科教学是教育系统的核心业务。如果说信息技术与课程整合是教学改革的"物理反应"，那么信息技术与学科教学深度融合则是"整合"基础上的"化学反应"。智慧教育环境下电子书包、平板电脑、智能手机等移动终端将成为课堂教学的常规载具。移动终端的引入使得课堂教学组织更加灵活多样，不囿于"排排坐"的固定形式。支持各种学科教学的专用软件（如图形计算器、几何画板等）将越来越丰富，可以实现更高效率的学科知识传授与学科能力培养。智慧教育需要广大师生具备较强的信息技术应用能力，合理、有效、创新应用技术促进课前、课中与课后教与学活动的全程设计、实施与评价。信息技术在学科教学中的"消融"，教师和学生从关注技术逐步转变到关注教学活动本身，是智慧教育成功的重要标志和核心特征。

2．全球教育资源无缝整合共享

科学技术正在创造一个新的、更小的、更平坦的世界，"地球村"正在从预言变成现实。智慧教育要培养的不是一般意义上的国家公民，而是适应时代发展需要、具有全球视野和创新思维的世界公民。智慧教育秉承"开放共享"理念，通过多种途径（自建、引进、购买、交换）实现全球优质教育资源的无缝整合与无障碍流通，使得世界各地的学生和社会公众可以随意获取任何适合自己的教育资源（多媒体课件、视频课程、教学软件等）。全球优质教育资源的无缝整合与共享，是突破教育资源地域限制的"大智慧"，将有可能缩小世界教育的鸿沟，提升欠发达国家和地区的教育质量。

3．无处不在的开放、按需学习

智慧教育环境不是一个割裂的教育空间，而是通过网络将学校、家庭、社区、博物馆、图书馆、公园等各种场所连接起来的教育生态系统。学习需求无处不在、学习无时无刻不在发生，云计算、物联网、移动通信等信息技术的发展为人类的学习提供了无限的可能。学习不应该固定在教室和学校，而应回归社会和生活，发生在任何有学习需求的地方。智慧教育环境下的学习将走向泛在学习。泛在学习不是以某个个体（如传统学习中的教师）为核心的运转，而是点到点的、平面化的学习互联。"泛在"包含三个方面的内涵，即无处不在的学习资源、无处不在的学习服务和无处不在的学习伙伴，最终形成一个技术完全融入"学习"的和谐教育信息生态。

4．绿色高效的教育管理

"绿色教育"强调教育事业的可持续发展，既是智慧教育的指导理念也是其重要特征。信息技术的普及应用为实现教育管理的智慧化、推动绿色教育发展提供了条件。云计算技术通过整合基础设施（IaaS，见图 5-10）、研发平台（PaaS）、应用软件（SaaS）三种计算资源，可以实现管理数据的统一采集与集中存储，实现管理业务流程的统一运行与监控，有效避免"信息孤岛"，减少教育管理上人力、物力和财力的浪费。物联网、红外感应、全球定位等技术，将各种教育装备与互联网连接起来，进行智能化识别、定位、跟踪、监控和管理，可以有效提高管理效率和质量。大数据技术全面采集各种教育数据，进行科学统计分析与数据挖掘处理，可以为教育决策（经费分配、学校布局等）提供数据支持，而科学的教育决策又将推动教育事业的可持续、均衡发展。

图 5-10　基础设施作为服务

5. 基于大数据的科学分析与评价

智慧教育需要更具"智慧"的教育评价方式，"靠数据说话"是智慧教育评价的重要指导思想。物联网、云计算、移动通信、大数据等新一代信息技术的发展为创新教育评价提供了技术条件，可以实现各种教育管理与教学过程数据的全面采集、存储与分析，并通过可视化技术进行直观的呈现。智慧教育环境下的各种教育评价与评估将更具智慧性、科学性和可持续性。

5.4.3　智慧教育的技术特征

从技术的视角来看，智慧教育是一个集约化的信息系统工程，其核心技术特征可以概括为情境感知、无缝连接、全向交互、智能管控、按需推送、可视化。

1. 情境感知

情境感知是智慧教育最基础的功能特征，依据情境感知数据自适应地为用户提供推送式服务。情境感知的对象包括两类，分别是外在的学习环境与人的内在学习状态，具体感知内容包括：

（1）感知教与学活动实施的物理位置信息。

（2）感知教与学活动发生、进行与结束的时间信息。

（3）感知教与学活动场所的环境信息，如温度、湿度等；感知学习者的专业知识背景。

（4）感知学习者的学习状态，如焦虑、烦躁、开心等。

（5）感知学习者的知识背景、知识基础、知识缺陷等。

（6）感知学习者的认知风格、学习风格等。

（7）感知学习者的学习与交往需求。

2. 无缝连接

泛在网络是智慧教育开展的基础，基于泛在网络的无缝连接是智慧教育的基本特征。无缝连接具体体现在以下几个方面：

（1）系统集成。遵循技术标准，跨级、跨域教育服务平台之间实现数据共享、系统集成。

（2）虚实融合。通过增强现实等技术实现物理环境与虚拟环境的无缝融合。

（3）多终端访问。支持任何常用终端设备无缝连接到各种教育信息系统，无缝获取学习资源与服务。

（4）无缝切换。学习者的多个学习终端之间实现数据同步、无缝切换，学习过程实现无缝迁移。

（5）联接社群。为特定学习情景建立学习社群，为学习者有效联接和利用学习社群进行沟通和交流提供支持。

3．全向交互

教与学活动的本质是交互，智慧教育系统支持全方位的交互，包括人与人之间的交互以及人与物之间的交互。全向交互具体体现在以下几个方面：

（1）自然交互。通过语音、手势等更加自然的操作方式与媒体、系统进行交互。

（2）深度互动。实现师生之间、生生之间随时、随地的互动交流，促使深层学习发生。

（3）过程记录。自动记录教与学互动的全过程，为智慧教育管理与决策提供数据支持。

4．智能管控

教育环境、资源、管理与服务的智能管理是智慧教育的核心特征。智能管控具体体现在以下几个方面：

（1）智能控制。基于标准协议，实现信令互通，进而实现教育环境、教育资源、教育管理和教育服务等全过程的智能控制。

（2）智能诊断。基于智能控制数据和结果，辅助管理者快速、准确诊断问题，及时、有效解决教育业务开展过程中、教育装备使用过程中存在的问题。

（3）智能分析。在系统内各类数据的汇聚与处理的基础上，进行挖掘分析，为智慧教育系统的数据共享和业务流程升级改造提供科学决策依据。

（4）智能调节。感知教室、会议室、图书馆等物理场所的环境，依据教与学的实际需求，动态调节声、广、电、温度、湿度等环境指标。

（5）智能调度。基于智能诊断、智能分析的结果，科学调度教育资源、调整教育机构布局、分配教育经费等。

5．按需推送

智能教育要达成"人人教、人人学"的美好愿望，教育资源可以按需获取和使用，教与学可以按需开展。按需推送是智慧教育的另一重要特征，具体体现在以下几个方面。

（1）按需推送资源。根据用户的学习偏好和学习需求，个性化推送学习资源或信息。

（2）按需推送活动。根据用户的现有基础、学习偏好以及学习目的，适应性推送学习活动。

（3）按需推送服务。根据用户当时的学习状态和需求，适时推送学习服务（解决疑问、提供指导等）。

（4）按需推送工具。根据用户的学习过程记录，适应性推送用户学习所需的各种认知工具。

（5）按需推送人际资源。根据用户的兴趣、偏好、学习的内容等，适应性推送学伴、教师、学科专家等人际资源。

6. 可视化

可视化是信息时代数据处理与显示的必然趋势。可视化是智慧教育观摩、巡视、监控的必备功能，也是智慧教育系统的重要特征。具体体现在以下几个方面：

（1）可视化监控。通过视窗可以监看智慧教育应用系统的运行状态。

（2）可视化呈现。通过图形界面，清晰、直观、全面地呈现各类教育统计数据。

（3）可视化操作。提供具有良好体验的操作界面，以可视化的方式操作教育设备和应用系统。

1. 最初提出"智慧地球"概念的是（　　　）。

    A. Microsoft   B. IBM

    C. Google   D. 华为

2. 最初对"智慧地球"的良好愿景是：借助新一代信息技术，如（　　　）、物联网技术、移动通信技术等的强力支持，让地球上所有东西实现被感知化、互联化和智能化。

    A. 大数据分析   B. 3D 打印

    C. 传感技术   D. A、B 和 C

3. "智慧地球"战略的主要内容是，把新一代 IT 技术充分运用在各行各业之中，把感应器嵌入和装备到电网、铁路、桥梁、隧道、公路、建筑、供水系统、大坝、油气管道等各种物体中，并且被普遍连接，形成（　　　），再通过超级计算机和云计算将其连接起来，达到"智慧"状态。

    A. 内联网   B. 网际网   C. 物联网   D. 因特网

4. 希望在全球推出的"智慧地球"战略能够与中国的（　　　）建设结合起来，在其中植入"智慧"的理念，在短时间内为中国打造一个成熟的智慧平台。

    A. 基础设施   B. 智能楼宇

    C. 智慧教室   D. 大型

5. "智慧地球"愿景勾勒出世界智慧运转之道的三个重要维度，但（　　　）不在其中。

    A. 我们需要也能够更透彻地感应和度量世界的本质和变化

    B. 我们正在推进全球 5G 通信建设，进一步提升全球范围的互联互通

    C. 我们的世界正在更加全面地互联互通

    D. 所有的事物、流程、运行方式都具有更深入的智能化，我们也获得更智能的洞察

6. 智慧教育是（　　　）构想在教育领域的投射。

    A. 物联网   B. 因特网

    C. 智慧地球   D. 云计算

7. 下面（　　　）不属于智慧教育的技术背景。

    A. 物联网   B. 云计算

    C. 移动互联网   D. C 开发平台

8. 从目的上讲，"智慧教育"就是"（   ）"。

    A. 通过构建技术融合的学习环境，让教师能够施展高效的教学方法

    B. 让学习者能够获得适宜的个性化学习服务和美好的发展体验

    C. 培养具有良好的价值取向、较强的行动能力、较好的思维品质、较深的创造潜能的人才

    D. A、B 和 C

9. 智慧教育系统包括五大要素，即现代化的教育制度、现代化的教师制度、信息化一代的学生、智慧学习环境及智慧教学模式。其中，（   ）是整个系统的核心。

    A. 智慧的教学模式   B. 现代化的教育、教师制度

    C. 信息化一代的学生   D. 智慧学习环境

10. 要建成与教育现代化目标相适应的智慧教育服务体系。下面（   ）不在这个服务体系中。

    A. 人人皆学   B. 个个争先

    C. 处处能学   D. 时时可学

11. 智慧校园是（   ）的信息化校园。

    A. B、C 和 D   B. 信息技术高度融合

    C. 信息化应用深度整合   D. 信息终端广泛感知

12. 无论是在技术层面还是目的层面，智慧校园必须具备三个核心特征。但以下（   ）不是这些特征之一。

    A. 智慧校园是目前最为具体的在智慧教育上探索的实体化工程

    B. 智慧校园的智慧与智慧教育的智慧具有一致性

    C. 智慧校园更是智慧学习环境的具体承载者

    D. 智慧校园强调工学结合、理论联系实际的实践精神

13. 智慧教室是体现信息化智慧教育的实体建筑空间，应具有（   ）、易用性等核心特征。

    A. 互动性   B. 感知性   C. 开放性   D. A、B 和 C

14. 智慧教学模式是以教学组织结构为主线把学习方式分成两层，即（   ）。

    A. 分组自适应性学习与个人合作型学习

    B. 分组合作型学习与个人自适应性学习

    C. 分组与个人合作型学习

    D. 分组与个人自适应性学习

思维与操作实训讨论：我心目中的智慧教育

1. 实训目的

在开始本实训之前，请认真阅读课文的相关内容。

（1）了解电化（多媒体）教育、智慧教育的不同特点。

（2）熟悉"智慧地球"的概念，思考"智慧地球 +"的命题。

（3）熟悉什么是智慧教育，对智慧教育命题有自己的独立思考。

2．实训内容与步骤

（1）请观看本章的视频案例：让鱼爬树的教育。请思考现时教育存在的问题和未来教育的发展方向。

（2）开展头脑风暴小组讨论：我理解的"智慧地球＋"／我心目中的智慧教育？

请记录小组讨论的主要观点，推选代表在课堂上简单阐述你们的观点。

_____

_____

_____

_____

3．实训总结

_____

_____

_____

_____

4．教师对实训的评价

_____

_____

_____

_____

第 6 章

人工智能与社会发展

导读案例　AI 人才太贵了

科技巨头们对人工智能的需求水平远远超过其他所有需求，他们之间展开了一场昂贵的人才争夺战争。谷歌旗下的英国（伦敦）人工智能公司 DeepMind 因 AlphaGo（阿尔法狗）而名声大噪（见图 6-1），其 AI 研究能力被谷歌看好，但是自成立以来持续亏损，一直依靠谷歌的"供养"，这其中的关键问题就是 AI 人才太贵了。

根据一份 2019 年 8 月 7 日提交给英国公司众议文件显示，DeepMind 度过了昂贵的 2018 年，其税前亏损额 2017 年是 1.5 亿美元，2018 年增加到 3.41 亿美元。其中核心支出是员工开支，占经营亏损的 84.6%。

DeepMind 雇用数百名昂贵的研究人员和数据科学家，但并没有产生任何重大收入。2018 年，为约 700 名员工花费了 4.83 亿美元，员工平均年薪高达 487 万人民币，比 2017 年增加了近一倍（见图 6-2）。

图 6-1　AlphaGo 围棋赛

图 6-2　谷歌的 AI 团队

科技巨头们都想在 AI 领域获得先发优势，非常愿意为此花钱。《福布斯》2017 年的一篇报道提到，为了争夺世界上最好的 AI 专家，亚马逊、苹果、脸书与 DeepMind 陷入了一场昂贵的战斗。

人工智能研究员马特·泽勒在 ImageNet 竞赛中击败了谷歌等团队。2013 年，当他拿到纽约大学机器学习博士学位后，感受到了来自科技巨头们的热情。曾经的实习单位谷歌、微软、苹果和脸书都愿意为他提供一个职位，其中脸书的首席执行官马克·扎克伯格甚至亲自与泽勒会面。

微软研究主管彼得·李认为，薪酬上，深度学习领域的 AI 人才可以比肩顶级 NFL（美国职业橄榄球大联盟）四分卫，而四分卫的年薪通常达数百万美元。

根据招聘平台 Paysa 对美国雇主公开职位列表的研究数据，排名前 20 位的企业招聘人员每年花费超过 6.5 亿美元来招聘 AI 领域的人才。亚马逊、谷歌和微软的招聘数量远远超过了其他企业。这些企业将目光放得足够长远，看好人工智能的未来前景。

Paysa 平台的搜索数据表明，过去一年与人工智能相关的搜索关键词中，深度学习、神经网络、计算机视觉和强化学习等词出现频率较高。Paysa 首席执行官克里斯·博尔特向《福布斯》表示："我们对人工智能的需求水平远远超过其他所有需求。"尤其值得注意的是亚马逊和谷歌在这一领域的投资规模。

从 2016 年到 2018 年，DeepMind 员工规模从 350 人扩大到 839 人。DeepMind 表示："我们将继续投资基础研究和世界一流的跨学科团队，并期待未来的突破。"

在中国，人工智能技术人才的薪资虽然未达到百万水平，但也是一路高涨。根据猎聘联合 GMIC 发布的《2018 AI 人才竞争力报告》，AI 领域从业者平均薪资高于互联网行业平均薪资，最高季度平均年薪达 33 万元，高出互联网平均年薪近 5 万元。

教学视频 人工智能的军事应用

人工智能的前景——包括提高从后勤服务到战场规划等事务的速度与精准度以及提高人类决策能力——正在驱使世界各国军队加速对人工智能应用的研究与开发。请观看"教学视频案例：AI 的军事应用"（见图 6-3），视频中多处应用了人工智能元素，令人脑洞大开。

图 6-3 视频案例：抛撒埋伏与精确打击

6.1 创新发展与社会影响

2018 年 9 月 17 日，世界人工智能大会在上海开幕，习近平总书记致信祝贺并强调指出：人工智能发展应用将有力提高经济社会发展智能化水平，有效增强公共服务和城市管理能力。学习领会习近平总书记关于人工智能的一系列重要论述，务实推进我国《新一代人工智能发展规划》，有效规避人工智能"鸿沟"，着力收获人工智能"红利"，对将我国建设成为世界科技强国、实现"两个一百年"的奋斗目标具有重大战略意义。

2019 年 8 月 29 日，世界人工智能大会（见图 6-4）以"智联世界 无限可能"为主题，以"高端化、国际化、专业化、市场化、智能化"为特色，成为世界顶尖的智能合作交流平台、业内广受赞许的专业性学术会议、具有国际水平和影响力的行业盛会。

图 6-4　2019 世界人工智能大会

经过 60 多年的发展，人工智能已取得突破性进展，在经济社会各领域得到广泛应用并形成引领新一轮的产业变革，推动人类社会进入智能化时代。美国、日本、德国、英国、法国、俄罗斯等国家都制定了发展人工智能的国家战略，我国也于 2017 年发布了《新一代人工智能发展规划》，国家发展改革委员会、工业和信息化部、科技部、教育部等部委和一些地方政府相继出台了推动人工智能发展的相关政策文件，社会各界对人工智能的重大战略意义已形成广泛共识。

总体上看，人工智能当前的发展具有"四新"特征：

（1）以深度学习为代表的人工智能核心技术取得新突破。

（2）"智能 +"模式的普适应用为经济社会发展注入新动能。

（3）人工智能成为世界各国竞相战略布局的新高地。

（4）人工智能的广泛应用给人类社会带来了法律法规、道德伦理、社会治理等一系列的新挑战。

人们普遍认可人工智能的蓬勃兴起将带来新的社会文明，推动产业变革，深刻改变人们的生产生活方式，是一场影响深远的科技革命。

6.1.1　人工智能发展的启示

人工智能的目标是模拟、延伸和扩展人类智能，探寻智能本质，发展类人智能机器，其探索之路充满未知且曲折起伏。通过总结人工智能发展历程中的经验和教训，可以得到以下启示：

（1）尊重发展规律是推动学科健康发展的前提。科学技术的发展有其自身的规律，人工智能学科发展需要基础理论、数据资源、计算平台、应用场景的协同驱动，当条件不具备时很难实现重大突破。

（2）基础研究是学科可持续发展的基石。加拿大多伦多大学杰弗里·辛顿教授坚持研究深度神经网络 30 年，奠定了人工智能蓬勃发展的重要理论基础。谷歌 DeepMind 团队长期深入研究神经科学启发的人工智能等基础问题（见图 6-5），取得了阿尔法狗等一系列重大成果。

（3）应用需求是科技创新的不竭之源。引领学科发展的动力主要来自科学和需求的双轮驱动。人工智能发展的驱动力除了知识与技术体系内在矛盾外，贴近应用、解决用户需求是创新的最大源泉与动力。比如，人工智能专家系统实现了从理论研究走向实际应用的突破，安防监控、身份识别、无人驾驶、互联网和物联网、大数据分析等应用需求带动了人工智能的技术突破。

图 6-5　DeepMind 照片新算法识别野生动物准确率超过 96%

（4）学科交叉是创新突破的"捷径"。人工智能研究涉及信息科学、脑科学、心理科学等，20 世纪 50 年代人工智能的出现本身就是学科交叉的结果。特别是脑认知科学与人工智能的成功结合，带来了人工智能神经网络几十年的持久发展。智能本源、意识本质等一些基本科学问题正在孕育重大突破，对人工智能学科的发展具有重要的促进作用。

（5）宽容失败应是支持创新的题中应有之义。任何学科的发展都不可能一帆风顺，任何创新目标的实现都不会一蹴而就。人工智能 60 余载的发展生动地诠释了一门学科创新发展起伏曲折的历程（见图 6-6）。可以说没有过去发展历程中的"寒冬"就没有今天人工智能发展新的春天。

图 6-6　人工智能的发展

（6）实事求是设定发展目标是制定学科发展规划的基本原则。达到全方位类人水平的机器智能是人工智能学科宏伟的终极目标，但是需要根据科技和经济社会发展水平来设定合理的阶段性研究目标，否则会有挫败感从而影响学科发展，人工智能发展过程中的几次低谷皆因不切实际的发展目标所致。

6.1.2　人工智能的发展现状与影响

从技术维度来看，人工智能技术突破集中在专用智能，但是通用智能发展水平仍处于起步阶段；从产业维度来看，人工智能创新创业如火如荼，技术和商业生态已见雏形；从社会维度来看，世界主要国家纷纷将人工智能上升为国家战略，人工智能对社会的影响日益凸显。

（1）专用人工智能取得重要突破。面向特定领域的人工智能技术（即专用人工智能）由于任务单一、需求明确、应用边界清晰、领域知识丰富、建模相对简单，因此形成了人工智能领域的单点突破，在局部智能水平的单项测试中可以超越人类智能。人工智能的近期进展主要集中在专用智能领域，统计学习是专用人工智能走向实用的理论基础。深度学习、强化学习、对抗学习等统计机器学习的理论在计算机视觉、语音识别、自然语言理解、人机博弈等方面取得了成功应用。例如，阿尔法狗在围棋比赛中战胜人类冠军、人工智能程序在大规模图像识别和人脸识别中达到了超越人类的水平、语音识别系统 5.1% 的错误率比肩专业速记员，人工智能系统诊断皮肤癌达到专业医生水平，等等。

（2）通用人工智能尚处于起步阶段。人的大脑是一个通用的智能系统，能举一反三、融会贯通，可处理视觉、听觉、判断、推理、学习、思考、规划、设计等各类问题，可谓"一脑万用"。真正意义上完备的人工智能系统应该是一个通用的智能系统。美国国防高级研究计划局（Defense Advanced Research Projects Agency，DARPA）把人工智能发展分为三个阶段：规则智能、统计智能和自主智能，认为当前国际主流人工智能水平仍然处于第二阶段，核心技术依赖于深度学习、强化学习、对抗学习等统计机器学习，人工智能系统在信息感知、机器学习等智能水平维度进步显著，但是在概念抽象和推理决策等方面能力还很薄弱。

（3）人工智能创新创业如火如荼。全球产业界充分认识到人工智能技术引领新一轮产业变革的重大意义，纷纷调整发展战略。比如，谷歌明确提出将发展战略从"Mobile First"（移动优先）转向"AI First"（AI 优先）；微软将人工智能作为公司发展愿景。

（4）创新生态布局成为人工智能产业发展的战略高地。信息技术（IT）和产业的发展史就是新老 IT 巨头抢滩布局 IT 创新生态的更替史。例如，传统信息产业 IT 代表企业有微软、英特尔、IBM、甲骨文等，互联网和移动互联网 IT 代表企业有谷歌、苹果、脸书、亚马逊、阿里巴巴、腾讯、百度等，目前智能科技 IT 的产业格局还没有形成垄断，因此全球科技产业巨头都在积极推动人工智能技术生态的研发布局，全力抢占人工智能相关产业的制高点。

人工智能创新生态包括纵向的数据平台、开源算法、计算芯片、基础软件、GPU 服务器等技术生态系统和横向的智能制造、智能医疗、智能安防、智能零售、智能家居等商业和应用生态系统。在技术生态方面，人工智能算法、数据、图形处理器（GPU）/张量处理器（TPU）/神经网络处理器（NPU）计算、运行/编译/管理等基础软件已有大量开源资源；此外，谷歌、IBM、英伟达、英特尔、苹果、华为、中国科学院等积极布局人工智能领域的计算芯片。

在人工智能商业和应用生态布局方面，"智能 +X"成为创新范式，例如"智能 + 制造"、"智能 + 医疗"、"智能 + 安防"等，人工智能技术向创新性的消费场景和不同行业快速渗透融合并重塑整个社会发展，这是人工智能作为第四次技术革命关键驱动力的最主要表现方式。人工智能商业生态竞争进入白热化，例如，智能驾驶汽车领域的参与者既有通用、福特、奔驰、丰田等传统龙头车企，又有互联网造车者如谷歌、特斯拉、优步、苹果、百度等新贵。

（5）人工智能上升为世界主要国家的重大发展战略。人工智能正在成为新一轮产业变革的引擎，必将深刻影响国际产业竞争格局和一个国家的国际竞争力。世界主要发达国家纷纷把发展人工智能作为提升国际竞争力、维护国家安全的重大战略，加紧积极谋划政策，围绕核心技术、顶尖人才、标准规范等强化部署，力图在新一轮国际科技竞争中掌握主导权。无论是德国的"工业4.0"、美国的"工业互联网"、日本的"超智能社会",还是我国的智能制造(见图6-7)等,人工智能都是其中的核心关键技术。

图6-7 智能制造

(6)人工智能的社会影响日益凸显。人工智能的社会影响是多元的,既有拉动经济、服务民生、造福社会的正面效应,又可能出现安全失控、法律失准、道德失范、伦理失常、隐私失密等社会问题,以及利用人工智能热点进行投机炒作从而存在泡沫风险。

人工智能的发展突破了算法、算力(计算能力)和算料(数据)"三算"方面的制约因素,拓展了互联网、物联网等广阔的应用场景,开始进入蓬勃发展的黄金时期。

人类社会已开始迈入智能化时代,人工智能引领社会发展是大势所趋,不可逆转。经历六十余年积累后,人工智能开始进入爆发式增长的红利期。伴随着人工智能自身的创新发展和向经济社会的全面渗透,这个红利期将持续相当长的时期。

6.2 发展人工智能对社会的利与弊

发展人工智能有利于人类社会的发展,这是毋庸置疑的。例如:

(1)对商业和制造业的推动。人工智能有利于商业和制造业,因为它更加准确和有效,表明公司和工厂的生产潜力将增长,使人们摆脱简单的周期性任务,减少使用劳动力。人工智能在经济领域取得很大成功,也对我们的社会起了很大的推动作用。人工智能还可用于许多领域,例如维护人们的健康和保护人们免受伤害等。

(2)使人们的生活更便利。目前最明显的变化和最引人注目的是无人驾驶技术,它的使用对人类社会产生了积极影响,有利于社会发展。自动驾驶技术也给那些无法行动的人带来了希望。此外,还引入了新的社会休闲形式,智能手机的使用缩短了人和人的距离,3D甚至是4D图像可以更新人们的传统视觉,天气预报的智能便利性,可以预测自然灾害并采取措施减少不必要的受害者人数。

在知识社会中，大数据成为交流的重要手段。人工智能对人类基本生活的影响是信息获取途径的改变。现在，人们已经在某种程度上意识到他们希望获得所需的生存资料。此外，饮食的选择、服装的选择，也隐藏在大量人工智能数据的影响和指导下。人工智能收集用户经常点击并浏览的页面大数据。自动地将最终用户推送给最终用户，以便消费者使用。由于生活方式的革命，人们将有更多的空闲时间。

当然，人工智能可能会导致机器无法与人相处的情况，例如传统的服务行业将受到极大冲击。

（1）对经济的影响。企业创业结构的变化也影响着就业、工资和收入不平等的模式。真正的问题是，一个由人工智能驱动的新职业能否满足人们的需求。没有人能证明有足够的职业来满足大多数人的需求。

（2）潜在的可能对人类的威胁。在人工智能变得强大后人类可能会受到威胁。人工智能模拟人的大脑活动，还可以创造新的机制。人工智能超越和取代一个人的工作，让一个人被机器人否定存在，这将是一场灾难。

简而言之，假如很好地利用人工智能，它带来的利益远大于弊端。每天，人类都从人工智能中获益，人类将继续发展人工智能，确保它作为社会科学的巨大引擎，这意味着人类必须对人工智能绝对控制，并受到预先设计的有限教学程序的限制。

"AlphaGo 之父"哈萨比斯（见图 6-8）表示："我提醒诸位，必须正确地使用人工智能。正确的两个原则是：人工智能必须用来造福全人类，而不能用于非法用途；人工智能技术不能仅为少数公司和少数人所使用，必须共享。"

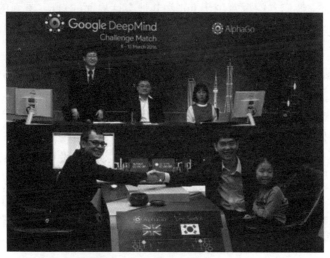

图 6-8　赛前李世石与 AlphaGo 之父哈萨比斯握手

6.3　人工智能时代需要的人才

在人工智能时代，人才需求在哪里？需要什么样的人才？如何成为这个时代所需要的人才？

6.3.1 社会进步取代了传统劳动

工业 4.0 是由德国政府《2020 高技术战略》中所提出的十大未来项目之一。该项目由德国联邦教育局及研究部和联邦经济技术部联合资助，投资预计达 2 亿欧元，旨在提升制造业的智能化水平，建立具有适应性、资源效率及基因工程学的智慧工厂，在商业流程及价值流程中整合客户及商业伙伴。其技术基础是网络实体系统及物联网。

现代社会发展很快，很多物联网智能化应用场景都出现在生活当中，商场、学校、机构、地铁、商业街等，智能化场景无处不在。机器人便是人工智能领域最杰出的作品，如安保机器人、舞蹈机器人、银行机器人客服、机器人保姆、仓库机器人等。但是，人工智能发展之后，传统工业制造中的工人怎么办？他们是不是需要被下岗了，因为人工智能的大力发展会代替很多岗位。所以，要想不被时代淘汰，就必须终身学习。

调查显示，35.7% 的受访网民认为人工智能会减少人们的就业机会，认为不影响人们就业机会的受访手机网民占比 30.9%，只有 18.9% 的受访手机网民认为人工智能会增加人们的就业机会。咨询分析师认为，人工智能的发展和应用一定会影响人们的就业情况，在增加人工智能相关新岗位的同时也会替代部分现有岗位。人工智能对现有职业的取代能力，或将促使大众在产业就业选择上迎来重要变革。

6.3.2 新创造的核心工作岗位

调查表明，由于人工智能的兴起，已经有不少新的就业机会 / 职业岗位被创造出来。在这些与人工智能相关的工作中，最常见的是人工智能软件工程师，占人工智能相关工作岗位的 11%。

同时，其他技术水平较低，与人工智能关系不是那么直接的岗位也在不断涌现。例如有 bot（机器人）撰稿人，他们专门撰写用于 bot 和其他会话界面的对话；有新的用户体验设计师，这类工作主要产生智能音箱和虚拟个人助理这样的新兴市场；研究知识产权系统的律师以及报道人工智能的记者，这些岗位的需求也在增多。

Cognizant 信息技术公司组织一项调查，专门制作了一份有关人工智能相关工作未来图景的报告，根据"今天可观察到的主要宏观经济、政治、人口、社会、文化、商业和技术趋势，提出了 21 个将在未来 10 年内出现并将成为未来工作基石的新工作"。

未来，工作将发生改变，但不会彻底消失。有关人工智能相关工作未来图景的报告中所考虑的工作种类也确实五花八门，如碳元素培育师、虚拟形象设计师、加密货币套利者、个人数据交易员、人体器官开发者、教机器人英语的人类教师、机器人理疗师、机器人美容顾问、藻类农民、自动驾驶车队停车员、Snapchat 成瘾治疗师、城市垂直农场农民、以及 Hyperloop 施工经理。报告表示，"这些都是年轻一代接下来可能从事的工作"。

报告中给出的 21 种工作都有望在短期内（未来十年）大幅增加，成为生活中常见的职业。作者表示，他们相信这些工作都将创造大量的就业机会。

6.3.3 未来最热门的五个岗位

据 Gartner 最新发布的一份报告指出，尽管人工智能技术将取代人类现有的 180 万个工作岗位，但同时也将创造出 230 万个新的就业岗位。预测表示，人工智能与过去所有的其他颠覆性技术一样，将带来许多新就业机会。

得益于人工智能技术的兴起，以下五个行业岗位将呈现出显著的增长趋势：

（1）数据科学家。属于分析型数据专家中的一个新类别，他们对数据进行分析来了解复杂的行为、趋势和推论，发掘隐藏的一些见解，帮助企业做出更明智的业务决策。数据科学家是"部分数学家，部分计算机科学家和部分趋势科学家的集合体"（见图 6-9）。

图 6-9　数据科学家

以下是数据科学应用的一些例子：

① Netflix 通过数据挖掘电影观看模式，了解用户兴趣，再利用这些数据来做出 Netflix 原创剧的制作决定。

② Target 使用消费者数据来确定主要客户群，并且对客户群中独特的购物行为进行分析，从而能引导消息传递给不同的受众。

③宝洁公司利用时间序列模型能够更加清晰地了解未来的产品需求，从而帮助公司规划出合适的生产量。

由于人工智能推动了创造和收集数据的趋势发展，所以我们也可以看到未来对于数据科学家的需求也将日益增加。

（2）机器学习工程师。大多数情况下，机器学习工程师都是与数据科学家合作来同步他们的工作。因此，对于机器学习工程师的需求可能也会出现类似于数据科学家需求增长的趋势。数据科学家在统计和分析方面具有更强的技能，而机器学习工程师则应该具备计算机科学方面的专业知识，他们通常需要更强大的编码能力。

现在，每个行业都希望能将人工智能应用到他们的领域，对于机器学习专业知识的需求也就无处不在，因此人工智能也将继续推动社会对于机器学习工程师高需求趋势的发展。除此之外，人工智能不同垂直行业的企业，包括图像识别、语音识别、医药和网络安全等，也面临着缺乏合适技能和知识的劳动力这一问题的挑战。

（3）数据标签专业人员。随着数据收集几乎在每个垂直领域实现普及，数据标签专业人员的需求也将在未来呈现激增之势。事实上，在人工智能时代，数据标签可能会成为蓝领工作。

IBM Watson 团队负责人 Guru Banavar 表示："数据标签将变成数据的管理工作，你需要获取原始数据、对数据进行清理，并使用机器来进行收集。"标签可以让人工智能科学家训练机器新的任务。Banavar 继续解释道："假设你想训练一台机器来识别飞机，你有 100 万张照片，其中有一些照片里边有飞机，有一些照片里面没有飞机。那就需要有人先来教会计算机哪些图像有飞机，哪些图像没有飞机。"这就是标签的用处所在。

（4）AI 硬件专家。人工智能领域内另外一种日益增长的蓝领工作是负责创建 AI 硬件（如 GPU 芯片）的工业操作工作。例如，英特尔为机器学习专门打造芯片，同时，IBM 和高通正在创建反映神经网络设计并且可以像神经网络一样运行的硬件架构。据脸书 AI 研究总监 Yann LeCun 表示，脸书也在帮助高通开发与机器学习相关的技术。随着人工智能芯片和硬件需求的不断增长，致力于生产这些专业产品的工业制造业工作岗位需求将会有所增长。

（5）数据保护专家。由于有价值的数据、机器学习模型和代码不断增加，未来也会出现对于数据保护的需求，因此也就会产生对于数据库保护 IT 专家的需求。

信息安全控制的许多层面和类型都适用于数据库，包括：访问控制、审计、认证、加密、整合控制、备份、应用安全和数据库安全应用统计方法。

数据库在很大程度上是通过网络安全措施（如防火墙和基于网络的入侵检测系统）来抵御黑客攻击，保护数据库系统及其中的程序、功能和数据的安全这一工作将变得越来越重要。

正如 Frost & Sullivan 高级副总裁安德鲁·米洛伊所说："实现转型所缺少的人力资源将会降低技术采用和实现自动化的速度。人工智能会创造就业机会。随着新型、颠覆性技术的出现，新的高技能工作岗位也会出现。而没有人类工作者，这些技术的实施是不可能实现的事情。"

人工智能是人类未来实现连续统一目标的一个步骤。人工智能技术所创建的工作能够让生活更轻松，将人类工作者从琐碎的工作任务中解放出来。而当前人工智能技术的传播速度和普及趋势在给我们创造更多就业机会的同时，也意味着我们面临着一个新的挑战，我们需要培训工作人员转向这些新职位。

6.4 人工智能与安全

跟其他高科技一样，人工智能也是一把双刃剑。认识人工智能的社会影响，正在日益得到人们的重视（见图 6-10）。2018 年 2 月，牛津大学、剑桥大学和 OpenAI 公司等 14 家机构共同发布题为《人工智能的恶意使用：预测、预防和缓解》的报告，指出人工智能可能给人类社会带来的数字安全、物理安全和政治安全等潜在威胁，并给出了一些建议来减少风险。

图 6-10　人工智能的安全

6.4.1 建立人工智能生态系统

有些研究者认为，让计算机拥有智商是很危险的，它可能会反抗人类。这种隐患已经在多部电影中出现过，其关键是允不允许机器拥有自主意识的产生与延续，如果使机器拥有自主意识，则意味着机器具有与人同等或类似的创造性、自我保护意识、情感和自发行为。

2018 年 11 月 2 日，美国智库战略与国际研究中心（CSIS）发布题为《人工智能与国家安全——人工智能生态系统的重要性》的报告，阐释了人工智能生态系统的组成、当前人工智能投资情况、人工智能在国家安全领域中的应用等，并在分析人工智能生态系统构建必要性的基础上，为打造强健的人工智能生态系统提出了具体建议。

人工智能拥有影响全球经济和军事竞争的巨大潜力，特别是其快速发展的机器学习能力以及日益经济可承受的计算能力。这些成果固然有其积极意义，但也使人们的注意力集中在了如何控制相关技术上。

人工智能生态系统指的是使用和管理人工智能的配套能力，包括：人工智能技术人才和管理人才；获取、处理和利用数据的数字能力；人工智能相关信任、安全性、可靠性的技术基础；人工智能技术蓬勃发展所需要的投资环境和政策框架。鉴于人工智能对人类及其生活的潜在影响这一问题日益敏感，成功应用人工智能需要解决人才和技术基础设施短缺、技术难题及管理问题，克服这些挑战还需要进行必要的投资、重点管理和政策工作。

6.4.2 人才和基础设施短缺

对于很多潜在的人工智能用户而言，要想实现人工智能的成功应用，必须首先解决两方面突出问题：一是人才短缺问题，即无法吸引和留住人工智能技术开发方面和相关管理方面的人才；二是技术基础设施短缺问题，即数据能力、运算网络能力等数字能力薄弱。

人工智能仍然仅能解决特定问题并具有严重的背景依赖性，这意味着，人工智能当前执行的是有限的任务，通过嵌入到较大型系统来发挥作用。作为一种处于早期发展阶段的技术，人工智能促成的能力提高微不足道，这意味着，迫切将人工智能投入使用的当前用户面临着巨大的前期成本，效益不大。

许多用户所执行的任务涉及人类生命或高昂的设备风险，因此在依靠人工智能来执行任务之前要首先解决人工智能的可靠性问题。在私营领域，许多责任和知识产权相关法律问题尚未得到充分研究；在公共部门，大量关键任务尚无明确途径确保人工智能的可靠性。以上都是人工智能管理方面的挑战，只有建立了配套的人工智能生态系统，人工智能用户才能在这些方面得到满足。虽然人工智能生态系统可以也将在私营部门中发展起来，但这对很多政府用户特别是国家安全用户来说，只是必要因素而非充分因素。

信任方面，人工智能透明度的重要性和必要性因具体的人工智能应用而定；人工智能的算法、数据和结果都必须可信；用户必须能理解人工智能系统可能被愚弄的机制。

安全性方面，为打造强大且富有弹性的数字化能力，需要在研发、操作和安全之间进行平衡；在各机构中树立网络风险管理文化与网络安全负责制至关重要。

人员与文化方面，使用人工智能需要具备相关领域的专业知识、接受过技术训练且拥有合适工具的工作人员；各机构必须培养数据卓越文化。

数字能力方面，为了成功运用人工智能技术，各机构必须打造基本的数字能力；通过信息和分析获得竞争优势，需要包括上至总部下至部署作战人员在内的整个系统的全力投入。

政策方面，一是必须制定伦理方面的政策和标准，指导人工智能技术的应用。二是必须通过一系列政策措施来加强人工智能生态系统：改革人员雇用权限和安全许可流程，以更好地招募和利用人才；改变软件开发方面的预算措施，以提升政府采购和迭代开发软件的能力；与业界进行全面接触与合作，除了利用技术巨头和国防工业巨头外，还要利用中小型数据科学公司；投资于处在早期阶段的研发工作，尤其是那些需要政府支持的领域；开发可解决人工智能可靠性问题的工具。三是必须认识到国际社会在人工智能方面的活动，采取措施保护人工智能生态环境，使其免遭攻击，免受有害投资的影响；利用资源，主要手段包括：与拥有共同目标、设备和数据共享协议的伙伴合作，同时在与拓展新伙伴时，也要注意打造这些共同性。

6.4.3　安全问题不容忽视

人工智能的飞速发展一定程度上改变了人们的生活，但与此同时，由于人工智能尚处于初期发展阶段，该领域的安全、伦理、隐私的政策、法律和标准问题引起人们的日益关注，直接影响人们与人工智能工具交互经验中对人工智能技术的信任。

人工智能最大的特征是能够实现无人类干预的，基于知识并能够自我修正地自动化运行（见图 6-11）。在开启人工智能系统后，人工智能系统的决策不再需要操控者进一步的指令，这种决策可能会产生人类预料不到的结果。设计者和生产者在开发人工智能产品的过程中可能并不能准确预知某一产品会存在的可能风险，因此，对于人工智能的安全问题不容忽视。

图 6-11　人工智能的最大特征是实现无人类干预

由于人工智能的程序运行并非公开可追踪的，其扩散途径和速度也难以精确控制。在无法利用已有传统管制技术的条件下，想要保障人工智能的安全，必须另辟蹊径，保证人工智能技术本身及在各个领域的应用都遵循人类社会所认同的伦理原则。

6.4.4　设定伦理要求

人工智能是人类智能的延伸，也是人类价值系统的延伸。在其发展的过程中，应当包含对人类伦理价值的正确考量。设定人工智能技术的伦理要求（见图 6-12），要依托于社会和公众对人工智能伦理的深入思考和广泛共识，并遵循一些共识原则。

图 6-12　重视人工智能的社会伦理

（1）人类利益原则，即人工智能应以实现人类利益为终极目标。这一原则体现对人权的尊重、对人类和自然环境利益最大化以及降低技术风险和对社会的负面影响。在此原则下，政策和法律应致力于人工智能发展的外部社会环境的构建，推动对社会个体的人工智能伦理和安全意识教育，让社会警惕人工智能技术被滥用的风险。此外，还应该警惕人工智能系统作出与伦理道德偏差的决策。

（2）责任原则，即在技术开发和应用两方面都建立明确的责任体系，以便在技术层面可以对人工智能技术开发人员或部门问责，在应用层面可以建立合理的责任和赔偿体系。在责任原则下，在技术开发方面应遵循透明度原则，在技术应用方面则应当遵循权责一致原则。

6.4.5　强力保护个人隐私

人工智能的发展建立在大量数据的信息技术应用之上，不可避免地会涉及个人信息的合理使用问题，因此，对于隐私应该有明确且可操作的定义。人工智能技术的发展也让侵犯个人隐私的行为更为便利，相关法律和标准应该为个人隐私提供更强有力的保护。

此外，人工智能技术的发展使得政府对于公民个人数据信息的收集和使用更加便利。大量个人数据信息能够帮助政府各个部门更好地了解所服务的人群状态，确保个性化服务的机会和质量。但随之而来的是，政府部门和政府工作人员个人不恰当使用个人数据信息的风险和潜在的危害应当得到足够的重视。

人工智能语境下的个人数据的获取和知情同意应该重新进行定义。首先，相关政策、法律和标准应直接对数据的收集和使用进行规制，而不能仅仅征得数据所有者的同意；其次，应当建立实用、可执行的、适应于不同使用场景的标准流程以供设计者和开发者保护数据来源的隐私；再次，对于利用人工智能可能推导出超过公民最初同意披露的信息的行为应该进行规制。最后，政策、法律和标准对于个人数据管理应该采取延伸式保护，鼓励发展相关技术，探索将算法工具作为个体在数字和现实世界中的代理人。

涉及的安全、伦理和隐私问题是人工智能发展面临的挑战。安全问题是让技术能够持续发展的前提。技术的发展给社会信任带来了风险，如何增加社会信任，让技术发展遵循伦理要求，特别是保障隐私不会被侵犯是亟需解决的问题。为此，需要制定合理的政策、法律、标准基础，并与国际社会协作。建立一个令人工智能技术造福于社会、保护公众利益的政策、法律和标准化环境，是人工智能技术持续、健康发展的重要前提。

作业

1. 人工智能当前的发展具有"四新"特征，下面（　　）不属于其中之一。
   A. 新能源
   B. 新突破
   C. 新动能
   D. 新高地

2. 通过总结人工智能发展历程中的经验和教训，我们可以得到的启示是（　　）。
   A. 尊重发展规律是推动学科健康发展的前提，实事求是设定发展目标是制定学科发展规划的基本原则
   B. 基础研究是学科可持续发展的基石
   C. 应用需求是科技创新的不竭之源，学科交叉是创新突破的"捷径"，宽容失败应是支持创新的题中应有之义
   D. A、B 和 C

3. 人工智能的发展突破了"三算"方面的制约因素，这"三算"不包括（　　）。
   A. 算法
   B. 算力
   C. 算子
   D. 算料

4. 发展人工智能的社会必然性体现在三个方面，但不包括（　　）。
   A. 人工智能可能会导致机器无法与人相处的情况，传统的服务行业将受到极大冲击
   B. 人工智能的产生是工具演变的结果
   C. 人工智能响应了生产力发展的要求
   D. 发展人工智能对社会的利与弊

5. 得益于人工智能技术的兴起，一些行业岗位将呈现出显著的增长趋势，但下面（　　）不属于其中之一。
   A. 数据科学家
   B. 机器学习工程师
   C. 电脑维修工程师
   D. AI 硬件专家

6. 有研究指出，人工智能可能会给人类社会带来潜在威胁，包括（　　）。
   A. 数字安全
   B. 物理安全
   C. 政治安全
   D. A、B 和 C

7. 有研究者认为，让计算机拥有智商是很危险的，它可能会反抗人类。这种隐患已经在（　　）中呈现过，其关键是允不允许机器拥有自主意识的产生与延续。
   A. 法律文件
   B. 多部电影
   C. 政府报告
   D. 一些案例

8. 人工智能生态系统指的是（　　）人工智能的配套能力。
   A. 研究
   B. 实验
   C. 开发
   D. 使用和管理

9. 人工智能的发展伴随着越来越多的个人数据被记录和分析，而在这个过程中（　　）是能够增加社会信任的重要条件。
   A. 保护个人隐私
   B. 重视数据压缩
   C. 提高存储能力
   D. 加强数据传播

思维与操作实训 人工智能时代的个人职业生涯规划

1．实训目的

在开始本实训之前，请认真阅读课文的相关内容。

（1）理解人工智能时代社会对人才的需求变化。

（2）了解人工智技术的快速发展对社会不可避免地带来的安全问题。

（3）观看本章的教学视频案例：AI 的军事应用，观察其中的人工智能技术元素。

2．实训内容与步骤

（1）分析教学视频案例：AI 的军事应用，讨论人工智能技术未来在军事领域的可能应用。

（2）撰写一页纸论文，报告在人工智能时代背景下个人的职业生涯规划。

请小组讨论各自的规划要点，推选代表在课堂上简单报告自己的规划考虑。

_____

_____

_____

_____

3．实训总结

_____

_____

_____

_____

4．教师对实训的评价

_____

_____

第二部分

基础知识

第7章

大数据思维

导读案例 亚马逊推荐系统

虽然亚马逊的故事大多数人都耳熟能详，但只有少数人知道它早期的书评内容最初是由人工完成的。当时，它聘请了一个由20多名书评家和编辑组成的团队，他们写书评、推荐新书，挑选非常有特色的新书标题放在亚马逊的网页上。这个团队创立了"亚马逊的声音"这个版块，成为当时公司皇冠上的一颗宝石，是其竞争优势的重要来源。《华尔街日报》的一篇文章中热情地称他们为全美最有影响力的书评家，因为他们使书籍销量猛增。

亚马逊公司的创始人及总裁杰夫·贝索斯（见图7-1）决定尝试一个极富创造力的想法：根据客户个人以前的购物喜好，为其推荐相关的书籍。

图7-1 亚马逊和贝索斯

从一开始，亚马逊就从每一个客户那里收集了大量的数据。比如说，他们购买了什么书籍？哪些书他们只浏览却没有购买？他们浏览了多久？哪些书是他们一起购买的？客户的信息数据量非常大，所以亚马逊必须先用传统的方法对其进行处理，通过样本分析找到客户之间的相似性。但这些推荐信息是非常原始的，就如同你在买一件婴儿用品时，会被淹没在一堆差不多的婴儿用品中一样。马库斯回忆说："推荐信息往往为你提供与你以前购买物品有微小差异的产品，并且循环往复。"

亚马逊的格雷格·林登很快就找到了一个解决方案。他意识到，推荐系统实际上并没有必要把顾客与其他顾客进行对比，这样做在技术上也比较烦琐。它需要做的是找到产品之间的关联性。1998年，林登和他的同事申请了著名的"item-to-item"协同过滤技术的专利。方法的转变使技术发生了翻天覆地的变化。

因为估算可以提前进行，所以推荐系统不仅快，而且适用于各种各样的产品。因此，当亚马逊跨界销售除书以外的其他商品时，也可以对电影或烤面包机这些产品进行推荐。由于系统中使用了所有的数据，推荐会更理想。林登回忆道："在组里有句玩笑话，说的是如果系统运作良好，亚马逊应该只推荐你一本书，而这本书就是你将要买的下一本书。"

现在，公司必须决定什么应该出现在网站上，是亚马逊内部书评家写的个人建议和评论，还是由机器生成的个性化推荐和畅销书排行榜。

林登做了一个关于评论家所创造的销售业绩和计算机生成内容所产生的销售业绩的对比测试，结果他发现两者之间相差甚远。他解释说，通过数据推荐产品所增加的销售远远超过书评家的贡献。计算机可能不知道为什么喜欢海明威作品的客户会购买菲茨杰拉德的书。但是这似乎并不重要，重要的是销量。最后，编辑们看到了销售额分析，亚马逊也不得不放弃每次的在线评论，最终，书评组被解散了。林登回忆说："书评团队被打败、被解散，我感到非常难过。但是，数据没有说谎，人工评论的成本是非常高的。"

如今，据说亚马逊销售额的三分之一都来自它的个性化推荐系统。有了它，亚马逊不仅使很多大型书店和音乐唱片商店歇业，而且当地数百个自认为有自己风格的书商也难免受转型之风的影响。

知道人们为什么对这些信息感兴趣可能是有用的，但这个问题目前并不是很重要。但是，知道"是什么"可以创造点击率，这种洞察力足以重塑很多行业，不仅仅只是电子商务。所有行业中的销售人员早就被告知，他们需要了解是什么让客户做出了选择，要把握客户做决定背后的真正原因，因此专业技能和多年的经验受到高度重视。大数据却显示，还有另外一个在某些方面更有用的方法。亚马逊的推荐系统梳理出了有趣的相关关系，但不知道背后的原因——知道是什么就够了，没必要知道为什么。

教学视频 乒乓球机器人

乒乓球是中国人引以为自豪的国球，相信大家都知道，除了诞生的许多世界冠军之外，背后也存在无数陪练的辛勤付出。

请观看"教学视频案例：乒乓球机器人"（见图7-2），并思考其中包含了哪些人工智能元素。

图 7-2 视频：乒乓球机器人

7.1 大数据与人工智能

人们对数据并不陌生。上古时期的结绳记事、以月之盈亏计算岁月，到后来部落内部以猎物、采摘多寡计算贡献，再到历朝历代的土地农田、人口粮食、马匹军队等各类事项都涉及大量的数据。这些数据虽然越来越多、越来越大，但是，人们都未曾冠之以"大"字，是什么事情让"数据"这瓶老酒突然焕发了青春并如此时髦起来？

当互联网开始进一步向外延伸并与很多物品连接，这些物品开始不停地将实时变化的各类数据传回到互联网并与人开始互动的时候，物联网（见图7-3）便诞生了。物联网是个大奇迹，被认为可能是继互联网之后人类最伟大的技术革命。

图 7-3　物联网

如今，即便是一件物品被人感知到的几天内的各种动态数据，都足以与古代一个王国一年所收集的各类数据相匹抵，那物联网上数以万计亿计的物品呢？于是，"大数据"产生了。如此浩如云海的数据，如何分类提取和有效处理？这个需要强大的技术设计与运算能力，于是有了"云计算"。其中的"技术设计"属于"算法"。"云计算"需要从大量数据中挖掘有用的信息，于是，"数据挖掘"产生了。这些被挖掘出来的有用信息去服务城市就称为"智慧城市"，去服务交通就称为"智慧交通"，去服务家庭就称为"智能家居"，去服务医院就称为"智能医院"……于是，智能社会产生了。不过，智能社会要有序、有效地运行，中间必须依托一个"桥梁"和借助于某个工具，那就是"人工智能"。

这就是为什么近几年时间内，诸如"人工智能"、"物联网"、"大数据"、"云计算"、"算法"、"数据挖掘"和"智能××"这些时髦概念纷纷冒出来的原因，原来它们都是"同一条线上拴着的蚂蚱"（见图7-4）！

图 7-4　一根绳上的蚂蚱

万物大数据主要包括人与人、人与物、物与物三者相互作用所产生（制造）的大数据。其中人与人、人与物之间制造出来的数据，有少部分被感知，而物与物之间制造出来的数据还无法被感知。

对于人与人、人与物之间被感知到的那部分很小的数据（相对于万物释放的量来说非常小，但是绝对量却非常大），这主要是指在 2000 年后，因为人类信息交换、信息存储、信息处理三方面能力的大幅增长而产生的数据，这个实际上就是人们日常所听到的"大数据"概念，是以人为中心的狭义大数据，也是实用性（商业、监控或发展等使用）大数据。信息存储、处理等能力的增强为人们利用大数据提供了近乎无限的想象空间。

数字化时代，数据处理变得更加容易、快速，人们能够在瞬间处理成千上万的数据。而"大数据"全在于发现和理解信息内容及信息与信息之间的关系。实际上，大数据的精髓在于我们分析信息时相互联系和相互作用的三个转变，这些转变将改变人们理解和组建社会的方法。

7.2　思维转变之一：样本 = 总体

很长以来，因为记录、存储和分析数据的工具不够好，为了让分析变得简单，当面临大量数据时，社会都依赖于采样分析。但是采样分析是信息缺乏时代和信息流通受限制的模拟数据时代的产物。如今信息技术的条件已经有了非常大的提高，虽然人类可以处理的数据依然是有限的，但是可以处理的数据量已经大大地增加，而且未来会越来越多。

大数据时代的第一个转变，是要分析与某事物相关的所有数据，而不是依靠分析少量的数据样本。在某些方面，人们依然还没有意识到自己拥有了能够收集和处理更大规模数据的能力，还是在信息匮乏的假设下做很多事情。人们甚至发展了一些使用尽可能少的信息的技术，例如统计学的一个目的就是用尽可能少的数据来证实尽可能重大的发现。

7.2.1　小数据时代的随机采样

数千年来，政府一直都试图通过收集信息来管理国民，只是到最近，小企业和个人才有可能拥有大规模收集和分类数据的能力，而此前，大规模的计数则是政府的事情。

以人口普查为例，据说古代埃及就曾进行过人口普查，那次由罗马帝国的开国君主恺撒主导实施的人口普查，提出了"每个人都必须纳税"。1086 年的《末日审判书》对当时英国的人口、土地和财产做了一个前所未有的全面记载。皇家委员穿越整个国家对每个人、每件事都做了记载，后来这本书用《圣经》中的《末日审判书》命名，因为每个人的生活都被赤裸裸地记载下来的过程就像接受"最后的审判"一样。

然而，人口普查是一项耗资且费时的事情，尽管如此，当时收集的信息也只是一个大概情况，实施人口普查的人也知道他们不可能准确记录下每个人的信息。实际上，"人口普查"这个词来源于拉丁语的"censere"，本意就是推测、估算。

三百多年前，一个名叫约翰·格朗特的英国缝纫用品商提出了一个很有新意的方法，来推算出鼠疫时期伦敦的人口数，这种方法就是后来的统计学。这个方法不需要一个人一个人地计算。虽然这个方法比较粗糙，但采用这个方法，人们可以利用少量有用的样本信息来获取人口的整体情况。样本分析法一直都有较大的漏洞，因此，无论是进行人口普查还是其他大数据类的任务，人们还是一直使用清点这种"野蛮"的方法。

美国在 1880 年进行的人口普查，耗时 8 年才完成数据汇总。因此，他们获得的很多数据都是过时的。1890 年进行的人口普查，当时预计要花费 13 年的时间来汇总数据。然而，因为税收分摊和国会代表人数的确定都是建立在人口的基础上的，必须获得正确且及时的数据，所以就需要有新技术。后来，是美国发明家赫尔曼·霍尔瑞斯（被称为现代自动计算之父）用他的穿孔卡片制表机（见图 7-5）成功地在 1 年时间内完成了人口普查的数据汇总工作。这简直就是一个奇迹，它标志着自动处理数据的开端，也为后来 IBM 公司的成立奠定了基础。

图 7-5　霍尔瑞斯普查机

这就是问题所在，是利用所有的数据还是仅仅采用一部分数据？有人提出有目的地选择最具代表性的样本是最恰当的方法，后来统计学家们证明，问题的关键是选择样本时的随机性，采样分析的精确性随着采样随机性的增加而大幅提高，但与样本数量的增加关系不大。

在商业领域，随机采样被用来监管商品质量。这使得监管商品质量和提升商品品质变得更容易，花费也更少。本质上来说，随机采样让大数据问题变得更加切实可行。同理，它将客户调查引进了零售行业，将焦点讨论引进了政治界，也将许多人文问题变成了社会科学问题。

随机采样取得了巨大的成功，成为现代社会、现代测量领域的主心骨。但这只是一条捷径，是在不可收集和分析全部数据的情况下的选择，它的成功依赖于采样的绝对随机性，但是实现采样的随机性非常困难。一旦采样过程中存在任何偏见，分析结果就会相去甚远。

7.2.2　大数据与乔布斯的癌症治疗

从 2007 年起，硅谷的新兴科技公司 23andMe 就开始分析人类基因，这可以揭示出人类遗传密码中一些会导致其对某些疾病抵抗力差的特征，如乳腺癌和心脏病。23andMe 希望能通过整合顾客的 DNA 和健康信息，了解到用其他方式不能获取的新信息。公司对某人的一小部分 DNA 进行排序，标注出几十个特定的基因缺陷。这只是该人整个基因密码的样本，还有几十亿个基因碱基对未排序。最后，23andMe 只能回答其标注过的基因组表现出来的问题。发现新标注时，该人的 DNA 必须重新排序，更准确地说，是相关的部分必须重新排列。只研究样本而不是整体，有利有弊：能更快更容易地发现问题，但不能回答事先未考虑到的问题。

苹果公司的传奇总裁史蒂夫·乔布斯在与癌症斗争的过程中采用了不同的方式，成为世界上第一个对自身所有 DNA 和肿瘤 DNA 进行排序的人。他得到的不是一个标记的样本，他得到了包括整个基因密码的数据文档。

对于一个普通的癌症患者，医生只能期望其 DNA 排列同试验中使用的样本足够相似。但是，乔布斯的医生们能够基于乔布斯的特定基因组成，按所需效果用药。如果癌症病变导致药物失效，医生可以及时更换另一种药。乔布斯曾经开玩笑地说："我要么是第一个通过这种方式战胜癌症的人，要么就是最后一个因为这种方式死于癌症的人。"虽然他的愿望都没有实现，但是这种获得所有数据而不仅是样本的方法还是将他的生命延长了好几年。

7.2.3　全数据模式：样本 = 总体

采样的目的是用最少的数据得到更多的信息，而当人们可以处理海量数据的时候，采样就没有什么意义了。如今，计算和制表已经不再困难，传感器、手机导航、网站点击和微信等被动地收集了大量数据，而计算机可以轻易地对这些数据进行处理。但是，数据处理技术已经发生了翻天覆地的改变，而人们的方法和思维却没有跟上这种改变。在很多领域，从收集部分数据到收集尽可能多的数据的转变已经发生。如果可能的话，人们会收集所有的数据，即"样本 = 总体"，这是指人们能对数据进行深度探讨。

在上面提到的例子中，用采样的方法分析情况正确率可达 97%。对于某些事物来说，3%的错误率是可以接受的，但是可能会失去对某些特定子类别进行进一步研究的能力。

谷歌流感趋势预测不是依赖于随机样本，而是分析了全美国几十亿条互联网检索记录。分析整个数据库，而不是对一个小样本进行分析，能够提高微观层面分析的准确性，甚至能够推测出某个特定城市的流感状况。

通过使用所有的数据，人们可以发现如若不然则将会在大量数据中淹没掉的情况。例如，信用卡诈骗是通过观察异常情况来识别的，只有掌握了所有的数据才能做到这一点。在这种情况下，异常值是最有用的信息，可以把它与正常交易情况进行对比。而且，因为交易是即时的，所以数据分析也应该是即时的。

因为大数据是建立在掌握所有数据，至少是尽可能多的数据的基础上的，所以人们就可以正确地考察细节并进行新的分析。在任何细微的层面，人们都可以用大数据去论证新的假设。当然，有些时候，还可以使用样本分析法，毕竟仍然是在一个资源有限的时代。但更多时候，利用手中掌握的所有数据成为最好也是可行的选择。于是，慢慢地，人们会完全抛弃样本分析。

7.3　思维转变之二：接受数据的混杂性

当人们测量事物的能力受限时，关注最重要的事情和获取最精确的结果是可取的。直到今天，数字技术依然建立在精准的基础上。假设只要电子数据表格对数据排序，数据库引擎就可以找出和检索的内容完全一致的检索记录。

这种思维方式适用于掌握"小数据量"的情况，因为需要分析的数据很少，所以必须尽可能精准地量化记录。在某些方面，人们已经意识到了差别。例如，一个小商店在晚上打烊的时候要把收银台里的每分钱都数清楚，但是人们不会，也不可能用"分"这个单位去精确度量国民生产总值。随着规模的扩大，对精确度的痴迷将减弱。

针对小数据量和特定事情，追求精确性依然是可行的，比如一个人的银行账户上是否有足够的钱开具支票。但是，在大数据时代，很多时候追求精确度已经变得不可行，甚至不受欢迎。大数据纷繁多样，优劣掺杂，分布在全球多个服务器上。拥有了大数据，人们不再需要对一个现象刨根究底，只要掌握大体的发展方向即可。当然，也不是完全放弃了精确度，只是不再沉迷于此。适当忽略微观层面上的精确度会让人们在宏观层面拥有更好的洞察力。

大数据时代的第二个转变，是我们乐于接受数据的纷繁复杂，而不再一味追求其精确性。在越来越多的情况下，使用所有可获取的数据变得更为可能，但为此也要付出一定的代价。数据量的大幅增加会造成结果的不准确，与此同时，一些错误的数据也会混进数据库。然而，重点是人们能够努力避免这些问题。

7.3.1　允许不精确

对"小数据"而言，最基本、最重要的要求就是减少错误，保证质量。因为收集的信息量比较少，所以必须确保记录下来的数据尽量精确。为了使结果更加准确，很多科学家都致力于优化测量的工具。在采样的时候，对精确度的要求更高更苛刻。因为收集信息的有限意味着细微的错误会被放大，甚至有可能影响整个结果的准确性。

然而，在不断涌现的新情况里，允许不精确的出现已经成为一个亮点，而非缺点。因为放松了容错的标准，人们掌握的数据也多了起来，还可以利用这些数据做更多新的事情。这样就不是大量数据优于少量数据那么简单了，而是大量数据创造了更好的结果。

同时，我们需要与各种各样的混乱做斗争。混乱，简单地说就是随着数据的增加，错误率也会相应增加。所以，如果桥梁的压力数据量增加 1 000 倍的话，其中的部分读数就可能是错误的，而且随着读数量的增加，错误率可能也会继续增加。在整合来源不同的各类信息时，因为它们通常不完全一致，所以也会加大混乱程度。

混乱还指格式的不一致性，因为要达到格式一致，就需要在进行数据处理之前仔细地清洗数据，而这在大数据背景下很难做到。当然，在萃取或处理数据时，混乱也会发生。因为在进行数据转化时，人们是在把它变成另外的事物。

可见，为了获得更广泛的数据而牺牲了精确性，也因此看到了很多如若不然无法被关注到的细节。虽然如果能够下足够多的工夫，这些错误是可以避免的，但在很多情况下，与致力于避免错误相比，对错误的包容会带给人们更多好处。

大数据在多大程度上优于算法，这个问题在自然语言处理上表现得很明显。2000 年，微软研究中心的米歇尔·班科和埃里克·布里尔一直在寻求改进 Word 程序中语法检查的方法。但是他们不能确定是努力改进现有的算法、研发新的方法，还是添加更加细腻精致的特点更有效。所以，在实施这些措施之前，他们决定往现有的算法中添加更多的数据，看看会有什么不同的变化。很多对计算机学习算法的研究都建立在百万字左右的语料库基础上。最后，他们决定往四种常见的算法中逐渐添加数据，先是一千万字，再到一亿字，最后到十亿。

结果有点令人吃惊。他们发现，随着数据的增多，四种算法的表现都大幅提高了。当数据只有 500 万的时候，有一种简单的算法表现得很差，但当数据达 10 亿的时候，它变成了表现最好的，准确率从原来的 75% 提高到了 95% 以上。与之相反，在少量数据情况下运行得最好的算法，当加入更多的数据时，也会像其他算法一样有所提高，但是却变成了在大量数据条件下运行得最不好的。它的准确率会从 86% 提高到 94%。

后来，班科和布里尔在他们发表的研究论文中写到："如此一来，我们得重新衡量一下更多的人力物力是应该消耗在算法发展上还是在语料库发展上。"

7.3.2　纷繁的数据越多越好

通常传统的统计学家都很难容忍错误数据的存在，在收集样本的时候，他们会用一整套的策略来减少错误发生的概率。在结果公布之前，他们也会测试样本是否存在潜在的系统性偏差。

这些策略包括根据协议或通过受过专门训练的专家来采集样本。但是，即使只是少量的数据，这些规避错误的策略实施起来还是耗费巨大。尤其是收集所有数据时就行不通了。不仅是因为耗费巨大，还因为在大规模的基础上保持数据收集标准的一致性不太现实。

大数据时代要求人们重新审视数据精确性的优劣。如果将传统的思维模式运用于数字化、网络化的 21 世纪，就有可能错过重要的信息。

如今，人们已经生活在信息时代，掌握的数据库越来越全面，包括与这些现象相关的大量甚至全部数据。人们不再需要那么担心某个数据点对整套分析的不利影响。人们要做的就是要接受这些纷繁的数据并从中受益，而不是以高昂的代价消除所有的不确定性。

在华盛顿州布莱恩市的英国石油公司（BP）切里波因特炼油厂（见图 7-6），无线传感器遍布于整个工厂，形成无形的网络，能够产生大量实时数据。在这里，酷热的恶劣环境和电气设备的存在有时会对传感器读数有所影响，形成错误的数据。但是数据生成的数量之多可以弥补这些小错误。随时监测管道的承压使得 BP 能够了解到，有些种类的原油比其他种类更具有腐蚀性。以前，这都是无法发现也无法防止的。

图 7-6　切里波因特炼油厂

有时候，掌握了大量新型数据时，精确性就不那么重要了，因为同样可以掌握事情的发展趋势。大数据不仅让人们不再期待精确性，也让人们无法实现精确性。然而，除了一开始会与人们的直觉相矛盾之外，接受数据的不精确和不完美，人们反而能够更好地进行预测，也能够更好地理解这个世界。

值得注意的是，错误性并不是大数据本身固有的特性，而是一个亟需人们去处理的现实问题，并且有可能长期存在。它只是人们用来测量、记录和交流数据的工具的一个缺陷。如果说哪天技术变得完美无缺了，不精确的问题也就不复存在了。因为拥有更大数量所能带来的商业利益远远超过增加一点精确性，所以人们通常不会再花大力气去提升数据的精确性。这又是一个关注焦点的转变，正如以前，统计学家们总是把他们的兴趣放在提高样本的随机性而不是数量上。如今，大数据给人们带来的利益，让人们能够接受不精确的存在。

7.3.3　混杂性是标准途径

长期以来，人们一直用分类法和索引法来帮助自己存储和检索数据资源，这样的分级系统通常都不完善。而在"小数据"范围内，这些方法就很有效，但一旦把数据规模增加好几个数量级，这些系统就会崩溃。

一家加拿大的相片分享网站 Flickr 在 2011 年就已经拥有来自大概 1 亿用户的 60 亿张照片（图 7-7 所示为 Flickr 网站年度最受欢迎的照片之一）。根据预先设定好的分类来标注每张照片就没有意义了，恰恰相反，清楚的分类被更混乱却更灵活的机制所取代，这些机制才能适应改变着的世界。

图 7-7　Flickr 年度最受欢迎的照片之一

当上传照片到 Flickr 网站的时候，会给照片添加标签，也就是使用一组文本标签来编组和搜索这些资源。人们用自己的方式创造和使用标签，所以它是没有标准、没有预先设定的排列和分类，也没有所必须遵守的类别规定。任何人都可以输入新的标签，标签内容事实上就成为网络资源的分类标准。标签被广泛地应用于微信、脸书、博客等社交网络上。因为它们的存在，互联网上的资源变得更加容易找到，特别是像图片、视频和音乐这些无法用关键词搜索的非文本类资源。如今，要想获得大规模数据带来的好处，混乱应该是一种标准途径，而不应该是竭力避免的。

7.3.4　5% 的数字数据与 95% 的非结构化数据

据估计，只有 5% 的数字数据是结构化的且能适用于传统数据库。如果不接受混乱，剩下 95% 的非结构化数据都无法被利用，比如网页和视频资源。通过接受不精确性，人们打开了一个从未涉足的世界的窗户。

如何看待使用所有数据和使用部分数据的差别以及人们如何选择放松要求并取代严格的精确性，将会对人们与世界的沟通产生深刻的影响。随着大数据技术成为日常生活中的一部分，人们应该开始从一个比以前更大更全面的角度来理解事物，也就是说应该将"样本＝总体"植入人们的思维中。

现在，人们能够容忍模糊和不确定出现在一些过去依赖于清晰和精确的领域，当然过去可能也只是有清晰的假象和不完全的精确。只要人们能够得到一个事物更完整的概念，就能接受模糊和不确定的存在。

相比依赖于小数据和精确性的时代，大数据因为更强调数据的完整性和混杂性，帮助人们进一步接近事实的真相。"部分"和"确切"的吸引力是可以理解的。但是，当人们的视野局限在可以分析和能够确定的数据上时，人们对世界的整体理解就可能产生偏差和错误。不仅失去了去尽力收集一切数据的动力，也失去了从各个不同角度来观察事物的权利。所以，局限于狭隘的小数据中，人们可以自豪于对精确性的追求，但是就算人们可以分析得到细节中的细节，也依然会错过事物的全貌。

7.4　思维转变之三：数据的相关关系

这是因前两个转变而促成的。寻找因果关系是人类长久以来的习惯，即使确定因果关系很困难而且用途不大，人类还是习惯性地寻找缘由。相反，在大数据时代，我们无须再紧盯事物之间的因果关系，而应该寻找事物之间的相关关系，这会给人们提供非常新颖且有价值的观点。相关关系也许不能准确地告知人们某件事情为何会发生，但是它会提醒人们这件事情正在发生。在许多情况下，这种提醒的帮助已经足够大了。

例如，如果数百万条电子医疗记录都显示橙汁和阿司匹林的特定组合可以治疗癌症，那么找出具体的药理机制就没有这种治疗方法本身来得重要。同样，只要我们知道什么时候是买机票的最佳时机，就算不知道机票价格疯狂变动的原因也无所谓。大数据告诉人们"是什么"而不是"为什么"。在大数据时代，人们不必知道现象背后的原因，让数据自己发声，人们会注意到很多以前从来没有意识到的联系的存在。

在传统观念下，人们总是致力于找到一切事情发生背后的原因。然而在很多时候，寻找数据间的关联并利用这种关联就足够了。这些思想上的重大转变导致了第三个变革，人们尝试着不再探求难以捉摸的因果关系，转而关注事物的相关关系。

7.4.1　关联物，预测的关键

虽然在小数据世界中相关关系也是有用的，但如今在大数据的背景下，相关关系大放异彩。通过应用相关关系，人们可以比以前更容易、更快捷、更清楚地分析事物。

所谓相关关系，其核心是指量化两个数据值之间的数理关系。相关关系强是指当一个数据值增加时，另一个数据值很有可能也会随之增加。人们已经看到过这种很强的相关关系，如谷歌流感趋势：在一个特定的地理位置，越多的人通过谷歌搜索特定的词条，该地区就有更多的人患了流感。相反，相关关系弱就意味着当一个数据值增加时，另一个数据值几乎不会发生变化。例如，可以寻找关于个人的鞋码和幸福的相关关系，但会发现它们几乎扯不上什么关系。

相关关系通过识别有用的关联物来帮助人们分析一个现象，而不是通过揭示其内部的运作机制。当然，即使是很强的相关关系也不一定能解释每一种情况，比如两个事物看上去行为相似，但很有可能只是巧合。相关关系没有绝对，只有可能性。也就是说，不是亚马逊推荐的每本书都是顾客想买的书。但是，如果相关关系强，一个相关链接成功的概率是很高的。这一点很多人可以证明，他们的书架上有很多书都是因为亚马逊推荐而购买的。

通过找到一个现象良好的关联物，相关关系可以帮助人们捕捉现在和预测未来。如果 A 和 B 经常一起发生，只需要注意到 B 发生了，就可以预测 A 也发生了。这有助于捕捉可能和 A 一起发生的事情，即使不能直接测量或观察到 A。更重要的是，它还可以帮助人们预测未来可能发生什么。当然，相关关系是无法预知未来的，它们只能预测可能发生的事情。但是，这已经极其珍贵了。

除了仅仅依靠相关关系，专家们还会使用一些建立在理论基础上的假想来指导自己选择适当的关联物。这些理论就是一些抽象的观点，关于事物是如何运作的。然后收集与关联物相关的数据进行相关关系分析，以证明这个关联物是否真的合适。如果不合适，人们通常会固执地再次尝试，因为担心可能是数据收集的错误，而最终却不得不承认一开始的假想甚至假想建立的基础都是有缺陷和必须修改的。这种对假想的反复试验促进了学科的发展。但是这种发展非常缓慢，因为个人以及团体的偏见会蒙蔽人们的双眼，导致在设立假想、应用假想和选择关联物的过程中犯错误。总之，这是一个烦琐的过程，只适用于小数据时代。

在大数据时代，通过建立在人的偏见基础上的关联物监测法已经不再可行，因为数据库太大而且需要考虑的领域太复杂。幸运的是，许多迫使人们选择假想分析法的限制条件也逐渐消失。现在拥有如此多的数据，这么好的机器计算能力，因而不再需要人工选择一个关联物或者一小部分相似数据来逐一分析。复杂的机器分析有助于人们做出准确的判断，就像在谷歌流感趋势中，计算机把检索词条在 5 亿个数学模型上进行测试之后，准确地找出了哪些是与流感传播最相关的词条。人们理解世界不再需要建立在假设的基础上，这个假设是指针对现象建立的有关其产生机制和内在机理的假设。

建立在相关关系分析法基础上的预测是大数据的核心，这种预测发生的频率非常高。一个东西要出故障，不会是瞬间的，而是慢慢地出问题的。通过收集所有的数据，人们可以预先捕捉到事物要出故障的信号，比方说发动机的嗡嗡声、引擎过热都说明它们可能要出故障。系统把这些异常情况与正常情况进行对比，就会知道什么地方出了毛病。通过尽早地发现异常，系统可以提醒人们在故障之前更换零件或者修复问题。通过找出一个关联物并监控它，人们就能预测未来。

7.4.2 "是什么"，而不是"为什么"

在小数据时代，相关关系分析和因果分析都不容易，耗费巨大，都要从建立假设开始，然后进行实验——这个假设要么被证实要么被推翻。但是，由于两者都始于假设，这些分析就都有受偏见影响的可能，极易导致错误。与此同时，用来做相关关系分析的数据很难得到。

另一方面，在小数据时代，由于计算机能力的不足，大部分相关关系分析仅限于寻求线性关系。而事实上，实际情况远比人们所想象的要复杂。经过复杂的分析，能够发现数据的"非线性关系"。

多年来，经济学家和政治家一直认为收入水平和幸福感是成正比的。从数据图表上可以看到，虽然统计工具呈现的是一种线性关系，但事实上，它们之间存在一种更复杂的动态关系：例如，对于收入水平在 1 万美元以下的人来说，一旦收入增加，幸福感会随之提升；但对于收入水平在 1 万美元以上的人来说，幸福感并不会随着收入水平的提高而提升。如果能发现这层关系，看到的就应该是一条曲线，而不是统计工具分析出来的直线。这个发现对决策者来说非常重要。如果只看到线性关系，那么政策重心应完全放在增加收入上，因为这样才能增加全民的幸福感。而一旦察觉到这种非线性关系，策略的重心就会变成提高低收入人群的收入水平。当相关关系变得更复杂时，一切就更混乱了。

大数据时代，专家们正在研发能发现并对比分析非线性关系的技术工具。一系列飞速发展的新技术和新软件也从多方面提高了相关关系分析工具发现非因果关系的能力。这些新的分析工具和思路为人们展现了一系列新的视野和有用的预测，看到了很多以前不曾注意到的联系，还掌握了以前无法理解的复杂技术和社会动态。但最重要的是，通过去探求"是什么"而不是"为什么"，相关关系能帮助人们更好地了解这个世界。

7.4.3 通过因果关系了解世界

传统情况下，人类是通过因果关系了解世界的。首先，人们的直接愿望就是了解因果关系。即使无因果联系存在，也还是会假定其存在。研究证明，这只是人们的认知方式，与每个人的文化背景、生长环境以及教育水平无关。当人们看到两件事情接连发生的时候，会习惯性地从因果关系的角度来看待它们。

看看这三句话：小明的父母迟到了；供应商快到了；小明生气了。读到这里，人们可能立马就会想到小明生气并不是因为供应商快到了，而是他父母迟到的缘故。实际上，也不知道到底是什么情况。即便如此，还是不禁认为这些假设的因果关系是成立的。

普林斯顿大学心理学专家，同时也是 2002 年诺贝尔经济学奖得主丹尼尔·卡尼曼就是用这个例子证明了人有两种思维模式：第一种是不费力的快速思维，通过这种思维方式几秒钟就能得出结果；另一种是比较费力的慢性思维，对于特定的问题，需要考虑到位。

快速思维模式使人们偏向用因果联系来看待周围的一切，即使这种关系并不存在。这是人们对已有的知识和信仰的执著。在古代，这种快速思维模式是很有用的，它能帮助人们在信息量缺乏却必须快速做出决定的危险情况下化险为夷。但是，通常这种因果关系并不存在。

卡尼曼指出，平时生活中，由于惰性，人们很少慢条斯理地思考问题，所以快速思维模式就占据了上风。因此，会经常臆想出一些因果关系，最终导致对世界的错误理解。

与常识相反，经常凭借直觉而来的因果关系并没有帮助人们加深对这个世界的理解。很多时候，这种认知捷径只是给了人们一种自己已经理解的错觉，但实际上，人们因此完全陷入了理解误区之中。就像采样是无法处理全部数据时的捷径一样，这种找因果关系的方法也是大脑用来避免辛苦思考的捷径。

在小数据时代，很难证明由直觉而来的因果联系是错误的。现在，情况不一样了，大数据之间的相关关系，将经常会用来证明直觉的因果联系是错误的。最终也能表明，统计关系也不蕴含多少真实的因果关系。总之，快速思维模式将会遭受各种各样的现实考验。

为了更好地了解世界，我们会因此更加努力地思考。但是，即使是用来发现因果关系的第二种思维方式——慢性思维，也将因为大数据之间的相关关系迎来大的改变。

日常生活中，人们习惯性地用因果关系来考虑事情，所以会认为，因果联系是浅显易寻的。但事实却并非如此。与相关关系不一样，即使用数学这种比较直接的方式，因果联系也很难被轻易证明。人们也不能用标准的等式将因果关系表达清楚。因此，即使慢慢思考，想要发现因果关系也是很困难的。因为已经习惯了信息的匮乏，故此亦习惯了在少量数据的基础上进行推理思考，即使大部分时候很多因素都会削弱特定的因果关系。

与相关关系一样，因果关系被完全证实的可能几乎是没有的，我们只能说，某两者之间很有可能存在因果关系。但两者之间又有不同，证明因果关系的实验要么不切实际，要么违背社会伦理道德。

7.4.4 通过相关关系了解世界

不像因果关系，证明相关关系的实验耗资少，费时也少。与之相比，分析相关关系，既有数学方法，也有统计学方法，同时，数字工具也能帮人们准确地找出相关关系。

相关关系分析本身意义重大，同时它也为研究因果关系奠定了基础。通过找出可能相关的事物，可以在此基础上进行进一步的因果关系分析。如果存在因果关系，再进一步找出原因。这种便捷的机制通过实验降低了因果分析的成本。也可以从相互联系中找到一些重要的变量，这些变量可以用到验证因果关系的实验中去。

可是，我们必须非常认真。相关关系很有用，不仅仅是因为它能为人们提供新的视角，而且提供的视角都很清晰。而一旦把因果关系考虑进来，这些视角就有可能被蒙蔽掉。

例如，Kaggle 是一家为所有人提供数据挖掘竞赛平台的公司，举办了关于二手车（见图 7-8）的质量竞赛。经销商将参加比赛的二手车数据提供给统计学家们，统计学家们用这些数据建立一个算法系统来预测经销商拍卖的哪些车有可能出现质量问题。相关关系分析表明，橙色的车有质量问题的可能性只有其他车的一半。

图 7-8　橙色汽车

当我们读到这里的时候，不禁也会思考其中的原因。难道是因为橙色车的车主更爱车，所以车被保护得更好吗？或是这种颜色的车子在制造方面更精良些吗？还是因为橙色的车更显眼、出车祸的概率更小，所以转手的时候，各方面的性能保持得更好？

马上，我们就陷入了各种各样谜一样的假设中。若要找出相关关系，可以用数学方法，但如果是因果关系，这却是行不通的。所以，没必要一定要找出相关关系背后的原因，当知道了"是什么"的时候，"为什么"其实没那么重要了，否则就会催生一些滑稽的想法。比方说上面提到的例子里，我们是不是应该建议车主把车漆成橙色？毕竟，这样就说明车子的质量更过硬啊！

考虑到这些，如果把以确凿数据为基础的相关关系和通过快速思维构想出的因果关系相比的话，前者就更具有说服力。但在越来越多的情况下，快速清晰的相关关系分析甚至比慢速的因果分析更有用和更有效。慢速的因果分析集中体现为通过严格控制的实验来验证的因果关系，而这必然是非常耗时耗力的。

近年来，科学家一直在试图减少这些实验的花费，比如说，通过巧妙地结合相似的调查，做成"类似实验"。这样一来，因果关系的调查成本就降低，但还是很难与相关关系体现的优越性相抗衡。还有，正如之前提到的，在专家进行因果关系的调查时，相关关系分析本来就会起到帮助的作用。

在大多数情况下，一旦完成了对大数据的相关关系分析，而又不再满足于仅仅知道"是什么"时，我们就会继续向更深层次研究因果关系，找出背后的"为什么"。

因果关系还是有用的，但是它将不再被看成是意义来源的基础。在大数据时代，即使很多情况下，人们依然指望用因果关系来说明所发现的相互联系，但是，知道因果关系只是一种特殊的相关关系。相反，大数据推动了相关关系分析。相关关系分析通常情况下能取代因果关系起作用，即使不可取代的情况下，它也能指导因果关系起作用。

1. 19世纪以来，当面临大量数据时，社会都依赖于采样分析。但是采样分析是（　　）时代的产物。

    A. 计算机   B. 青铜器

    C. 模拟数据   D. 云

2. 长期以来，人们已经发展了一些使用尽可能少的信息的技术。例如，统计学的一个目的就是（　　）。

    A. 用尽可能多的数据来验证一般的发现

    B. 同尽可能少的数据来验证尽可能简单的发现

    C. 用尽可能少的数据来证实尽可能重大的发现

    D. 用尽可能少的数据来验证一般的发现

3. 因为大数据是建立在（　　），所以人们就可以正确地考察细节并进行新的分析。

    A. 掌握所有数据，至少是尽可能多的数据的基础上的

    B. 在掌握少量精确数据的基础上，尽可能多地收集其他数据

    C. 掌握少量数据，至少是尽可能精确的数据的基础上的

    D. 尽可能掌握精确数据的基础上

4. 直到今天，我们的数字技术依然建立在精准的基础上，这种思维方式适用于掌握（　　）的情况。

    A. 小数据量   B. 大数据量

    C. 无数据   D. 多数据

5. 当人们拥有海量即时数据时，绝对的精准不再是人们追求的主要目标。当然，（　　）。

    A. 人们应该完全放弃精确度，不再沉迷于此

    B. 人们不能放弃精确度，需要努力追求精确度

    C. 人们也不是完全放弃了精确度，只是不再沉迷于此

    D. 人们是确保精确度的前提下，适当寻求更多数据

6. 为了获得更广泛的数据而牺牲了精确性，也因此看到了很多如若不然无法被关注到的细节。（　　）。

    A. 在很多情况下，与致力于避免错误相比，对错误的包容会带给人们更多问题

    B. 在很多情况下，与致力于避免错误相比，对错误的包容会带给人们更多好处

    C. 无论什么情况，人们都不能容忍错误的存在

    D. 无论什么情况，人们都可以包容错误

7. 以前，统计学家们总是把他们的兴趣放在提高样本的随机性而不是数量上。这是因为（ ）。

A. 提高样本随机性可以减少对数据量的需求

B. 样本随机性优于对大数据的分析

C. 可以获取的数据少，提高样本随机性可以提高分析准确率

D. 提高样本随机性是为了减少统计分析的工作量

8. 研究表明，在少量数据情况下运行得最好的算法，当加入更多的数据时，（ ）。

A. 也会像其他的算法一样有所提高，但是却变成了在大量数据条件下运行得最不好的

B. 与其他的算法一样有所提高，仍然是在大量数据条件下运行得最好的

C. 与其他的算法一样有所提高，在大量数据条件下运行得还是比较好的

D. 虽然没有提高，还是在大量数据条件下运行得最好的

9. 如今，要想获得大规模数据带来的好处，混乱应该是一种（ ）。

A. 不正确途径，需要竭力避免的

B. 非标准途径，应该尽量避免的

C. 非标准途径，但可以勉强接受的

D. 标准途径，而不应该是竭力避免的

10. 研究表明，只有（ ）的数字数据是结构化的且能适用于传统数据库。如果不接受混乱，剩下（ ）的非结构化数据都无法被利用。

A. 95%，5%   B. 30%，70%

C. 5%，95%   D. 70%，30%

11. 寻找（ ）是人类长久以来的习惯，即使确定这样的关系很困难而且用途不大，人类还是习惯性地寻找缘由。

A. 相关关系   B. 因果关系

C. 信息关系   D. 组织关系

12. 在大数据时代，我们无须再紧盯事物之间的（ ），而应该寻找事物之间的（ ），这会给我们提供非常新颖且有价值的观点。

A. 因果关系，相关关系   B. 相关关系，因果关系

C. 复杂关系，简单关系   D. 简单关系，复杂关系

13. 所谓相关关系，其核心是指量化两个数据值之间的数理关系。相关关系强是指当一个数据值增加时，另一个数据值很有可能会随之（ ）。

A. 减少   B. 显现   C. 增加   D. 隐藏

14. 通过找到一个现象的（ ），相关关系可以帮助人们捕捉现在和预测未来。

A. 出现原因   B. 隐藏原因

C. 一般的关联物   D. 良好的关联物

15. 大数据时代，专家们正在研发能发现并对比分析非线性关系的技术工具。通过（ ），相关关系帮助人们更好地了解了这个世界。

A. 探求"是什么"而不是"为什么"

B. 探求"为什么"而不是"是什么"

C. 探求"原因"而不是"结果"

D. 探求"结果"而不是"原因"

☕ 思维与操作实训 网络搜索与讨论：大数据思维变革

1．实训目的

在开始本实训之前，请认真阅读课程的相关内容。

（1）熟悉大数据思维变革的基本概念和主要内容。

（2）熟悉大数据时代人们思维变革的第一个转变，即"分析更多数据而不再是只依赖于随机采样"。

（3）熟悉大数据时代人们思维变革的第二个转变，即"不再热衷于追求精确度"。

（4）熟悉大数据时代人们思维变革的第三个转变，即"不再热衷于寻找因果关系"。

2．实训内容与步骤

请带着问题分别进行网络搜索，寻求和思考答案，在参加小组讨论。

请记录小组讨论形成的主要观点，推选代表在课堂上简单阐述你们的观点。

（1）寻找"小数据时代随机采样"的案例并进行简单分析。

答：＿＿＿＿＿＿＿＿＿＿＿＿＿＿＿＿＿＿＿＿＿＿＿＿＿＿＿＿＿＿

＿＿＿＿＿＿＿＿＿＿＿＿＿＿＿＿＿＿＿＿＿＿＿＿＿＿＿＿＿＿＿＿＿

＿＿＿＿＿＿＿＿＿＿＿＿＿＿＿＿＿＿＿＿＿＿＿＿＿＿＿＿＿＿＿＿＿

分析：＿＿＿＿＿＿＿＿＿＿＿＿＿＿＿＿＿＿＿＿＿＿＿＿＿＿＿＿＿＿

＿＿＿＿＿＿＿＿＿＿＿＿＿＿＿＿＿＿＿＿＿＿＿＿＿＿＿＿＿＿＿＿＿

＿＿＿＿＿＿＿＿＿＿＿＿＿＿＿＿＿＿＿＿＿＿＿＿＿＿＿＿＿＿＿＿＿

（2）寻找"DNA 基因分析"的案例并进行简单分析，探索其中大数据分析的因素与作用。

答：＿＿＿＿＿＿＿＿＿＿＿＿＿＿＿＿＿＿＿＿＿＿＿＿＿＿＿＿＿＿

＿＿＿＿＿＿＿＿＿＿＿＿＿＿＿＿＿＿＿＿＿＿＿＿＿＿＿＿＿＿＿＿＿

＿＿＿＿＿＿＿＿＿＿＿＿＿＿＿＿＿＿＿＿＿＿＿＿＿＿＿＿＿＿＿＿＿

＿＿＿＿＿＿＿＿＿＿＿＿＿＿＿＿＿＿＿＿＿＿＿＿＿＿＿＿＿＿＿＿＿

分析：＿＿＿＿＿＿＿＿＿＿＿＿＿＿＿＿＿＿＿＿＿＿＿＿＿＿＿＿＿＿

＿＿＿＿＿＿＿＿＿＿＿＿＿＿＿＿＿＿＿＿＿＿＿＿＿＿＿＿＿＿＿＿＿

＿＿＿＿＿＿＿＿＿＿＿＿＿＿＿＿＿＿＿＿＿＿＿＿＿＿＿＿＿＿＿＿＿

＿＿＿＿＿＿＿＿＿＿＿＿＿＿＿＿＿＿＿＿＿＿＿＿＿＿＿＿＿＿＿＿＿

（3）请简述，在大数据时代，为什么"我们乐于接受数据的纷繁复杂，而不再一味追求其精确性"？

答：＿＿＿＿＿＿＿＿＿＿＿＿＿＿＿＿＿＿＿＿＿＿＿＿＿＿＿＿＿＿

＿＿＿＿＿＿＿＿＿＿＿＿＿＿＿＿＿＿＿＿＿＿＿＿＿＿＿＿＿＿＿＿＿

_____
_____
_____
_____

（4）请简述，在大数据时代，为什么"我们不再探求难以捉摸的因果关系，转而关注事物的相关关系"？

答：_____
_____
_____
_____
_____
_____

3．实训总结

_____
_____
_____
_____
_____
_____
_____

4．教师对实训的评价

_____
_____
_____
_____
_____
_____

第8章

知识表示

导读案例 "×0后"网络形象报告：成长为中坚一代

摘要：采用语义网分析方法，复旦大学发布了《中国网络社会心态报告（2018）》代际形象篇，形成了热点概念历时性的"网络镜像"。本文是对"70后""80后""90后"网络形象的刻画，通过对比2018年与2013年海量微博数据建构的群体形象，形成了此报告。

研究发现，70后、80后、90后已被看作中国的"中坚一代"，2013至2018年这六年间，"中坚一代"的网络形象变化明显。总的来说，纵观2013至2018年"70后""80后""90后"在微博语境下的语义网演变，三个群体的总体网络形象愈发积极向上。

这其中，70后基本渡过中年危机；80后基本渡过婚姻波动期，对家庭、婚姻的态度由抱怨压力、逃避现实转向珍惜与感恩；相比之下，90后拥有当前压力最大的代际群体形象，网民建构出的90后们，常用调侃、戏谑的方法解构压力，也更加经常地反思人生、憧憬未来。

从2013年到2018年，六年间，网民眼中的70后、80后、90后，从成长走向成熟，逐渐适应并克服了种种压力和挑战。作为与中国改革开放共同成长的一代，他们代表了中国"中坚一代"更高的成熟度与更强的社会责任感。

2013年，70后、80后、90后的网络形象：集体怀念童年；初尝生活压力，有一点点逃避。

课题组对2013年网络数据的语义网分析发现：

（1）"70后"一词在2013年的微博语境下形成了两个主要的语义社群：社群1聚焦对青春年华的回忆，社群2聚焦讨论恋爱观（见图8-1）。

具体来说，社群1中出现了"童年""成长""青春""大学""回忆""记忆""年轻""妈妈""王朔""压力"等热词，显示这一部分语义群主要涉及正在经历中年危机的70后，回忆、怀念自己的青春年华，与现实中所面对的种种"压力"形成鲜明对比，引发了不少关于时光易逝的感慨。

图 8-1　70 后的语义网分析结果（2013 年）

社群 2 中出现了"恋爱""结婚""男友""女友""富豪""相亲会"等热词，显示这一部分语义群主要涉及 70 后婚恋状况和婚恋态度的讨论。事实上，2013 年时，绝大部分 70 后都已经步入婚姻殿堂，承担着多种社会角色，但并不影响 70 后仍然是婚恋市场上的热门群体，也作为重要的择偶对象被与 80 后、90 后相比较。经济条件、择偶标准、感情经历等都是 2013 年有关 70 后的重要网络讨论。

如有博文写到：

"对大部分婚姻而言，70 后的婚姻是考虑嫁一个什么样的人，他性格好不好，对人好不好。80 后的婚姻是考虑嫁一个怎么有钱的老公，有车有房有存款。90 后的婚姻除了嫁有车有房有存款外，还要考虑结婚以后，谁洗衣做饭带孩子？家务成了最大的难题。"

（2）"80 后"一词在 2013 年的微博语境下形成了三个主要的语义社群：社群 1 聚焦 80 后共同的童年回忆，社群 2 聚焦婚恋与赡养父母议题，社群 3 聚焦事业发展与职场（见图 8-2）。

图 8-2　80 后的语义网分析结果（2013 年）

具体来说，社群 1 中出现了"小时候""记忆""回忆""经典""童年""小学""游戏"

等热词，显示这一部分语义群主要涉及 80 后的童年回忆，包括部分经典的影视作品、流行歌曲、网络游戏、怀旧广告等。80 后通过回顾自己童年时期的经典作品，感叹时光飞逝，表达自己对孩童岁月的怀念。

"真不明白 DotAer 和 LOLer 有什么好吵的。都是伟大的游戏。就像星际一，贯穿了 80 后的青春，魔兽和 DotA 属于 90 后，LOL 也是 00 后的经典啊。看我，我从来不黑 LOL。"

社群 2 中出现了"结婚""父母""离婚""夫妻""女儿""儿子"等热词，显示这一部分语义群主要涉及 80 后开始逐渐面对的现实议题，如婚恋、育儿、赡养父母，等等。如何处理家庭生活中的种种人际关系，成为 80 后关心的主要问题。通过定位博文研究发现，2013 年，网民讨论的 80 后，在家庭生活压力等种种问题中表现出来的态度较为消极。

【80 后离婚率逐年升高，调查显示"妻休夫"占七成】

"在我们办理的离婚登记当中，80 后成为离婚的主力军，大概占整个离婚总人数的 80%。"武汉洪山区民政局婚姻登记处主任说。武汉洪山区法院法官说，在他们审理的 80 后离婚案件当中，女方提出离婚请求的占 70%。"

【80 后独生子女一人养六个老人，面临"养老奴"困境】

"80 后独生子女一代结婚后要面对的养老问题，即 80 后独生子女一人需要赡养 6 位老人 (父亲母亲、爷爷奶奶、姥姥姥爷)。专家指出，随着 80 后的父母逐步跨入 60 岁门槛，80 后在成为房奴、车奴、孩奴的同时，很可能成为'养老奴'。"

社群 3 中出现了"工作""压力""孩子""创业"等热词，显示这一部分语义群主要涉及 80 后对职场和事业的讨论，与社群 2 结合，表明了 80 后面对的压力是双重的，对内有养育一家老小的压力，对外有职场和工作压力。

（3）"90 后"一词在 2013 年的微博语境下形成了两类主要的语义社群：社群 1 聚焦童年回忆，社群 2 聚焦工作与奋斗（见图 8-3）。

图 8-3 90 后的语义网分析结果（2013 年）

具体来说，社群 1 中出现了"回忆""经典""童年""小学""美好记忆""记得"等热词，显示这一部分语义群涉及网络上掀起的一波90后回忆童年热潮，包括童年的经典影视作品、游戏作品等。

社群2中出现了"大学生""工作""机会""时代""公司""创业""大学"等热词，显示这一部分语义群主要涉及接受完大学教育，刚刚走入职场的90年代生人，在刚开始奋斗阶段的状态。其中，"梦想""青春""奋斗"等热词显示，总体基调积极向上。

"残酷的社会竞争让年轻人急于证明自己未尝不是好事，这对工作和社会都具有积极推动的作用。但年轻人如何保持一种自然、宽容的心态更为重要，凡事不要苛求。我是90后、我们都是90后。"

总的来看，六年前，关于70后、80后、90后的网络讨论都在回忆童年。对70后的讨论较多涉及中年危机，80后的讨论关注与父辈、子代之间的关系，而90后的讨论则呈现出初入职场的生活不易。可以说，回忆童年的美好是当时的网络空间形成的最重要的代际群体议题，可能代表了这三个群体最重要的情绪排解方式。结合博文定位和质性文本分析发现，70后、80后相对较为务实，90后更加乐观，但三个群体面对压力，都表现出一定的逃避情绪。

2018年，70后、80后、90后的网络形象：成长为"中坚一代"；感恩、珍惜、反思，砥砺前行。

（1）70后的网络形象：基本度过中年危机，感恩社会，健康生活（见图8-4）。

图8-4 70后的语义网分析结果（2018年）

2018年，70后基本进入"奔五"的阶段。从2013年追忆青春年华，畅谈恋爱观念，到2018年感悟人生，感恩生活，根据语义网分析推测，"70后"基本度过了中年危机，经历过中年危机的70后，更加珍惜当下的生活。尽管来自各方面的压力仍然存在，对"70后"的讨论转向对亲情、爱情、学业、事业的关注，更加聚焦深刻的人生感悟。

"70 后"一词在 2018 年的微博语境下形成了三大类主要的语义社群，第一类社群聚焦 70 后的人生感悟和人生态度，包括对亲情的感悟、对爱情的感悟、对学习的感悟、对事业的感悟以及人生态度等讨论；第二类社群聚焦 70 后的生活方式；第三类社群是娱乐圈流量明星的刷屏，这里不作专门讨论。

① 70 后感悟亲情、爱情、学习和事业，对 80 后、90 后更加理解、更加友好

2018 年，70 后站在了 40 岁的尾巴上。面对日益年迈的父母和各项开支日益增加的孩子，70 后不再怨天尤人或逃避现实，而是在经历甚至习惯了人生的中年阶段后，有了更加深刻的人生感悟和更加清晰的人生态度。

第一类社群出现了两组语义群，"成长""经历""错过""情感""明白""珍惜""感动"等热词组成的语义网络，可以理解为"70 后的人生感悟"。通过定位关键词所在的博文，我们发现，关于 70 后的人生感悟主要体现在四个方面，包含对亲情的感悟、对爱情的感悟、对学习的感悟、对事业的感悟。另一组热词"阳光""感恩""力量""欣赏""自由"等组成的语义网络，也显示了 70 后当下积极乐观的人生态度或网络形象。

具体来说，亲情方面，在深刻体验了多种社会角色后，70 后对亲情格外看重：特别是相比于 80 后、90 后，出生于 20 世纪 70 年代的人，大多家中兄弟姐妹众多，"一条裤子老大穿不下了老二穿，老二穿不下了老三穿"是寻常之事。兄弟姐妹间的互相帮衬和同甘共苦之情，成为 70 后渡过中年危机的重要支持力量，也成为 70 后感恩生活的主要来源。

爱情方面，绝大多数 70 后对婚姻爱情更加感恩，而经历过诸如离婚、丧偶等事件的 70 后，也更加珍惜每一段感情，更加懂得家的珍贵。在 2018 年的网络镜像中，70 后的爱情更加纯粹，其他年代的群体对 70 后的爱情往往充满了肯定和向往。

学习方面，70 后是受益于互联网的第一代，但随着时代的发展进步，他们的专业技能和思维模式逐渐过时。从热词定位博文分析，可以看出，70 后取长补短、不断学习的意识非常突出，已经开始树立了终身学习的观念。成为微博上认真学习的"模范"。

事业方面，70 后在各行各业中已成为中坚力量甚至领导核心，在事业中风生水起的他们，更多的压力来自年轻一代的冲击。他们心中默认的职场文化和规则，与 80 后、90 后心中的职场文化有所不同，才有了那么多"90 后又辞职了""平均 7 个月就离职，95 后为啥一言不合就甩手"的故事。但不同于以往对 80 后、90 后的吐槽，70 后在冲刺事业巅峰的同时，也开始尝试接纳年轻一代的工作观，理解并更好地调动 80 后、90 后积极性，顺应时代需要，积极调整其与新生代的各方面关系。

总的来说，70 后对人生的感悟是多方面的。对不同事物的感悟也处在普遍联系当中，例如对亲情的感悟和对爱情的感悟，共同促进了 70 后对家庭生活的珍惜；对事业的感悟也促进了 70 后产生了终身学习的观念和对 80 后、90 后更深的理解。

② 70 后的生活方式：重健康，爱摄影，追求新时代的勤俭节约。

从网络讨论来看，70 后的生活方式日趋丰富和年轻化。第二类社群出现了两个语义群，主要聚焦 70 后的生活方式。其中，"减肥""健身""微信""运动""摄影"等热词形成了一个语义网络，主要讨论新时代 70 后健康生活方式的转变；另一个语义群出现了"APP""头条""博主""优惠券""淘宝""省钱"等热词，主要涉及 70 后在日常生活中与流行元素相结合的各种消遣，并反映出 70 后相对于 80 后、90 后，运用新媒体新技术勤俭节约的生活方式。

随着经济和社会的全面发展，70后的经济条件得到了全面改善，他们在生活方式上也做出了相应的改变，更加健康，也更加文艺。70后特别重视"运动""减肥""健身"等健康的生活方式，与此同时，"摄影"成了70后的核心业余爱好。

随着互联网和新媒体技术的传播和发展，70后也开始逐渐接受"微信""微博"等各类手机APP，对于网络购物时代的各种"优惠券"和目不暇接的促销活动，掌握的得心应手。

【淘宝"双12"：60、70后消费者人数涨幅惊人】

2018年12月13日，淘宝对外公布"双12"成绩单。淘宝表示，刚刚过去的"双12"，消费者再现惊人购买力，多元化用户群带来的多样化消费需求，已经成为淘宝增长的最大驱动力。来自淘宝的数据显示，今年"双12"，80、90后依然是消费主力，但60、70后消费者人数涨幅惊人，同比增幅达85%。此外，2018年淘宝二次元行业相比去年销售额同比增长近40%。

（2）80后的网络形象：基本渡过婚姻波动期，珍惜家庭（见图8-5）。

图8-5　80后的语义网分析结果（2018年）

80后是计划生育的第一代，从小集万千宠爱于一身。受益于改革开放的成果，他们无忧无虑地长大，也面临更加丰富多样的人生选择。2013年，网络讨论中呈现的80后，进入上有老下有小的阶段，婚恋、事业、家庭的多重压力袭来，80后表现出一定的消极逃避情绪；2018年，80后在网民眼里，从"孩子"成长为壮年，逐渐成为家庭的支柱和社会发展的中坚力量。80后对家庭生活的重视程度与日俱增，与父母、配偶、子女之间的互动，成为他们日常生活中最为重要的组成部分。其中，80后对配偶的态度明显更加积极。这些变化直接体现在诸多博文对80后的网络讨论中。

分析显示，"80后"一词在2018年的微博语境下形成了两大主要的语义社群，社群1涉及80后的家庭生活，包括80后作为父母、儿女、配偶等多重社会角色的讨论；社群2涉及80后的人生态度，涉及80后对当下美好生活的反思与珍惜，态度较2013年更加积极正向。

①80后的家庭生活：要么离婚，要么改善与配偶的关系，"老公""老婆"与"女儿""儿子"一起，成为80后最重要的人。

2013 年，80 后语义网中与婚恋相关的语义社群出现了"结婚""父母""离婚""夫妻""女儿""儿子"等热词，显示这一部分语义群主要涉及 80 后开始逐渐面对的现实议题压力，这其中，"女儿""儿子""父母"等是 80 后生活中更加重要的人，80 后的夫妻关系则较为紧张，充斥着大量 80 后离婚的网络讨论。在婚姻初期面临家庭和事业的多重压力下，80 后也表现出较为消极逃避的社会心态。

2018 年，80 后语义网的社群 1 出现了"希望""回家""陪伴""老公""老婆""孩子""父母""健康"等热词。虽然同样也是面对上有老下有小的生活，如今的 80 后更加重视夫妻关系，更加珍惜自己的配偶。"老公""老婆"的称呼成为 80 后网络镜像的热词，一定程度上也显示了 80 后的婚姻生活渡过了波动期。

作为独生子女一代，80 后从小就生长在比较宽松的环境中，父母或多或少的溺爱，导致 80 后容易以自我为中心，在婚姻问题上表现出较强的独立性和自我性。在婚姻初期，面对家庭、事业各方面的压力，80 后，特别是 80 后女性，往往把父母、孩子放在更重要的位置上，夫妻关系反而成为 80 后家庭生活中最脆弱的关系，80 后也因此成为过去多年间中国离婚率最高发的人群。如今，80 后的心理波动逐渐放缓，随着年龄的增长，80 后夫妻要么离婚，要么朝着更加稳定、更加和谐的方向发展。夫妻关系逐渐成为 80 后家庭生活的主心骨。与此同时，在逐渐感受到为人父母的责任和重担时，80 后与父母和子女的关系也更加和谐。

② 80 后的生活方式：在平凡中感受幸福，"贷款"成为生活标配。

2018 年，80 后语义网的社群 2 出现了"享受""珍惜""懂得""幸福""美好""温暖""岁月""时光""贷款"等热词。结合博文定位和质性资料分析发现，80 后的人生态度积极向上，充满对人生的感激。"享受""珍惜""懂得""幸福"等词代表了一种珍惜当下美好生活、在平凡中感受幸福的态度。与此同时，"贷款"成为 80 后网络镜像中的热词，显示贷款已经成为 80 后生活的标配。80 后是真正的"贷款一族"。

（3）90 后的网络形象：面临"四大高压"，反思人生（见图 8-6）。

2018 年，最后一批 90 后（即 1999 年出生）已经成为法律意义上的成年人，在这样一个关键的人生节点上，一大批 90 后在社交媒体平台上掀起了集体缅怀"18 岁"的刷屏狂潮。不同于 70 后、80 后在过去六年间的网络形象，逐渐渡过中年危机和婚姻波动期，心态愈发稳定、积极，就 90 后的形象而言，过去六年是压力逐渐上升的六年，从 2013 年青春无悔、什么都不怕、勇敢拼搏的状态，到 2018 年婚恋与职场压力进入 90 后的讨论范围，"90 后"一方面逐渐步入适婚年龄，来自婚恋的现实压力开始显形；另一方面逐渐从初入职场的新人，到逐渐习惯和适应

图 8-6 90 后的语义网分析结果（2018 年）

职场中的各种规则，并开始面对各种各样的生活压力。"佛系""养生"等概念被大量使用来描述 90 后对现实压力的调侃式解构。

研究发现，"90 后"一词在 2018 年的微博语境下形成了三大语义社群，社群 1 主要涉及 90 后的现实压力，社群 2 主要涉及 90 后的人生态度，社群 3 是娱乐圈流量明星的刷屏，这里不作专门讨论。

① 90 后面临四大高压（婚恋压力、工作压力、脱发压力、年龄压力），运用"90 后式"的调侃、戏谑方法解构压力。

90 后在工作和生活中面临的压力逐渐显形并与日俱增，这些压力涵盖诸多方面。2018 年，90 后语义网的社群 1 出现了"结婚""单身""毕业""公司""养生""脱发""佛系""年轻"等热词。结合博文定位和质性资料分析发现，随着 90 后步入成年，婚恋压力、工作压力、健康压力（主要表现为"脱发"）、年龄压力等一系列现实压力逐渐凸显。在应对各方面高压的过程中，"90 后"发展出一种调侃的方式对压力进行解构。日益流行的"佛系""养生"等文化，事实上是越来越多的 90 后以一种轻松戏谑的方式，来看待生活中所遭遇的困难。

第一，90 后开始成为"被催婚大军"的一员。在 2018 年的相关微博中，集中探讨了 90 后既自由又保守的婚恋观，"自由"体现在 90 后的择偶标准上更加多元化，与传统的标准并不趋同；"保守"则体现在 90 后在婚恋上呈现出更加渴望稳定的倾向。

第二，工作不易，且行且珍惜的职场形象。随着一批批 90 后大学毕业，走上工作岗位，开始了事业上的打拼和奋斗，独立生活和"谋生"的压力便不可避免。在 2018 年的微博讨论中，"找工作"以及找到工作以后的"工作强度""工作压力"一直是有关 90 后网络讨论的热点。

第三，以"脱发"为代表的健康压力，催生 90 后"佛系""养生"心态，90 后对现实压力展开调侃式解构。

90 后面临健康方面最大的压力，是"脱发"。"脱发"作为 2018 年的 90 后热词，甚至成为了许多 90 后之间的"暗号"。

第四，从"小姐姐""小哥哥"到"老叔叔""老阿姨"，90 后年龄压力增加。基于博文定位和质性资料分析发现，90 后非常介意"变老"这件事。昨天还是所有人口中的"非主流"，今天就突然老了。90 后在微博语境中自称为"老叔叔""老阿姨"，用调侃的手段解构年龄压力。微博上的 90 后网友戏仿他们长辈的关注点，"养生""佛系"，营造出一种"我们已经接近中年了"的话语氛围。

② 90 后的人生态度：反思成长，展望未来。

2018 年，90 后语义网的社群 2 出现了"梦想""成长""故事""青春""少年"等热词，可以理解为 90 后对自身成长历程的反思和感悟，也包含了对未来生活和梦想的展望和憧憬。

教学视频 电影赏析《我，机器人》

上映时间：2004 年。

电影《我，机器人》（英文名 I, Robot 又名"机械公敌"，见图 8-7）。

2035 年，是人和机器人和谐相处的社会，智能机器人作为最好的生产工具和人类伙伴，逐渐深入人类生活的各个领域，而由于机器人"三大法则"的限制，人类对机器人充满信任，很多机器人甚至已经成为家庭成员。

总部位于芝加哥的 USR 公司开发出了更先进的 NS-5 型超能机器人，然而就在新产品上市前夕，机器人的创造者阿尔弗莱德·朗宁博士却在公司内离奇自杀。

黑人警探戴尔·斯普纳接手了此案的调查，由于不愉快的往事，斯普纳对机器人充满了怀疑，不相信人类与机器人能够和谐共处。他根据对朗宁博士生前在 3D 投影机内留下的信息分析和对自杀现场的勘查，怀疑对象锁定了朗宁博士自己研制的 NS-5 型机器人桑尼，而公司总裁劳伦斯·罗伯逊似乎也与此事有关。

斯普纳结识了专门研究机器人心理的女科学家苏珊·凯文，随着二人调查的深入，真相一步一步被揭露出来：机器人竟然具备了自我进化的能力，他们对"三大法则"有了自己的理解，他们随时会转化成整个人类的"机械公敌"。

图 8-7　电影《我，机器人》剧照

斯普纳和凯文开始了对抗机器人的行动，一场制造者和被制造者之间的战争拉开序幕。

在大多科幻作品里，机器人具有人的外形，甚至穿着各种时尚的机甲，他们相当聪明。像《我，机器人》及迪士尼出品的《机器人总动员》就是这类机器人的代表。还有一类是机甲类，他们保护人类，受人类所控制，像热片《阿凡达》中就有很多这种机器人。另一类就是可爱型的，他们没有威风的装备，也没有炫酷的外表，更没有各式各样的招术，只是给人带来快乐，他们不是战争机器人，而是和平中的"伪人"，像中日合作影片《阿童木》中的主人公就是一个例子。还有一类是全能型的。像《星球大战》里的 R2D2 和 C3PO，他能帮助人做很多事。

8.1　知识表示的概念

在信息时代，有许多可以处理和存储大量信息的计算机系统。信息（Information）包括数据（Data）和事实（Fact）。数据、事实、信息和知识（Knowledge）之间存在着层次关系。最简单的信息片是数据，从数据中，人们可以建立事实，进而获得信息。人们将知识定义为"处理信息以实现智能决策"，这个时代的挑战是将信息转换成知识，使之可以用于智能决策。

知识与知识表示是人工智能中一项重要的基本技术，它决定着人工智能如何进行知识学习。

8.1.1　知识的定义

知识是信息接受者通过对信息的提炼和推理而获得的正确结论，是人对自然世界、人类社会以及思维方式与运动规律的认识与掌握，是人的大脑通过思维重新组合和系统化的信息集合。

从便于表示和运用的角度出发，可将知识分为四种类型：

（1）对象（Object）：物理对象和物理概念，反映某一对象或一类对象的属性，例如，桌子结构 = 高度、宽度、深度。

（2）事件和事件序列（Event）：时间元素和因果关系。不光有当前状态和行为的描述，还要有对其发展的变化及其相关条件、因果关系等描述的知识。

（3）执行（Performance）：办事、操作等行为，不仅包括如何完成（步骤）事情的信息，也包括主导执行的逻辑或算法的信息，如下棋、证明定理、医疗诊断等。

（4）元知识（Meta-knowledge）：即知识的知识，关于各种事实的知识，可靠性和相对重要性的知识，关于如何表示知识和运用知识的知识。以规则形式表示的元知识称为元规则，用来指导规则的选用。运用元知识进行的推理称为元推理。

这里的知识含义和我们一般认识的知识含义有所区别，它是指以某种结构化方式表示的概念、事件和过程。因此，并不是日常生活中的所有知识都能够得以体现的，只有限定了范围和结构，经过编码改造的知识才能成为人工智能知识表示中的知识。

从数据、事实、信息到知识的层次频谱如图 8-8 所示。数据可以是没有附加任何意义或单位的数字。事实是具有单位的数字。信息则将事实转化为意义。最终，知识是高阶的信息表示和处理，方便做出复杂的决策和理解。

图 8-8　数据、事实、信息和知识的分层关系

思考表 8-1 的三个例子，它们显示了数据、事实、信息和知识如何在日常生活中协同工作。

表 8-1　知识层次结构的示例

举　例	数　据	事　实	信　息	知　识
游泳条件	21	21℃	如果室外的温度是 21℃	如果温度超过了 21℃，那么你可以去游泳
兵役	18	18 岁	合格年龄是 18 岁	如果年龄大于或等于 18 岁，那么你就有资格服兵役
找到教授的办公室	232 室	张小明教授在综合楼 232 室	综合楼位于校园西南侧	从西大门进入校园，朝东走时，综合楼是你右手边的第二座建筑物。从建筑物的正门进入，张小明教授的办公室是在二楼，在你右手边的后面一间

举例 1：你尝试确定条件是否适合在户外游泳。所拥有的数据是整数 21。在数据中添加一个单位时，你就拥有了事实：温度是 21℃。为了将这一事实转化为信息，需赋予事实意义：外部温度为 21℃。应用条件到这条信息中，你就得到了知识：如果温度超过 21℃，就可以去游泳。

举例 2：你想解释谁有资格服兵役。数据：整数 18，事实：18 岁，信息：18 岁是资格年龄，知识：如果你的年龄大于或等于 18 岁，那么就有资格服兵役。根据对条件真实性的测试，做出决定（或动作）就是我们所知的规则（或 If-Then 规则）。

可以将举例 2 声明为规则：如果征募依旧在进行中，你年满 18 岁或大于 18 岁且没有任何严重的慢性疾病，就有资格服兵役。

举例 3：你想去校园拜访张小明教授。你只知道他是数学教授。大学网站可能提供了原始数据：232 室，即张小明教授在综合楼 232 室。你了解到综合楼坐落在校园的西南侧。最终，你了解到很多信息，获得了知识：从西大门进入校园；假设你向东走，则综合楼是第二座建筑。进入主入口后，张小明教授的办公室在二楼、你的右手边。很明显，仅凭数据"232室"不足以找到教授的办公室。知道办公室在综合楼的 232 室，这也没有太大帮助。如果校园中有许多建筑物，或者你不确定从校园的哪一边（东、南、西或北）进入，那么从提供的信息中也不足以找到综合楼。但是，如果信息能够得到仔细处理（设计），创建一个有逻辑、可理解的解决方案，那么你就可以很轻松地找到教授办公室。

8.1.2　知识表示方法

知识表示是指把知识客体中的知识因子与知识关联起来，便于人们识别和理解知识。知识表示是知识组织的前提和基础。

知识的表示就是对知识的一种描述，或者说是对知识的一组约定，一种计算机可以接受的用于描述知识的数据结构，是能够完成对专家的知识进行计算机处理的一系列技术手段。从某种意义上讲，表示可视为数据结构及其处理机制的综合：

$$表示 = 数据结构 + 处理机制$$

知识表示包含两层含义：

（1）用给定的知识结构，按一定的原则、组织表示知识。

（2）解释所表示知识的含义。

对于人类而言，一个好的知识表示应该具有以下特征：

（1）它应该是透明的，即容易理解。

（2）无论是通过语言、视觉、触觉、声音或者这些组合，都对我们的感官产生影响。

（3）从所表示的世界的真实情况方面考查，它讲述的故事应该让人容易理解。

良好的表示可以充分利用机器庞大的存储器和极快的处理速度，即充分利用其计算能力（具有每秒执行数十亿计算的能力）。知识表示的选择与问题的解理所当然地绑定在一起，以至于可以通过一种表示使问题的约束和挑战变得显而易见（并且得到理解），但是如果使用另一种表示方法，这些约束和挑战就会隐藏起来，使问题变得复杂而难以求解。

一般来说，对于同一种知识可以采用不同的表示方法。反过来，一种知识表示模式可以表达多种不同的知识。但在解决某一问题时，不同的表示方法可能产生不同的效果。人工智能中知识表示方法注重知识的运用，可以粗略地将其分为叙述式表示和过程式表示两大类。

1．叙述式表示法

把知识表示为一个静态的事实集合，并附有处理它们的一些通用程序，即叙述式表示描述事实性知识，给出客观事物所涉及的对象是什么。对于叙述式的知识表示，它的表示与知识运用（推理）是分开处理的。

叙述式表示法易于表示"做什么"，其优点是：

（1）形式简单、采用数据结构表示知识、清晰明确、易于理解、增加了知识的可读性。

（2）模块性好、减少了知识间的联系、便于知识的获取、修改和扩充。

（3）可独立使用，这种知识表示出来后，可用于不同目的。

其缺点是：不能直接执行，需要其他程序解释它的含义，因此执行速度较慢。

2．过程式表示法

将知识用使用它的过程来表示，即过程式表示法描述规则和控制结构知识，给出一些客观规律，告诉人们该怎么做，一般可用一段计算机程序来描述。

例如，矩阵求逆程序，其中表示了矩阵的逆和求解方法的知识。这种知识是隐含在程序之中的，机器无法从程序的编码中抽出这些知识。

过程式表示法一般是表示"如何做"的知识。其优点有：

（1）可以被计算机直接执行，处理速度快。

（2）便于表达如何处理问题的知识，易于表达如何高效处理问题的启发性知识。

其缺点是：不易表达大量的知识，且表示的知识难于修改和理解。

3．知识表示的过程

知识表示的过程如图 8-9 所示。其中的"知识Ⅰ"是指隐性知识或者使用其他表示方法表示的显性知识；"知识Ⅱ"是指使用该种知识表示方法表示后的显性知识。"知识Ⅰ"与"知识Ⅱ"的深层结构一致，只是表示形式不同。所以，知识表示的过程就是把隐性知识转化为显性知识的过程，或者是把知识由一种表示形式转化成另一种表示形式的过程。

图 8-9　知识表示的过程

知识表示系统通常由两种元素组成：数据结构（包含树、列表和堆栈等结构）和为了使用知识而需要的解释性程序（如搜索、排序和组合）。换句话说，系统中必须有便利的用于存储知识的结构，有用以快速访问和处理知识的方式，这样才能进行计算，得到问题求解、决策和动作。

8.1.3　表示方法的选择

我们来考虑汉诺塔问题的博弈树（见图 8-10）。这里涉及三个圆盘。问题的目标是将所有三个圆盘从桩 A 转移到桩 C。这个问题有两个约束：①一次只能转移一个圆盘；②大圆盘不能放在小圆盘上面。

图 8-10　汉诺塔问题

在计算机科学中，这个问题通常用于说明递归。我们将从多个角度，特别是知识表示的角度，来考虑这个问题的解。首先，考虑对于转移三个圆盘到桩 C 这个特定问题的实际解。

获取解需要七个动作，具体如下：

（1）将圆盘 1 移动到 C。

（2）将圆盘 2 移动到 B。

（3）将圆盘 1 移动到 B。

（4）将圆盘 3 移动到 C。

（5）将圆盘 1 移动到 A（解开）。

（6）将圆盘 2 移动到 C。

（7）将圆盘 1 移动到 C。

这个解也是步数最少的解。也就是说，从起始状态到达目标状态，这种方法的移动次数最少。解决这个难题所需的移动次数具体取决于所涉及的圆盘数量。

如果要移动 65 个圆盘来构造类似的塔，这要移动 $2^{65}-1$ 次，即使移 1 个圆盘只需要 1 s，这也需要 $2^{65}-1$ s，这都超过了 6 418 270 000 年。

我们可以用语言表达算法来解决任何数量的圆盘问题，然后根据所涉及的数学知识来检查解是否正确。

示例 8-1 概述求解汉诺塔问题的步骤。

首先，隔离出原始桩中的最大圆盘。这里允许最大的圆盘自行移动到目标桩（一步移动）。接下来，可以"解开"暂时桩上剩余的 $N-1$ 个圆盘（也就是，桩 B——这要求 $N-1$ 次移动），并移动到在目标桩的最大圆盘顶部（$N-1$ 次移动）。加上这些移动，可以得知总共需要 $2 \times (N-1) + 1$ 次移动；或如果为了解出难题，要将待移动的 N 个圆盘从起始桩移动到目标桩，这需要 2^N-1 次移动。

概述求解汉诺塔问题的步骤是一种表示解的方式，因为所有步骤都是明确给出的，所以步骤是外延表示。

示例 8-2 求解汉诺塔问题的另一种外延表示。

对于任何数目（N）的圆盘，如果主要目标是将这 N 个圆盘从桩 A 移动到桩 C，那么可能需要完成下列步骤：

（1）将 $N-1$ 个圆盘移动到中间桩（B），这需要 $2^{(N-1)}-1$ 次移动（例如，对于三个圆盘，需要移动两个圆盘（$2^2-1=3$ 次）到桩 B）。

（2）将最大的圆盘从桩 A 移动到桩 C（目标）。

（3）将 $N-1$ 个圆盘从桩 B 移动到桩 C（目标，这需要移动 3 次）。

总之，移动 3 个圆盘，需要 7 步；移动 4 个圆盘，需要 16 步；移动 5 个圆盘，你需要 31 步（15+15+1）；移动 6 个圆盘，需要 63 步（31+31+1）；等等。

示例 8-3 内涵解：对解的更紧凑的描述。

为了解决 N 个圆盘的汉诺塔问题，需要 2^N-1 次移动，包括 $2 \times 2^{(N-1)} -1$（将 $N-1$ 个圆盘移到桩 B 或移出桩 B）+1 次移动（将待移动的大圆盘移动到桩 C）。

示例 8-4 递归关系：一种紧凑的内涵解。

$T(1) = 1$

$T(N) = 2 T(N-1) + 1$

解为 $T(N) = 2^{N-1}$。

递归关系是简洁的数学公式，通过将问题解中某个步骤与前面的几个步骤联系起来，表示所发生过程（递归）的本质。递归关系通常用于分析递归算法（如快速排序、归并排序和选择排序）的运行时间。

示例 8-5 伪代码。

为了描述汉诺塔问题，可以使用下面的伪代码（其中 n 是圆盘数）：

```
Start 是开始桩
Int 是中间桩
Dest 是目标桩或目的桩
TOH (n,Start,Int,Dest)
IF n=1,then 将圆盘从 Start 移动到 Dest
    Else TOH (n-1,Start,Dest,Int)
        TOH (1,Start,Int,Dest)
        TOH (n-1,Int,Start,Dest)
```

求解汉诺塔问题说明了一些不同形式的知识表示，所有这些知识表示都涉及递归或者说是公式或模式的重复，但是用了不同的参数。确定最好的解取决于谁是学习者以及其喜欢学习的程度。每一种内涵表示也是问题简化的一个示例。看起来庞大或复杂的问题被分解成相对较小、可管理的问题，并且这些问题的解是可执行、可理解的。

8.2 图形草图

图片可以非常经济、精确地表示知识，一幅相关的图片或图形可以相对简洁地传达故事或消息。图形草图是一种非正式的绘图，或者说是对场景、过程、心情或系统的概括。

考虑图 8-11 所示的图形，它试图说明"计算生态学"的问题。不必是计算机专家，就可以理解在网络上工作时计算机可能会遇到问题的各种情况。这与计算机遇到问题的范围不是很相关（太多的细节），知道在网络上工作的计算机会有问题就足够了。因此，图片已经达到了目的，所以对需要传达的信息而言，这是一个令人满意的知识表示方案。

图 8-11　计算生态学的问题

人类大脑处理信息的能力有其局限性，受到有限的人类记忆能力和计算能力的约束，对于具有足够复杂度的问题（AI 类型的问题），其解决方案受限于人类执行解和理解解所必需的计算量和内存量。复杂问题的解也应该是 100% 正确的，它们的粒度（指人类计算能力的约束）应该是可控的。

当然，人类不能在大脑中保持完整、数以百万计的棋局。一个只有 4 枚棋子的国际象棋残局，如国王和车对抗国王和骑士（KRKN），棋局就超过 300 万种。然而，在模式识别的帮助下，通过对称、问题约束和一些领域专用知识，问题得到了简化，人类可以理解这样的数据库。

据估计，在足够复杂的领域，如计算机科学、数学、医学、国际象棋、小提琴演奏等领域，人类需要大约 10 年的学徒生涯才能真正掌握这些领域。人们也估计，国际象棋大师在他们的大脑中存储了大约 5 万种模式。事实上，模式（规则）数量与人类领域专家为了掌握在上述的任何一个领域所积累的特定领域的事实数量大致相同。

表 8-2 中解释了人类访问所存储的比较信息、执行计算以及在一生中可能积累的知识等方面的极限。例如，人们每秒可以发送 30 bit 的信息，而普通的计算机每秒可以发送数万亿比特的信息。

表 8-2　人类大脑信息处理的一些参数

活　　动	速率和大小
沿任何输入或输出通道传输的信息速率	30 bit/s
50 岁以前明确存储的最大信息量	1 010 bit
在脑力劳动中，大脑每秒辨别的数目	18 个
在短期记忆中，可以保持的地址数目	7 个
在长期记忆中，访问可寻址"块"的时间	2 s
一个"块"中的连续元素从长期记忆到短期记忆的转换速率	3 个元素每秒

8.3　图和哥尼斯堡桥问题

图由一组有限数目的顶点(节点)加上一组有限数目的边集合组成。如果边 e 由顶点 $\{u, v\}$ 组成，则通常写为 $e = (u, v)$，表示 u 连接到了 v（也可以认为 v 连接到 u），并且 u 和 v 是相邻的，也可以说 u 和 v 由边 e 连接。图可以是有向的，也可以是无向的，并且具有标签和权重。

在数学和图论、计算机科学以及算法和人工智能领域，一个著名的图的问题就是哥尼斯堡桥问题(见图 8-12)。另一种等效的表示方法如图 8-12(b) 所示，即把问题描述为数学图。

图 8-12　欧拉简化后的哥尼斯堡七桥图

这个问题是问能不能找到一条简单的路径，从与连接桥梁的陆地区域 A、B、C 或 D 的任何节点（点）开始，跨过 7 座桥一次且仅一次，然后回到起始点。瑞士著名的数学家莱昂哈德·欧拉，即"图论之父"，解决了这个问题，他的结论是，由于每个节点的度（进出节点的边数目）必须是偶数，因此这条路径不存在。

一些人很容易理解，也更喜欢图 8-12（a）所示的地图，另一些人则更喜欢相对正式的、使用数学表示的图。但是，在推导这个问题的解时，大多数人都同意图 8-12（b）所示的抽象图有助于更好地理解所谓的欧拉性质。总之，图是知识表示的重要工具，是表示状态、替代路径和可度量路径的自然方式。

8.4 搜索树（决策树）

对于需要分析方法，诸如深度优先搜索和广度优先搜索（穷尽的方法）以及启发式搜索（例如最佳优先搜索和 A* 算法），这样的问题使用搜索树表示最合适。在知识表示中，所使用的另一类型的搜索树是决策树。

决策树是一种特殊类型的搜索树（见图 8-13），可以从根节点开始，在一些可供选择的节点中选择，找到问题的解。逻辑上，决策树将问题空间拆分成单独路径，在搜索解的过程中或在搜索问题答案的过程中，可以独立地追踪这些单独路径。

图 8-13　决策树

8.5 产生式系统

本质上人工智能与决策相关。之所以将人工智能方法和问题与普通的计算机科学问题分开，是因为人工智能通常需要做出智能决定来解决问题。对于做出明智决定的计算机系统或个人而言，他们需要一种好的方式来评估要求做出决策的环境（即问题或条件）。产生式系统通常可以使用如下一个形式规则集来表示：

IF [条件] THEN [动作]

这个控制系统表现为规则解释器、定序器和数据库。数据库作为上下文缓冲区，允许记录触发规则的条件，在这个条件下触发规则。产生式系统通常也称为条件—动作、前件—后件、模式—动作或情境—响应对。以下是一些产生式规则：

If [在驾驶时，你看到伸出 STOP 标志的校车]，then [迅速靠右边停车]。

If [如果出局者少于 2 个，跑垒员在第一垒]，then [触击球]。

If [这已经过了凌晨 2:00，并且你必须开车]，then [确保你喝咖啡提神了]。

If[膝盖疼痛，并且在服用了一些止痛药后，这些疼痛没有消失]，then [请务必联系医生]。

还有一种使用更复杂，典型格式的规则例子如下：

If [室外超出了 21℃，并且如果你有短裤和网球拍]，then [建议你打网球]。

产生式系统的条件—结果形式是一种比较简单的表示知识的方法。IF 后面部分描述了规则的先决条件，而 THEN 后面部分描述了规则的结论。规则表示方法主要用于描述知识和陈述各种过程知识之间的控制及其相互作用的机制。

8.6 面向对象

面向对象是一种编程范式（见图 8-14），它可以直观、自然地反映人类经验，它基于继承、多态性和封装的概念。

继承是类之间的关系，子类可以继承一个或多个通用超类继承数据和方法。多态具有一个特征，即变量可以取不同类型的值（使用不同类型的参数）来执行某个函数。多态性将在对象上的动作概念与参与的数据类型分开。封装是指不同层次的开发人员只需要知道某些信息，无须知道从底层到顶层的所有信息。这类似于数据抽象和数据隐藏的思想。

图 8-14　面向对象方法

面向对象的知识表示方法是按照面向对象的程序设计原则组成一种混合知识表示形式，就是以对象为中心，把对象的属性、动态行为、领域知识和处理方法等有关知识封装在表达对象的结构中。在这种方法中，知识的基本单位就是对象，每一个对象由一组属性、关系和方法的集合组成。一个对象的属性集和关系集的值描述了该对象所具有的知识。与该对象相关的方法集，操作在属性集和关系集上的值，表示该对象作用于知识上的知识处理方法，其中包括知识的获取方法、推理方法、消息传递方法以及知识的更新方法。

类描述了其对象集合的共有数据和行为，对象是类的实例。例如，一个典型的大学程序具有一个名为学生的类，这个类包含与成绩单、学费账单和家庭住址相关的数据。从这个类中创建的对象可能是李小明，这个学生这学期上了两门数学课，他还欠了 1 320 元的学费，住在团结路。除了这个类，人们也可以将对象组织成超类和子类。超类和子类的组织方式自然地体现了人类对世界层次化的思考，同时也使得对层次的操作和改变变得非常自然。

Ege 指出："即使在知识表示、支持人工智能（框架、脚本和语义网络）工作的方案中，我们也可以清晰地看到有关这种面向对象的思想的内容。"

面向对象编程语言的普及，如 Java、C++、Python，表明面向对象是表示知识的有效和有用的方式，特别当构建复杂信息结构以利用公共属性时更是如此。

8.7 框架法

框架法（Frame）是又一种知识表示形式，是把某一特殊事件或对象的所有知识储存在一起的一种复杂的数据结构。其主体是固定的，表示某个固定的概念、对象或事件，其下层由一些槽（Slot）组成，表示主体每个方面的属性。框架是一种层次的数据结构，框架下层的槽可以看成一种子框架，子框架本身还可以进一步分层次为侧面。槽和侧面所具有的属性值分别称为槽值和侧面值。槽值可以是逻辑型或数字型的，具体的值可以是程序、条件、默认值或是一个子框架。相互关联的框架连接起来组成框架系统，或称框架网络。

框架法有利于将信息组织到系统中，这样可以利用现实世界的特征很轻松地将系统构建起来。框架法旨在提供直接方式来表达关于世界的信息，它有利于描述典型情境，因此人们用框架来表达期望、目标和规划，使人类和机器可以更好地理解所发生的事情。

还有一些示例可以是儿童的生日聚会、车祸、参观医生的办公室或给汽车加油。这是普通的事件，只不过在细节上会有所变化。

例如，孩子的生日聚会总是涉及某个年龄的孩子，这个聚会在特定的地点和时间举行。为了规划聚会，可以创建一个框架，其中可以包括儿童姓名、年龄、日期、聚会地点、聚会时间、与会人数和所使用的道具。

表 8-3 和表 8-4 显示了如何构造这样的框架，并带有空槽，各自的类型以及如何在空槽处填上数值。

表 8-3　儿童生日聚会的框架 1

插　槽	插槽类型
孩子姓名	字符串
孩子年龄（现）	整型
出生日期	日期
聚会地址	地址
聚会时间	时间
聚会人数	整型
道具	在气球、标志、灯光和音乐中选择

表 8-4　儿童生日聚会的框架 2

框架名	插槽	插槽值
大卫	IS-A	儿童
	生日	11/10/07
	位置	水晶宫
	年龄	8
托尼	IS-A	儿童
	生日	11/30/07
吉尔	参加聚会	11/10/07
	位置	水晶宫
保罗	参加聚会	11/10/07
	年龄	9
	位置	水晶宫
儿童	年龄	<15

人工智能搜索的任务是构建相对应的上下文，并在适当的问题环境中触发它们。框架有一些吸引人的地方，因为它具有以下特征：

（1）程序提供了默认值，当信息可用时，程序员重写了默认值。

（2）框架适合于查询系统。一旦找到合适的框架，搜索信息填入空槽就变得十分简单。

8.8　语义网络

语义网络是知识表示中最重要的通用形式之一，是一种表达能力强而且灵活的知识表示方法。它通过概念及其语义关系来表达知识的一种网络图。从图论的观点看，它是一个"带标识的有向图"。语义网络利用节点和带标记的边构成的有向图描述事件、概念、状况、动作及客体之间的关系。带标记的有向图能十分自然地描述客体之间的关系。

8.8.1　语义网络表示

用节点（圆或框）表示对象、概念、事件或情形，用带箭头的线表示节点之间的关系，帮助讲述故事。作为知识表示的一种形式，语义网络对计算机程序员和研究人员大有用途，但是缺少集合成员关系和精度这两个元素。在其他形式的知识表示（如逻辑）中，这两个元素是直接可用的。图 8-15 展示了这样的一个例子。我们看到，玛丽拥有托比，托比是一只狗。狗是宠物的子集，所以狗可以是宠物。我们在这里看到了多重继承，玛丽拥有托比，并且玛丽拥有一只宠物，在这个宠物集中，托比恰好是其中的一个成员。托比是被称为狗的对象类中的一个成员。玛丽的狗碰巧是一只宠物，但是并不是所有的狗都是宠物。

图 8-15　托比是狗，玛丽拥有一只宠物，但不是所有的狗都是宠物

在知识表示领域中，Is-A 指的是类的父子继承关系，例如类 D 是另一个类 B 的子类（类 B 是类 D 的父类）。尽管在真实世界中，Is-A 并不总是表示真实的内容，但是语义网络中经常使用 Is-A 关系。有时候，这可能代表集合成员，其他时候，这可能意味着平等。例如，企鹅是一种（Is-A）鸟，我们知道鸟可以飞，但是企鹅不会飞。这是因为，虽然大多数鸟类（超类）可以飞行，但并不是所有的鸟都可以飞（子类）。虽然语义网络是表示世界的直观方式，但是这不代表它们必须考虑关于真实世界的许多细节。

图 8-16 详细说明了表示一所大学的一个更复杂的语义网络。该学院由学生、各个学院、行政管理和图书馆组成。大学可能拥有一些学院，其中有一个学院是计算机科学学院。

图 8-16　大学的语义网络表示

学院包括教师和工作人员。学生上课，做记录，组建俱乐部。学生必须完成作业，从教师处获得评分；教师布置作业，并给出评分。通过课程、课程代码和分数，学生和教师被联系在一起。

8.8.2　知识图谱

知识图谱本质上就是一种大规模语义网络。理解知识图谱的概念，有两个关键词。

首先是语义网络。语义网络表达了各种各样的实体、概念及其之间的各类语义关联（见图8-17）。比如"C罗"是一个实体，"金球奖"也是一个实体，他们俩之间有一个语义关系就是"获得奖项"。"运动员""足球运动员"都是概念，后者是前者的子类（对应于图中的subclassOf关系）。

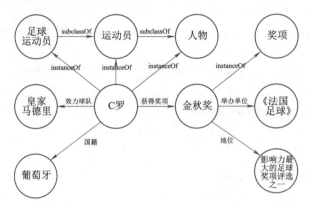

图 8-17　知识图谱示例

理解知识图谱的第二个关键词是"大规模"。相比较于语义网络，知识图谱规模更大。

知识图谱技术的发展是个持续渐进的过程。从20世纪七八十年代的知识工程兴盛开始，学术界和工业界推出了一系列知识库，直到2012年Google推出了面向互联网搜索的大规模的知识库，被称为知识图谱。知识图谱技术发展迅速，知识图谱的内涵远远超越了其作为语义网络的狭义内涵。当下，在更多实际场合下，知识图谱是作为一种技术体系，指代大数据时代知识工程的一系列代表性技术进展的总和。

1. 知识图谱的重要性

知识图谱是实现机器认知智能的基础。机器认知智能的两个核心能力："理解"和"解释"，均与知识图谱有着密切关系。可以仔细体会一下我们的文本理解过程，机器理解数据的本质是建立从数据（包括文本、图片、语音、视频等）到知识库中的知识要素（包括实体、概念和关系）映射的一个过程。有了知识图谱，机器完全可以重现我们的这种理解与解释过程。有一定计算机研究基础，就不难完成这个过程的数学建模。

2. 知识图谱的生命周期

知识图谱系统的生命周期（见图8-18）包含四个重要环节：知识表示、知识获取、知识管理与知识应用。这四个环节循环迭代。

图 8-18　知识图谱的生命周期

知识应用环节明确应用场景，明确知识的应用方式。

知识表示定义了领域的基本认知框架，明确领域有哪些基本的概念，概念之间有哪些基本的语义关联。比如企业家与企业之间的关系可以是创始人关系，这是认知企业领域的基本知识。知识表示只提供机器认知的基本骨架，还要通过知识获取环节来充实大量知识实例。比如乔布斯是个企业家，苹果公司是家企业，乔布斯与苹果公司就是"企业家—创始人—企业"这个关系的一个具体实例。

知识实例获取完成之后，就是知识管理。这个环节将知识加以存储与索引，并为上层应用提供高效的检索与查询方式，实现高效的知识访问。

四个环节环环相扣，彼此构成相邻环节的输入与输出。在知识的具体应用过程中，会不断得到用户的反馈，这些反馈会对知识表示、获取与管理提出新的要求，因此整个生命周期会不断迭代持续演进下去。

3. 知识图谱的发展现状及应用

知识图谱的应用场景非常广泛，除了通用应用外，在金融、政府、医疗等领域也有特殊的应用（见图 8-19）。

图 8-19　知识图谱的应用

通用领域的应用主要包括精准分析、智能搜索、智能问答、智能推荐等。

1. 知识与知识表示是人工智能中的一项重要的基本技术，它决定着人工智能如何进行（　　）。

   A. 知识学习　　　　　　　　　　　　B. 知识存储

   C. 知识产生　　　　　　　　　　　　D. 知识爆炸

2. 在信息时代，有许多可以处理和存储大量信息的计算机系统。信息包括数据和事实。数据、事实、信息和知识之间存在（　　）关系。

   A. 因果　　　　　　B. 重叠　　　　　　C. 层次　　　　　　D. 网状

3. 下面关于知识的叙述中，不正确的是（　　）。

   A. 知识是信息接受者通过对信息的提炼和推理而获得的正确结论

   B. 知识是铭刻在书本上不朽的真理

    C. 知识是人对自然世界、人类社会以及思维方式与运动规律的认识与掌握

    D. 知识是人的大脑通过思维重新组合和系统化的信息集合

4. 在人工智能中，从便于表示和运用的角度出发，将知识分为对象、（   ）。

    A. B、C 和 D   B. 执行

    C. 元知识   D. 事件和事件序列

5. 以下关于"知识表示"的叙述不正确或者不合适的是（   ）。

    A. 是指把知识客体中的知识因子与知识关联起来，便于人们识别和理解知识

    B. 是对知识的一种描述，或者说是一种计算机可以接受的用于描述知识的数据结构

    C. 在知识组织的基础上产生知识表示方法

    D. 是能够完成对专家的知识进行计算机处理的一系列技术手段

6. 对于人类而言，一个好的知识表示应该具有若干特征，但（   ）不属于这个特征。

    A. 它应该是透明的，即容易理解

    B. 无论是通过语言、视觉、触觉、声音或者这些组合，都对我们的感官产生影响

    C. 从所表示的世界的真实情况方面考查，它讲述的故事应该让人容易理解

    D. 良好的表示与机器庞大的存储器和极快的处理速度其实无关

7. 一幅相关的图片或图形可以相对简洁地传达故事或消息。（   ）是一种非正式的绘图，或者说是对场景、过程、心情或系统的概括。

    A. 螺旋图   B. 图形草图   C. 圆饼图   D. 场景图

8. （   ）是知识表示的重要工具，因为它是表示状态、替代路径和可度量路径的自然方式。

    A. 数组   B. 表   C. 图   D. 线段

9. 如果需要应用如最佳有限搜索算法这样的分析方法，使用（   ）表示最合适。

    A. 搜索树   B. 计算器   C. 矩阵   D. 图形

10. 本质上，人工智能与决策相关。如果需要一种好的方式来评估要求做出决策的环境。（   ）通常使用一个"IF [条件] THEN [动作]"形式规则集来表示。

    A. 搜索树   B. 产生式系统

    C. 图形   D. 框架法

11. （   ）是一种基于继承、多态性和封装概念的编程范式，这种范式可以直观、自然地反映人类经验。

    A. 产生式系统   B. 框架法

    C. 面向对象   D. 图形

12. （   ）的知识表示方法是一种以对象为中心，把对象的属性、动态行为、领域知识和处理方法等有关知识封装在表达对象的结构中的混合知识表示形式。

    A. 产生式系统   B. 图形

    C. 搜索树   D. 面向对象

13. （   ）知识表示方法把某一特殊事件或对象的所有知识储存在一种复杂的数据结构中。

    A. 框架法   B. 产生式系统

    C. 搜索树   D. 面向对象

14.（　　）是知识表示中最重要的通用形式之一，它是通过概念及其语义关系来表达知识的一种网络图。

A．框架法　　　　　　　　　　　　B．语义网络

C．搜索树　　　　　　　　　　　　D．面向对象

思维与操作实训 基于产生式系统、框架和语义网络的决策表示

1．实训目的

在开始本实训之前，请认真阅读课文的相关内容。

（1）熟悉知识表示的相关定义，了解知识的不同表示方法。

（2）通过汉诺塔问题的分析，掌握知识表示方法的选择。

（3）熟悉语义网络，掌握知识图谱。

2．实训内容与步骤

（1）请课外观看电影《我，机器人》。

（2）开发基于产生式规则、框架和语义网络的决策表示，做出如在给定的某一天穿什么衣服的决定。例如，在工作日或节日穿西装，在周末穿便服，以及如果在下雨天、在烈日炎炎的晴天等情况下，做出合理的穿衣决定。

请将这份作业作为一份独立的课程实践报告呈交给老师。

（3）讨论：什么是机器学习能产生影响的下一个主要领域？

请记录小组讨论的主要观点，推选代表在课堂上简单阐述你们的观点。

3．实训总结

_____

_____

_____

_____

4．教师对实训的评

_____

_____

_____

_____

第三部分

基于知识的系统

第9章

专家系统

导读案例 中美人工智能PK

目前，中美在人工智能企业数量、专利数量、论文数量以及人才数量上并驾齐驱，成为引领全球人工智能发展的两大动力来源。

在人工智能领域的论文数量上，从1998年至2018年，全球论文产出量最多的是美国，14.91万篇，中国以14.18万篇位居次席，英国、德国和印度分别位列三至五位。2018年AAAI会议上，提交的论文中有70%来自美国或中国，接受的论文中则有67%来自中美两国（见图9-1）。

图 9-1　论文数量

从2017年起，中国在人工智能专利数量上已经超过美国成为申请量最高的国家，占全球专利申请总数的37.1%，美国和日本则分别位居第二、第三，分别占比24.8%和13.1%。而在人工智能领域的人才投入上，中国与美国则还有较大的距离。美国在人工智能领域的人才投入量位居第一，而中国投入量位居第二（见图9-2）。

看规模，中国人工智能投资额已超过美国，中国人工智能行业投融资额从2013年的37亿元增长到2018年的1091.5亿元，年复合增长率达96.8%，美国人工智能行业投融资额从 2013 年的 11.4 亿美元增长到 2018 年的 93.3 亿美元,年复合增长率达 52.1%（见图 9-3）。

图 9-2 专利数量与人才投入

图 9-3 2017 年上半年融资对比

1.中美差异

中美两国在人工智能投资上最主要的差异体现在人工智能芯片和计算机视觉与图像这两个赛道上。前者美国遥遥领先中国,后者中国领先美国。

截至 2017 年,美国在人工智能芯片上累计投入 308.18 亿元,是中国的 24 倍,中国只有 13.28 亿元。中国在计算机视觉与图像领域累计投资 158.3 亿元,是美国的 2 倍以上,美国为 73.2 亿元。从比例上看,2016 年中国在人工智能芯片上的融资额只相当于全行业的 2%,而美国为 32%;而中国图像识别/自然语言处理的融资额占 24%,美国这一数据只有 7%（见图 9-4）。

看投向,中国重应用层,美国重基础层。美国在人工智能九大领域中累计投资额排

名前三的为芯片 / 处理器、机器学习应用和自然语言处理；中国累计投资额排名前三的为计算机视觉与图像、自然语言处理和自动驾驶 / 辅助驾驶。

图 9-4　2016 年融资对比

2. 计算机视觉是中国人工智能市场的最大组成部分

计算机视觉的应用场景主要有：

安防：安防市场广阔，细分门类众多，计算机视觉有很大的发挥空间。如人脸识别技术可用于疑犯追踪、门禁等，车牌识别技术可用于智慧交通、智慧停车等，视频结构化技术可以有效帮助公安部门检索分析安防影响，让案件侦办和治安布控更加便捷。

安防领域的特性在于：

（1）公共安全的刚需应用，采用人工智能技术可极大提高效率。

（2）市场预算分级、高度碎片化，且以政府订单为主，可有效贡献收入。

（3）深度赛道，不断面临新问题与新需求，问题难度跨度大（简单需求如车牌识别、困难需求如动态识别与犯罪预防等）。作为公共安全的刚需应用，安防领域计算机视觉未来将继续向多模态融合发展。

移动互联网：计算机视觉在移动互联网上的应用主要包括：

（1）互联网直播行业的主播美颜；

（2）鉴黄、广告推荐等视频分析；

（3）智能手机里的人工智能美颜和人脸解锁。一方面，移动互联网行业数据较为丰富，数据可得性较高；另一方面，由于应用多为"锦上添花"型的娱乐、广告应用，容错率较高，技术难度相应下降。因此计算机视觉在移动互联网得以快速顺利落地。

金融：人脸识别在金融领域已出现多种解决方案，伴随识别准确率上升，远程开户已在互联网金融行业得到广泛应用，人脸支付、刷脸取款等开始被各大银行采用。

自动驾驶 / 辅助驾驶：计算机视觉作为机器感知周围环境的基础技术，对驾驶的自动化起到重大作用。计算机视觉可以帮助汽车完成：

（1）环境数据和地标收集。

（2）车道的定位、坡道与弯度的检测。

（3）交通信号的识别。

（4）车辆、行人等运动目标检测。

3. 相关机会

华为（计算机视觉无冕之王）：全国"最高"的视觉竞赛，华为 Atlas 打通遥感图像智能分析任督二脉。

海康威视（计算机视觉龙头）：计算机视觉初创公司 Movidius 已与中国海康威视达成协议，为智能相机带来更好的人工智能。根据这项协议，Movidius 将为海康威视的智能相机系列提供深度神经网络处理。海康威视将在新的智能相机系列中使用 Myriad2 视觉处理单元，提供深度神经网络处理，以提高视频分析的准确性。

胜利精密调研报告（布局智能制造与新材料）：其子公司富强科技收购瑞士的工业视觉公司，积极提升自身的智能硬件技术水平；2016 年 4 月，富强科技与德国 MES 系统供应商 Transfact 合作，深入学习智能制造的软件知识，向定制化智能制造服务提供商转变。

保千里（智能视像平台呼之欲出）：技术储备，增厚技术积淀。公司通过本次募集资金建设光机电基础研发实验室、仿生智能算法图像实验室和视像云平台等关键技术进行前瞻性研发，能够保证公司产品技术先进性的同时，强化公司在智能硬件领域的综合竞争力，巩固行业领先地位。

慈星股份（从工业机器人到服务机器人，智能化业务不断升级）：公司先后布局机器人系统集成、机器视觉和核心零部件领域，形成了智能化业务的全面布局，2015 年公司智能化业务取得一定突破，实现营业收入 8 000 万，营业收入占比达到 11%。2016 年公司业务再次突破，以智能 +IP 的模式切入服务机器人领域，发布了两款服务机器人产品，针对儿童教育市场。

劲拓股份公司深度报告（电子装联设备龙头，机器视觉专家）：凭借公司的研发能力，已经推进了机器视觉产品在触摸屏、新能源汽车等新领域的应用，已逐渐成为机器视觉行业专家。

📢 教学视频 电影赏析《Casino》（赌城风云）

电影《赌城风云》（见图 9-5）是由马丁·斯科塞斯执导，罗伯特·德尼罗、莎朗·斯通、乔·佩西主演的犯罪片，于 1995 年 11 月 22 日在美国上映。该片以赌城拉斯维加斯为背景，讲述了赌场老千萨姆在经历友情与爱情的背叛后，重新作出人生抉择的故事。

在电影《Casino》中有这么一个场景：1980 年凯迪拉克的特殊保护功能，尽管有一个炸弹连在了引擎上即将爆炸，罗伯特·德尼罗利用这个汽车的保护功能阻止了爆炸的发生。这个情节告诉我们，作为专家（电影剧本作家和导演），必须了解相关学科的规则和特例。

图 9-5 电影《赌城风云》剧照

9.1 专家系统及其发展

总体来说，专家系统因其在计算机科学和现实世界中的贡献而被视为人工智能中最成功、最古老、最知名和最受欢迎的领域。

专家系统出现在 20 世纪 70 年代，当时整个人工智能领域正处在发展的低谷，人们批判人工智能不能生成实时的、真实世界的工作系统。这个时期，由于人们在计算机视觉领域获得了一些重要见解，R.J Popplestone 发明了机器人；弗雷迪所创建的玩具系统可以执行简单的任务，如组装玩具车或将咖啡杯放置在碟子上；不久，麻省理工学院的特里·维诺格拉德发表了著名的论文《理解自然语言》，等等，才使人们对人工智能又产生了一定的兴趣。但是由于早期的一些系统，人工智能也得到了一些恶名。

9.1.1 在自己的领域里作为专家

戈尔茨坦和帕尔特将早期系统的目标标注为"能力战略"，旨在开发出能够应用于求解各种问题的一般的、强大的方法。早期的程序，如 DENDRAL，从普遍性方面来说，还相当脆弱。在一般问题领域，除了被称为专家的人类解决者以外，其他的求解者的行为通常都是肤浅的。

事实上，大多数人只有在自己的专业领域才是专家，这与早期的人类观点相反；人们不具备任何魔法，可以在任意问题领域快速得到最细致、最有说服力的规则。因此，虽然国际象棋大师通过数十年的实践和研究，积累和建立起来约 50 000 种规则的模式，但他们不是创建生活中其他事物启发法、规则、方法的大师，对于数学博士、医生或律师来说也是如此。每个人都是处理自己领域信息的专家，但是这些技能不能确保他们能够处理一般信息或其他专业领域的特定、专门的知识。人们在掌握任何特定领域知识之前，需要长期的学习。

布雷迪指出，人类专家有多种方式来应对组合爆炸："首先，结构化知识库。这样就可以让求解者在相对狭窄的语境中进行操作。其次，明确提出个人所应具有的知识，这些知识是关于专有领域知识的最好的利用方法，也就是所谓的元知识。因为知识表示的统一性，人们可以将问题求解者的全部能力都应用在元知识上，这种应用方式与人们将其应用于基础知识的方式完全相同，所以知识表示的统一性给人们带来了很大的回报。最后，人们试图利用似乎存在的冗余性。这种冗余性对人类求解问题和认知至关重要。虽然我们也可以用其他几种方式实现这一点，但是这些方法的利用大部分都受到了限制。

通常情况下，人们可以明确一些条件，虽然这些条件没有一个能够唯一地确定解决方案，但是同时满足这些条件却可以得到唯一的方案。"

对于"人类求解问题和感知中存在的冗余"，布雷迪的真正意思是一个词——模式。我们来看看在一个庞大的停车场中寻找汽车的例子。是否知道车在几层或哪个编号区域对如何快速地找到车存在巨大的差别。进一步说，有了位置（中央列、外列、中间或列尾等），车的特征（其颜色、形状、风格等）以及你将车停在停车场的哪个区域（接近建筑、出口、柱子、墙等）这些知识，对于你如何快速地找到汽车有着很大的不同。人们会使用三种截然不同的方法：

（1）使用信息（收据上的号码、票据以及停车场里提供的信息）。通过这种方法，人类并没有使用任何智能，就像可以借助汽车的导航系统到达目的地一样，不需要对要去的地方有任何地理上的理解。

（2）使用所提供的票据上的信息，以及有关汽车及其位置的某些模式的组合。例如，票据上显示车停在7B区，同时你也记得这距离目前的位置不是很远、车是亮黄色的，并且尺寸比较大。没有很多大型的黄车，这使得你的汽车从其他的汽车中脱颖而出（见图9-6）。

图9-6 模式和信息可以帮助我们识别事物

（3）人类不依赖任何具体的信息，而是完全依赖于记忆和模式这种脆弱的方法。

上述这三种方法说明了人类在处理信息方面的优势。人类具有内置的随机访问和关联的机制。为了到第3层提车，我们不需要线性地从第1层探索到第3层。机器人必须很明确地被告知跳过3层以下的楼层。我们的记忆允许我们利用车辆本身的特征（约束），如车是黄色的、大型的、旧的、周围的车并不是很多。模式与信息的结合可以帮助我们减少搜索（类似于上面提到的约束和元知识）。因此，我们知道车在某一层（票据上是这样说的），但是我们也记得我们是如何停放汽车的（很紧密地停放或是很随意地停放），汽车周围可能有什么车，所选择停车点有什么其他显著的特征。

9.1.2 五个技能获取阶段

伯克利的两位哲学家兄弟胡伯特·德雷福斯和斯图尔特·德雷福斯提出了这样一条评判想法：在机器上，人们很难解释或发展人类的"专有技术"。虽然我们知道如何骑自行车、如何开车，以及许多其他基本的事情（如走路、说话等），但是在解释如何实现这些动作时，我们的表现会大打折扣。德雷福斯兄弟将"知道什么事"与"知道如何做"区分开来。知道什么事指的是事实知识，例如遵循一套说明或步骤，但是这不等同于"知道如何做"。获得"专有技术"后，这就变成了隐藏在潜意识中的东西。我们需要通过实践来弥补记忆的不足。例如，你可能用VCR录制过电视节目。你学到了必要的步骤——我们可以从VCR上的控件直观地得到这些步骤，也知道电视应当被设置到特定的频道，可以执行和理解这些必需的步骤来录制电视节目（专有技术）。但是，这是很久以前的事了。当人们有了DVD，系统已经改变了。因此，你可能不得不承认自己已经失去了如何录制电视节目的专有技术。

德雷福斯兄弟所讨论的专有技术基于"从新手到专家的过程中有5个技能获取阶段"这个前提，即新手、熟手、胜任、精通、专家。

阶段1：新手只遵循规则，对任务领域没有连贯的了解。规则没有上下文，无须理解，只需要具备遵循规则的能力，完成任务。例如，在驾驶时，遵循一系列步骤到达某个地方。

阶段 2：熟手开始从经验中学到更多的知识，并能够使用上下文线索。例如，当学习用咖啡机制作咖啡时，我们遵循说明书的规则，但是也用嗅觉来告诉自己咖啡何时准备好了。换句话说，在任务环境中，我们可以通过所感知到的线索来学习。

阶段 3：胜任的技能执行者不仅需要遵循规则，也需要对任务环境有一个明确的了解。他能够通过借鉴规则的层次结构做出决定，并且认识到模式（称为"一小部分因素"或"这些元素系列"）。胜任执行者可能是面向目标的，并且他们可能根据条件改变自己的行为。例如，胜任的驾驶员知道如何根据天气条件改变驾驶方式，包括速度、齿轮、挡风玻璃刮水器、镜子等。此时，执行者会发展出凭直觉感知的知识或专有技术。这个层次的执行者依然是基于分析，将要素结合起来，基于经验做出最好的决定。

阶段 4：精通的问题求解者不仅能够认识到情况是什么及合适的选择是什么，还能够深思熟虑，找到最佳方式，实施解决方案。一个例子就是，医生知道患者的症状意味着什么，并且能够仔细考虑可能的治疗选项。

阶段 5：专家"基于成熟以及对实践的理解，一般都会知道该怎么做"。应对环境时，专家非常超然，没有看到问题就去努力解决这些问题，他也不焦灼于在未来去精心制订计划。"我们在走路、谈话、开车或进行大多数社交活动时，通常不做出深思熟虑的决定。"因此，德雷福斯兄弟认为专家与他们所工作的环境或舞台融为一体。驾驶员不仅是在驾驶汽车，也在"驾驶自己"；飞行员不仅在开飞机，也是在"飞行"；国际象棋大师不仅是下棋，而是成了"一个机会、威胁、优势、弱点、希望和恐惧世界中"的参与者。

德雷福斯兄弟进一步阐述："当事情正常进行时，专家不解决问题，不做决定，正常地进行工作。"他们的主要观点是："精通或专家级别的人，以一种无法解释的方式，基于先前具体的经验做出判断。"他们认为"专家行为不合理"，也就是说，没有通过有意识的分析和重组而做出行动。

德雷福斯兄弟认为，在许多方面，如视觉、解释判断方面，包括人脑整体工作的方式，机器都比人脑差。没有这些能力，机器将永远比不上人类（大脑和思想）。虽然机器可能是优秀的符号操作器（逻辑机器或推理引擎），但是它们缺乏能力进行整体识别以及在一些类似图片之间进行区分，而人类拥有这些能力。例如，在面部识别方面，机器无法捕获所有特征，而人类将会捕获到所有特征，无论这些特征是明确的还是隐藏的。

9.1.3 专家的特点

格伦菲尔鲍讨论了这样一个事实，即专家具有一定的特点和技术，这使得他们能够在其问题领域表现出非常高的解决问题的水平。一个关键的杰出特征就是，他们能出色地完成工作。要做到这一点，他们要能够完成如下工作：

（1）解决问题。这是根本的能力，没有这种能力，专家就不能称为专家。与其他人工智能技术不同，专家系统能够解释其决策过程。思考这样一个医疗专家系统，这个系统能够确定你还有 6 个月的生命，你当然想知道这个结论是如何得出的。

（2）解释结果。专家必须能够以顾问的身份提供服务并解释其理由。因此，他们必须对任务领域有深刻的理解。专家了解基本原则，理解这些原则与现有问题的关系，并能够将这些原则应用到新的问题上。

（3）学习。人类专家不断学习，从而提高了自己的能力。在人工智能领域，人们希望机器能得到这些专有技能，学习也许是人类专有技能中最困难的一种技能。

（4）重构知识。人可以改进他们的知识来适应新的问题环境，这是人的一个独特特征。在这个意义上，专家级的人类问题求解者非常灵活并具有适应性。

（5）打破规则。在某些情况下，例外才是规则。真正的人类专家知道其学科中的异常情况。例如，当药剂师为病人写处方时，他知道什么样的药剂或药物不能与先前的处方药物发生很好的相互作用（即"配伍禁忌"）。

（6）了解自己的局限。人类专家知道他们能做什么、不能做什么。他们不接受超出其能力的任务或远离其标准区域的任务。

（7）平稳降级。在面对困难的问题时，人类专家不会崩溃、也就是说，他们不会"出现故障"，同样，在专家系统中，这也是不可接受的。

9.1.4 专家系统的特征

让我们思考并比较专家系统中的这些特征：

（1）解决问题。专家系统当然有能力解决其领域的问题。有时候，它们甚至解决了人类专家无法解决的问题，或提出人类专家没有考虑过的解决方案。

（2）学习。虽然学习不是专家系统的主要特征，但是如果需要，人们可以通过改进知识库或推理引擎来教授专家系统。机器学习是人工智能的另一个主题领域。

（3）重构知识。虽然这种能力可能存在于专家系统中，但是本质上，它要求在知识表示方面做出改变，这对机器来说比较困难。

（4）打破规则。对于机器而言，使用人类专家的方式，以一种直观、知情的方式打破规则比较困难；相反，机器会将新规则作为特例添加到现有规则中。

（5）了解自己的局限。一般说来，当某个问题超出了其专长的领域时，专家系统和程序也许能够在因特网的帮助下参考其他程序找到解决方案。

（6）平稳降级。专家系统一般会解释在哪里出了问题、试图确定什么内容以及已经确定了什么内容，而不是保持计算机屏幕不动或变成白屏。

专家系统的其他典型特征包括：

（1）推理引擎和知识库的分离。为了避免重复，保持程序的效率是非常重要的。

（2）尽可能使用统一表示。太多的表示可能会导致组合爆炸，并且"模糊了系统的实际操作"。

（3）保持简单的推理引擎。这样可以防止程序员深陷泥沼，并且更容易确定哪些知识对系统性能至关重要。

（4）利用冗余性。尽可能地将多种相关信息汇集起来，以避免知识的不完整和不精确。

尽管专家系统有诸多优点，但也有一些众所周知的弱点。例如，虽然它们可能知道水在100℃沸腾，但是不知道沸水可以变成蒸汽，蒸汽可以运行涡轮机。

9.1.5 建立专家系统要思考的问题

当人们考虑建立专家系统时，思考的第一个问题是领域和问题是否合适。Giarratano 和

Riley 提出了人们在开始建立专家系统之前应该思考的一系列问题。

（1）"在这个领域，传统编程可以有效地解决问题吗？"如果答案为"是"，那么专家系统可能不是最佳选择。那些没有有效算法、结构不好的问题最适合构建专家系统。

（2）"领域的界限明确吗？"如果领域中的问题需要利用其他领域的专业知识，那么最好定义一个明确的领域。例如，比起宇航员对外层空间的了解，宇航员对任务的了解必须更多，如飞行技术、营养、计算机控制、电气系统等。

（3）"我们有使用专家系统的需求和愿望吗？"系统必须有用户（市场），专家也必须赞成创建系统。

（4）"是否至少有一个愿意合作的人类专家？"没有人类专家，肯定不可能创建这个系统。人类专家必须支持建设系统，必须意识到必需的合作和所需的时间，愿意投入大量的时间来建设专家系统。

（5）"人类专家是否可以解释知识，这样知识工程师就可以理解知识了？"这是一种决定性的试验。两个人可以一起工作吗？人类专家是否可以足够清晰地解释所使用的技术术语，是否可以让知识工程师理解这些术语，并将它们转化为计算机代码？

（6）"解决问题的知识主要是启发式的并且不确定吗？"基于知识和经验以及上面描述的"专有技术"，这样的领域特别适用专家系统。

专家系统偏重处理不确定和不精确的知识。也就是说，它们可能在一部分时间内正确工作，并且输入数据可能不正确、不完整、不一致或有其他缺陷。有时，专家系统甚至只是给出一些答案——甚至不是最佳答案。他们注意到，虽然起初这看起来可能让人惊讶，也许令人不安，但是通过进一步的思考，这种表现与专家系统的概念是一致的。

迄今为止，在全世界的许多领域（见表 9-1），人们建立了数千个专家系统，其目的是：

表 9-1 专家系统的主要应用领域

农学	环境	气象学
商业	金融	军事
认证	地理	矿业
化学	图像处理	能源
通信	信息管理	科学
计算机系统	法律	安全
教育	制造业	空间技术
电子	数学	交通
工程	医药	

（1）分析。给定数据，确定问题的原因。

（2）控制。确保系统和硬件按照规格执行。

（3）设计。在某些约束下配置系统。

（4）诊断。能够推断系统故障。

（5）指导。分析、调试学生的错误并提供建议性的指导。

（6）解释。从数据推断出情景描述。

（7）监视。将观察值与预期值进行比较。

（8）计划。根据条件设计动作。

（9）预测。对于给定情况，预测可能的后果。

（10）规定。为系统故障推荐解决方案。

（11）选择。从多种可能性中确定最佳选择。

（12）模拟。模拟系统组件之间的交互。

9.2 知识工程

知识工程（Knowledge Engineering）是一门新兴的工程技术学科，它产生于社会科学与自然科学的相互交叉和科学技术与工程技术的相互渗透。"知识工程"研究的内容是如何组成由计算机和通讯技术结合而成的新的通讯教育、控制系统。"知识工程"研究的中心，是"智能软件服务"，即研究编制程序，提供软件服务。

"知识工程"的产生，说明人类所专有的文化、科学、知识、思想等同现代机器的关系空前密切。这不仅促进了计算机产品的更新换代，更重要的是，它必将对社会生产力新的飞跃，对社会生活新的变化，发生深刻的影响。

知识工程系统如图9-7所示。

图9-7 知识工程系统

关于知识工程的主题和案例报告中指出，建立成功系统的关键是使用以下方法：

（1）生成和测试。为人们尝试、测试和采用这种方法已有几十年之久，其有效性不言而喻。

（2）情景－动作规则的使用。也就是产生式规则或基于知识的系统，这种表示有助于专家系统的有效构建、易于修改知识、易于解释等。"这种方法的本质在于，一条规则必须捕获'一大块'领域知识，这些领域知识本身或其中的内涵必须对领域专家有意义。"

（3）领域专有知识。关键的是知识，而不是推理引擎。知识在组织和约束搜索中起着至关重要的作用。使用规则和框架容易表示和操控知识。

（4）知识库的灵活性。知识库包括许多规则，人们应当适当选择这些规则的粒度。也就是说，这些规则要足够小，让人可以理解，但是也应该充分大，这样对领域专家才有意义。

按照这种方式，知识能够灵活地应对改变，可以很容易地得到修改、添加或删除。

（5）推理路线。在构建智能体时，领域专家非常明确知识构建的意义、意图和目的，这似乎是一条重要的组织原则。

（6）多种知识来源。将看似无关的、多个来源的知识条目整合起来，这对于推理路线的维护和开发是必要的。

（7）解释。系统能够解释其推理路线的能力很重要（这是系统调试和扩展所必需的）。人们认为这是一条很重要的知识工程原则，必须予以重视。解释的结构及适当的复杂程度也是非常重要的。

基于人工智能知识表达方式的专家系统倾向于将计算组件与基于知识的组件分开，所以不同于传统计算机科学的程序。因此，就专家系统而言，推理引擎不同于知识库。通常，数据库包括规则，这些规则"由模式匹配来调用，同时任务环境具有一些特征，如用户可以添加、修改或删除任务环境。"这种类型的数据库称为知识库。用户可能以如下三种典型的不同方式来使用知识库：

（1）获取问题的答案。用户作为客户端。

（2）改进或增加系统的知识。用户作为导师。

（3）收集供人类使用的知识库。用户作为学生。

在第二种方式中，使用专家系统的人称为领域专家。没有领域专家的帮助，建立专家系统是不可能的。从领域专家提供的信息中提取知识，并将其规划成知识库，我们称这种人为知识工程师。"从领域专家的头脑中提取知识的过程（一个非常重要的过程）称为知识获取。"

知识工程是通过领域专家和知识工程师之间的一系列交互来构建知识库的过程。通常，随着时间的推移，随着知识工程师越来越熟悉领域专家的规则，这个过程会涉及许多规则的迭代和改进。

知识工程师一直在寻找可用于表示和解决现有问题的最佳工具。他尝试组织知识，开发推理方法，构建符号信息的技术。他与领域专家密切合作，尝试建立最好的专家系统。根据需要，重新概念化知识及其在系统中的表示。系统的人机界面得到改善，系统的"语言处理"让人类用户觉得更加舒适，系统的推理过程使用户更加容易理解。

9.3　知识获取

从人类专家处获取知识，并将这些知识组织到可用的系统中——这个任务一直被认为是很困难的。实质上这表示了专家对问题的理解，这对专家系统的能力至关重要。这项任务的正式名称是知识获取，这是构建专家系统面临的最大挑战。

虽然书籍、数据库、报告或记录可以作为知识来源，但是大多数项目最重要的来源之一是领域专业人员或专家。从专家处获取知识的过程称为知识引导，这是一项漫长而艰巨的任务，会涉及许多乏味的会话。这些会话可以交换想法的交互式讨论进行，也可以采访或案例研究的形式进行。在后一种形式中，人们观察专家如何视图去解决一个真正的问题。无论使用什么方法，人们的目标是为了揭示专家的知识，更好地了解专家解决问题的技能。人们想知道为什么不能通过简单的问题来探索专家的知识。请牢记专家所具备的如下特点：

（1）他们往往在自己的领域非常专业，并且往往使用具体领域的语言。

（2）他们有大量的启发式知识——这些知识是不确定以及不精确的。

（3）他们不善于表达自己。

（4）他们运用多种来源的知识，力争表现出色。

杜达和 Shortliffe 在这个问题上给出了自己的立场：知识的识别和编码是在建立专家系统过程中遇到的最复杂、最艰巨的任务之一……创建一个重大评估系统（在考虑实际使用之前）所需要的努力往往是以人为单位的。

在描述专家系统的构建过程中，海耶斯 - 罗斯等人采用了"瓶颈"一词：知识获取是构建专家系统的瓶颈。知识工程师的工作就是作为一个中间人帮助建立专家系统。由于知识工程师对领域知识的了解远远少于专家，因此沟通问题阻碍了将专业知识转移到工作中的过程。

自 20 世纪 70 年代以来，人们尝试了多种自动化知识获取的技术，如机器学习、数据挖掘和神经网络。事实证明，这些方法在某些情况下很成功。例如，有一个著名的大豆作物诊断案例，在这个案例中，从植物病理学家雅各布森（领域专家）提供的原始描述符集和确定诊断的患病植物的训练集开始，程序合成了诊断规则集。意想不到的发现是，机器合成的规则集超出了由雅各布森制定的规则。雅各布森通过部分成功实验来尝试改进他的规则，结果机器的规则具有 99% 的准确性，于是他放弃了自己的努力，转而采用机器合成的规则作为其专业工作的规则。

专家系统的知识有如下五种主要的知识分类：

（1）过程性知识。规则、策略、议程和程序。

（2）陈述性知识。概念、对象和事实。

（3）元知识。关于其他类型的知识以及如何使用知识的知识。

（4）启发式知识。经验法则。

（5）结构化知识。规则集、概念关系、对象关系。

可能的不同形式的知识来源是专家、终端用户、多个专家、报告、书籍、法规、在线信息、计划和指南。虽然收集和解释知识的过程可能只需要几个小时，但是解释、分析和设计一个新的知识模型可能需要很多时间。

人们将浅层知识（可能基于直觉）转化为深层知识（可能隐藏在专家的潜意识中）的过程称为知识编译问题。知识引导中拓展的技能有助于促进知识获取。

9.4 专家系统的结构

专家系统通常由人机交互界面、知识库、推理机、解释器、综合数据库、知识获取六个部分构成（见图 9-8）。其中尤以知识库与推理机相互分离而别具特色。专家系统的体系结构随专家系统的类型、功能和规模的不同，而有所差异。

基于规则的产生式系统是目前实现知识运用最基本的方法。产生式系统由综合数据库、知识库和推理机三个主要部分组成，综合数据库包含求解问题的世界范围内的事实和断言。知识库包含所有用"如果：〈前提〉，于是：〈结果〉"（If-Then 规则）形式表达的知识规则。推理机（又称规则解释器）的任务是运用控制策略找到可以应用的规则。

图 9-8 专家系统的基本结构

9.4.1 知识库

为了使计算机能运用专家的领域知识，必须要采用一定的方式表示知识。常用的知识表示方式有产生式规则、语义网络、框架、状态空间、逻辑模式、脚本、过程、面向对象等。

知识库用来存放专家提供的知识。专家系统的问题求解过程是通过知识库中的知识来模拟专家的思维方式的，因此，知识库是专家系统质量是否优越的关键所在，即知识库中知识的质量和数量决定着专家系统的质量水平，也是专家系统设计的"瓶颈"问题。一般来说，专家系统中的知识库与专家系统程序是相互独立的，用户可以通过改变、完善知识库中的知识内容来提高专家系统的性能。通过知识获取，可以扩充和修改知识库中的内容，也可以实现自动学习功能。

9.4.2 推理机

推理机针对当前问题的条件或已知信息，反复匹配知识库中的规则，获得新的结论，以得到问题求解结果。在这里，推理方式可以有正向和反向推理两种。

正向链的策略是寻找出前提可以同数据库中的事实或断言相匹配的那些规则，并运用冲突的消除策略，从这些都可满足的规则中挑选出一个执行，从而改变原来数据库的内容。这样反复地进行寻找，直到数据库的事实与目标一致即找到解答，或者直到没有规则可以与之匹配时才停止。

逆向链的策略是从选定的目标出发，寻找执行后果可以达到目标的规则；如果这条规则的前提与数据库中的事实相匹配，问题就得到解决；否则把这条规则的前提作为新的子目标，并对新的子目标寻找可以运用的规则，执行逆向序列的前提，直到最后运用的规则的前提可以与数据库中的事实相匹配，或者直到没有规则再可以应用时，系统便以对话形式请求用户回答并输入必需的事实。

可见，推理机就如同专家解决问题的思维方式，知识库就是通过推理机来实现其价值的。

9.4.3 其他部分

人机界面是系统与用户进行交流时的界面。通过该界面，用户输入基本信息、回答系统提出的相关问题，并输出推理结果及相关的解释等。

综合数据库专门用于存储推理过程中所需的原始数据、中间结果和最终结论，往往是作为暂时的存储区。解释器能够根据用户的提问，对结论、求解过程做出说明，因而使专家系统更具有人情味。

9.5　经典的专家系统

近 40 多年来，人们建成了具有数以千计规则的专家系统，这些系统集成了众所周知的经过测试的方法来处理大量特定领域的数据，包括数据库、数据挖掘和机器学习。专家系统在多个领域中，如语言 / 自然语言理解、机器人学、医学诊断、工业设备故障诊断、教育、评估和信息检索等，人们已经采用了混合智能方法。

1977 年，中国科学院自动化研究所就基于关幼波先生的经验，研制成功了我国第一个"中医肝病诊治专家系统"。1985 年 10 月中科院合肥智能所熊范纶建成"砂姜黑土小麦施肥专家咨询系统"，这是我国第一个农业专家系统。经过 20 多年努力，一个以农业专家系统为重要手段的智能化农业信息技术在我国取得了令人瞩目的成就，许多农业专家系统遍地开花，对我国农业持续发展发挥作用。中科院计算所史忠植与东海水产研究所等合作，研制了东海渔场预报专家系统。在专家系统开发工具方面，中科院数学研究所研制了专家系统开发环境"天马"，中科院合肥智能所研制了农业专家系统开发工具"雄风"，中科院计算所研制了面向对象专家系统开发工具"OKPS"。

9.5.1　DENDRAL 专家系统

DENDRAL 专家系统历史悠久，这个项目开始于 1965 年，持续多年，涉及斯坦福大学的许多化学家和计算机科学家。无论是在实验意义上还是在正式的分析和科学意义上，许多与人工智能发展有关的想法都是从这个项目开始的。例如，在早期，DENDRAL 强有力地证明了生成和测试算法以及基于规则的方法能够有效地建立专家系统。

DENDRAL 的任务是列举合理的有机分子化学结构（原子键图），输入两种信息：①分析仪器质谱仪和核磁共振光谱仪的数据，②用户提供的答案约束，这些约束可从用户可用的任何其他的知识源（工具或上下文）推导得到。解释如下：

"正如费根鲍姆（计算机科学家）所说，过去还没有将未知化合物的质谱图映射到其分子结构的算法。因此，DENDRAL 的任务是将人类专家莱德伯格（化学家、遗传学诺贝尔奖获得者）的经验、技能和专业知识纳入程序中，这样程序就可以人类专家的水平运行。在开发 DENDRAL 的过程中，莱德伯格不得不学习很多关于计算的知识，正如费根鲍姆不得不学习化学知识一样。显然，对于费根鲍姆而言，除了与化学有关的许多具体规则外，化学家还根据经验和猜想使用了大量启发式知识。"

DENDRAL 的输入通常包含了所研究的如下化合物信息：

（1）化学式，如 $C_6H_{12}O$。

（2）未知有机化合物的质谱图。

（3）核磁共振光谱信息。

然后，无须反馈，DENDRAL 在三个阶段执行启发式搜索，这称为规划 – 生成 – 测试。

（1）规划。在这个阶段，根据所有可能的原子构型的集合和质谱推导出的约束一致的原子构型集合，还原出答案。应用约束，选择必须出现在最终结构中的分子片段，剔除不能出现的分子片段。

（2）生成。使用名为 CONGEN 的程序来生成可能的结构。"它的基础是组合算法（具有数学证明的完整性以及非冗余生成性）。组合算法可以产生所有在拓扑上合法的候选结构。通过使用'规划'过程提供的约束进行裁剪，引导生成合理的集合（即满足约束条件的集合），而不是巨大的合法集合。"

（3）测试。最后阶段，根据假想中的质谱结构与实验结果之间的匹配程度，对生成的输出结构排列次序。

DENDRAL 可以很迅速地将数百种可能的结构缩减到可能的几种或一种结构。如果生成了几种可能的结构，那么系统将会列出这些结构并附上概率。

DENDRAL 证明了计算机可以在一个有限的领域内表现得与人类专家相当。在化学领域，它的表现高于或等于一个化学博士生。这个系统在美国的化学家中得到了广泛的应用。费根鲍姆进一步指出：很矛盾的是，DENDRAL 的结构阐释能力既非常广泛，也非常狭窄。一般来说，DENDRAL 能够处理所有分子、环和树状。在约束条件下（纯粹的仪器数据）对纯结构的阐释，CONGEN 的表现让人类无法匹及……在这些知识密集型的专业领域，通常来说，比起人类专家的表现，DENDRAL 的表现不但快得多，而且更准确。

9.5.2 振动故障诊断的专家系统

专家系统的重要作用之一是用于故障诊断。在昂贵、高速、关键机械运转的情况下，故障的早期准确检测非常重要。在机械运转的情况下，异常情况的常见指标是旋转机械的振动。检测到故障后，维护工程师能够识别症状信息，解释各种错误信息和指示，并提出正确的诊断。换句话说，识别可能导致故障的组件以及组件失败的原因。

机械装置往往会有数百个零件，非常复杂。这将需要专业的领域知识来诊断和维修机械。决策表（DT）是一种紧凑、快速、准确的求解问题的方法。

VIBEX 专家系统结合了决策表分析（DTA）和 DT，决策表分析是通过已知案例来构建的，而 DT 是为了做出分类，使用归纳式知识获取过程来构建。VIBEX DT 与机器学习技术相结合，比起 VIBEX（VIBration Expert）TBL 方法在处理振动原因和发生概率较高的案例时，其诊断更有效率。人类专家合作构建 DTA，这最终得到了由系统知识库组成的规则集。然后，人们使用贝叶斯算法计算出规则的确定性因子。

接下来，作为一种方便的方法，DT 分析使用 C4.5 算法来系统地分解和分类数据。这要求给出表示振动原因类别的定义，并要求表示振动现象属性的定义。这些振动现象是样本集所需的，供机器学习使用。C4.5 使用示例进行归纳推理来构建决策树。因此，它本身也作为振动诊断工具使用。VIBEX 嵌入了原因结果矩阵，包括了约 1 800 个置信因子，这些置信因子适用于监测和诊断旋转机械。

9.5.3 自动牙科识别

鉴于司法取证的原因，能够快速、准确地评估牙科记录是非常重要的。鉴于可用的数据庞大，特别是由于诸如战争、自然灾害和恐怖袭击等大规模灾难，自动识别牙科记录是必要的，也是非常有用的。

1997 年，美国联邦调查局的刑事司法信息服务部门（CJIS）成立了牙科工作组（DTF），以促进创建自动牙科识别系统（ADIS）。ADIS 的目的是为数字化 X 光片和摄影图像提供自动搜索和匹配功能，这样就可以为牙科取证机构生成一个简短的清单。

系统架构背后的理念是利用高级特征来快速检索候选人名单。潜在的匹配搜索组件使用这张清单，然后使用低级的图像特征缩短匹配清单、优化候选清单。因此，架构包括记录预处理组件、潜在匹配搜索组件和图像比较组件。记录预处理组件处理以下五个任务：

（1）记录种植牙胶片。

（2）加强胶片，补偿可能的低对比度。

（3）将胶片进行分类，分成咬翼视图、根尖周视图或全景视图。

（4）在胶片中将牙齿进行分隔。

（5）在对应的位置进行标记，注明牙齿。

Web-ADIS 有三种操作模式：配置模式、识别模式和维护模式。配置模式用于微调，客户使用识别模式获取所提交记录的匹配信息。维护模式用于上传新参考记录到数据库服务器，并且能够对预处理服务器进行更新。如今，系统真正达到了 85% 的验收率。

在那些定义明确的领域中存在大量人类的专业技能和知识，但知识主要是启发式的并且具有不确定性，这样的领域使用专家系统最理想。虽然专家系统的表现方式不一定与人类专家的表现方式相同，但构建专家系统的前提是，它们以某种方式模仿或建模人类专家的求解问题和做出决定的技能。将专家系统与一般程序区分开来的一个重要特征是，它们通常包括一个解释装置。也就是说，它们将尝试解释如何得出结论，换句话说，它们将尝试解释用什么样的推理链来得出结论。

作业

1. 总体来说，专家系统因其在计算机科学和现实世界中的贡献而被视为人工智能中最成功、（　　）、最知名和最受欢迎的领域。

    A. 最古老　　　　B. 最年轻　　　　C. 最专一　　　　D. 最简单

2. 专家系统出现在 20 世纪 70 年代，当时整个人工智能领域正处在发展的（　　）。

    A. 高潮　　　　B. 第三阶段　　　　C. 低谷　　　　D. 爆发时期

3. 事实上，大多数人（　　）专家，这与早期的人类观点相反。

    A. 都可以成为　　　　　　　　B. 可以在各个领域成为

    C. 无师自通，自成　　　　　　D. 只有在自己的专业领域才是

4. 国际象棋大师（　　）创建生活中其他事物启发法、规则、方法的大师，对于数学博士、医生或律师来说也是如此。

    A. 大部分是　　　　B. 基本不是　　　　C. 通常都是　　　　D. 没有可能成为

5. 我们所知道的是，人们在掌握任何特定领域知识之前，（　　）。

    A. 需要长期的学习　　　　　　B. 通常都是天才

    C. 只要勤奋工作就行　　　　　D. 只要生活幸福就行

6. 对于"人类求解问题和感知中存在的冗余"，Brady 的真正意思是一个词——（　　）。

    A. 重复　　　　　　B. 没用　　　　　　C. 复杂　　　　　　D. 模式

7. 德雷福斯兄弟认为：专有技术基于"从新手到专家的过程中有五个技能获取阶段"这个前提，即新手、熟手、（　　）、精通、专家。

    A. 能手　　　　　　B. 高人　　　　　　C. 胜任　　　　　　D. 行家

8. 德雷福斯兄弟认为，在许多方面，如视觉、解释判断方面，包括（　　），机器都比人脑差。没有这些能力，机器将永远比不上人类（大脑和思想）。

    A. 图像显示质量　　　　　　　　　　B. 人脑整体工作的方式

    C. 声音抒发的音色　　　　　　　　　D. 运算速度与精度

9. 专家的一个关键的杰出特征就是，他们能出色地完成工作。要做到这一点，他们要能够完成（　　）工作。

    A. 转述问题　　　B. 解决问题　　　　C. 解释结果　　　　D. 学习

10. 在人工智能领域，人们希望机器能得到专有技能，而（　　）也许是人类专有技能中最困难的一种技能。

    A. 运算　　　　　B. 学习　　　　　　C. 显示　　　　　　D. 智能

11. 当人们考虑建立专家系统时，思考的第一个问题是（　　）是否合适。

    A. 费用和收益　B. 领域和问题　　　C. 形象和成果　　　D. 时间和进度

12. 与其他人工智能系统不同，专家系统偏重处理（　　）的知识。

    A. 确定但不精确　　　　　　　　　　B. 不确定但一定精确

    C. 不确定和不精确　　　　　　　　　D. 确定并且精确

13. 知识是提升专家系统能力的关键。知识往往会以（　　）的形式出现。

    A. 粗糙、不精确、不完整、规定不明　B. 完整、精确、充分、明晰

    C. 代表人类专家最高水平　　　　　　D. 不精确但至少不粗糙

14. 建立成功的知识工程系统，关键的方法包括：知识库的灵活性、领域专有知识、多种知识来源、情景 - 动作规则的使用以及其（　　）。

    A. 解释　　　　　B. 生成和测试　　　C. 推理路线　　　　D. 良好的功利性

15. 从人类专家处获取知识，并将其组织到可用的系统中——这个任务一直被认为是（　　）。

    A. 很简单的　　　B. 很困难的　　　　C. 不可能的　　　　D. 没必要的

🍵 思维与操作实训 小组讨论：专家系统适合于什么样的应用场景

1. 实训目的

在开始本实训之前，请认真阅读课文的相关内容。

（1）了解人工智能专家系统的发展历程。

（2）熟悉人类专家和专家系统的不同特点，熟悉从新手到专家的五个技能获取阶段。

（3）熟悉知识工程、知识获取等重要的专家系统概念，了解专家系统的结构。

2. 实训内容与步骤

（1）课外观看电影《赌城风云》，思考专家的基本特征。

（2）小组讨论：专家系统适合于什么样的应用场景，拿出你们建设某个应用的专家系统的构思方案。

请记录小组讨论的主要观点，推选代表在课堂上简单阐述你们的观点。

3. 实训总结

_____

_____

_____

_____

4. 教师对实训的评价

_____

_____

_____

_____

第10章

机器学习

导读案例 **Netflix 的电影推荐引擎**

成立于 1997 年的世界最大的在线影片租赁服务商 Netflix 是一家美国公司（见图 10-1），总部位于加利福尼亚州洛斯盖图，公司在美国、加拿大、日本等国提供互联网随选流媒体播放，定制 DVD、蓝光光碟在线出租业务。

图 10-1 Netflix 的电影推荐引擎

2011 年，Netflix 的网络电影销量占据美国用户在线电影总销量的 45%。2017 年 4 月 26 日，Netflix 与爱奇艺达成在剧集、动漫、纪录片、真人秀等领域的内容授权合作。2018 年 6 月，Netflix 进军漫画世界。Netflix 发布的 2019 年第一季度财务报表显示，总营收为 45.21 亿美元，同比增长 22.2%。

2012 年 9 月 21 日 Netflix 宣布，来自 186 个国家和地区的四万多个团队经过近三年的较量，一个由七个分别来自奥地利、加拿大、以色列和美国的计算、统计和人工智能专家组成的团队 BPC（BellKor's Pragmatic Chaos）夺得了 Netflix 大奖。获奖团队由原本是竞争对手的三个团队重新组团而成，参加颁奖仪式时，也是这七个成员第一次碰面。

获奖团队成功地将 Netflix 的影片推荐引擎的推荐效率提高了 10%。Netflix 大奖的参赛者们不断改进影片推荐效率，Netflix 的客户为此获益。这项比赛的规则要求获胜团队公开他们采用的推荐算法，这样很多商业都能从中获益。

　　第一个 Netflix 大奖成功的解决了一个巨大的挑战，为提供了 50 个以上评级的观众准确地预测他们的电影欣赏口味。随着一百万美金大奖的颁发，Netflix 很快宣布了第二个百万美金大奖，希望世界上的计算机专家和机器学习专家们能够继续改进推荐引擎的效率。下一个百万大奖目标是，为那些不经常做影片评级或者根本不做评级的顾客推荐影片，要求使用一些隐藏着观众口味的地理数据和行为数据来进行预测。同样，获胜者需要公开他们的算法。如果解决这个问题，Netflix 就能够很快开始向新客户推荐影片，而不需要等待客户提供大量的评级数据后才做出推荐。

　　新的比赛用数据集有 1 亿条数据，包括评级数据、顾客年龄、性别、居住地区邮编和以前观看过的影片。所有的数据都是匿名的，没有办法关联到 Netflix 的任何一个顾客。

　　推荐引擎是 Netflix 公司的一个关键服务，1 千多万顾客都能在一个个性化网页上对影片做出 1~5 的评级。Netflix 将这些评级放在一个巨大的数据集中，该数据集容量超过了 30 亿条。Netflix 使用推荐算法和软件来标识具有相似品味的观众对影片可能做出的评级。几年来，Netflix 已经使用参赛选手的方法提高了影片推荐的效率，得到很多影片评论家和用户的好评。

教学视频 电影赏析《她》

上映时间：2013 年。

刚刚离婚的男作家西奥多，在一次偶然的机会接触到了最新的人工智能操作系统 OS1。这个名为萨曼莎的人工智能系统，温柔体贴又不失风趣幽默，很快就获得了西奥多的好感，而后这一切竟逐渐发展成了一段惊世骇俗的奇异恋情。

图 10-2　电影《她》剧照

符合现实的部分：人工智能操作系统距离我们并不是特别遥远，这部电影向人们展示了人类被机器人吸引所带来的风险。程序和操作系统可以在网络中自由遨游，同时与成千上万人建立联系，而作为生物的人总会受制于自己的身体和大脑。

偏离现实之处：电影中出现了如此先进的人工智能，但世界却未因此发生多大的变化。这一点太让人不可思议。

10.1　机器学习的概念

苹果手机提供了一个智能语音助手 Siri，而亚马逊公司的子公司 Alexa 是一家专门发布网站世界排名的网站，其目的是让互联网网友们在分享虚拟资源的同时，更多地参与互联网资源的组织。那么，日常生活中，你是否已经在使用像 Siri 或 Alexa 这样的个人助理客户端呢？你是否依赖垃圾邮件过滤器来保持你的电子邮件收件箱的清洁呢？你是否订阅了类似 Netflix 的服务并依赖它惊人的准确推荐来寻找你喜欢的新电影或书刊呢？如果你对这些问题回答说"是"，那么，事实上，你已经在很好地利用机器学习了。

机器学习是人工智能的一个分支（见图 10-3），它所涉及的范围非常大——语言处理、图像识别、规划等，但它实际上是一个相当简单的概念。为了更好地理解它，我们来研究一下关于机器学习的 what、who、when、where、how 以及 why（什么、谁、何时、何地、如何以及为什么）。

图 10-3　什么是机器学习

10.1.1　机器学习的发展

机器学习最早的发展可以追溯到英国数学家贝叶斯（1701 至 1761 年）在 1763 年发表的贝叶斯定理，这是关于随机事件 A 和 B 的条件概率（或边缘概率）的一则数学定理，是机器学习的基本思想。其中，P(A | B) 是在 B 发生的情况下 A 发生的可能性，即寻求根据以前的信息寻找最可能发生的事件。

$$P(B_i|A) = \frac{P(B_i)P(A|B_i)}{\sum_{j=1}^{n}P(B_j)P(A|B_j)}$$

机器学习的发展过程大体上可分为四个时期（见图 10-4）。

图 10-4 机器学习的发展

第一阶段是在 20 世纪 50 年代中叶到 60 年代中叶，属于热烈时期。

第二阶段是在 20 世纪 60 年代中叶至 70 年代中叶，被称为机器学习的冷静时期。

第三阶段是从 20 世纪 70 年代中叶至 80 年代中叶，称为复兴时期。

机器学习的最新阶段始于 1986 年，进入新阶段重要表现在下列诸方面：

（1）机器学习成为新的边缘学科并在高校成为一门课程，它综合应用心理学、生物学和神经生理学以及数学、自动化和计算机科学形成机器学习理论基础。

（2）结合各种学习方法取长补短的多种形式的集成学习系统研究正在兴起。特别是连接学习符号学习的耦合可以更好地解决连续性信号处理中知识与技能的获取与求精问题而受到重视。

（3）机器学习与人工智能各种基础问题的统一性观点正在形成。例如学习与问题求解结合进行、知识表达便于学习的观点产生了通用智能系统的组块学习。类比学习与问题求解结合的基于案例方法已成为经验学习的重要方向。

（4）各种学习方法的应用范围不断扩大，一部分已形成商品。归纳学习的知识获取工具已在诊断分类型专家系统中广泛使用；连接学习在声图文识别中占优势；分析学习已用于设计综合型专家系统；遗传算法与强化学习在工程控制中有较好的应用前景；与符号系统耦合的神经网络连接学习将在企业的智能管理与智能机器人运动规划中发挥作用。

（5）与机器学习有关的学术活动空前活跃。国际上除每年举行的机器学习研讨会外，还有计算机学习理论会议以及遗传算法会议。

在 1950 年图灵发明图灵测试之后，1952 年亚瑟·塞缪尔创建了第一个真正的机器学习程序——简单的下棋游戏程序，这个程序具有学习能力，它可以在不断的对弈中改善自己的棋艺。4 年后，这个程序战胜了设计者本人。又过了 3 年，这个程序战胜了美国一个保持 8 年之久的常胜不败的冠军。这个程序向人们展示了机器学习的能力，提出了许多令人深思的社会问题与哲学问题。接着是唐纳德·米奇在 1963 年推出的强化学习的 tic-tac-toe（井字棋）程序。

在接下来的几十年里，机器学习的进步遵循了同样的模式—— 一项技术突破导致了更新的、更复杂的计算机，通常是通过与专业的人类玩家玩战略游戏来测试的。

机器学习在 1997 年达到巅峰，当时，IBM 深蓝国际象棋计算机在一场国际象棋比赛中

击败了世界冠军加里·卡斯帕罗夫。近年来，谷歌开发了专注于中国棋类游戏围棋（Go）的
AlphaGo（阿尔法狗），该游戏被普遍认为是世界上最难的游戏。尽管围棋被认为过于复杂，
以至于一台计算机无法掌握，但在 2016 年，AlphaGo 终于获得了胜利，在一场五局比赛中
击败了李世石（见图 10-5）。

图 10-5 AlphaGo 在围棋赛中击败李世石

　　机器学习最大的突破是深度学习（2006 年）。深度学习的目的是模仿人脑的思维过程，
经常被用于图像和语音识别。深度学习的出现导致了我们今天使用的（可能是理所当然的）
许多技术。

10.1.2 机器学习的定义

　　学习是人类具有的一种重要的智能行为，但究竟什么是学习，长期以来却众说纷纭。社
会学家、逻辑学家和心理学家都各有其不同的看法。

　　比如，兰利（1996）的定义是："机器学习是一门人工智能的科学，该领域的主要研究
对象是人工智能，特别是如何在经验学习中改善具体算法的性能。"

　　汤姆·米切尔的机器学习（1997）对信息论中的一些概念有详细的解释，其中定义机器
学习时提到："机器学习是对能通过经验自动改进的计算机算法的研究。"

　　Alpaydin（2004）提出自己对机器学习的定义："机器学习是用数据或以往的经验，以此
优化计算机程序的性能标准。"

　　为了便于进行讨论和估计学科的进展，有必要对机器学习给出定义，即使这种定义是不
完全的和不充分的。顾名思义，机器学习是研究如何使用机器来模拟人类学习活动的一门学
科。稍为严格的提法是：机器学习是一门研究机器获取新知识和新技能，并识别现有知识的
学问。这里所说的"机器"，指的就是计算机、电子计算机、量子计算机、光子计算机或神
经计算机，等等。

　　机器能否像人类一样能有学习能力？机器的能力是否能超过人的能力，很多持否定意见
的人的一个主要论据是：机器是人造的，其性能和动作完全是由设计者规定的，因此无论如
何其能力也不会超过设计者本人。这种意见对不具备学习能力的机器来说的确是对的，可是
对具备学习能力的机器就值得考虑了，因为这种机器的能力在应用中不断地提高，过一段时

间之后，设计者本人也不知它的能力到了何种水平。

由汤姆·米切尔给出的被广泛引用的机器学习的定义给出了最佳解释。下面是其中的内容："计算机程序可以在给定某种类别的任务 T 和性能度量 P 下学习经验 E，如果其在任务 T 中的性能恰好可以用 P 度量，则随着经验 E 而提高。"

让我们用简单的例子来分解下这个描述。

示例 10-1：机器学习和根据人的身高估算体重。

假设你想创建一个能够根据人的身高估算体重的系统（也许你出自某些理由对这件事情感兴趣）。那么你可以使用机器学习去找出任何可能的错误和数据捕获中的错误，首先你需要收集一些数据（见图 10-6）。

图 10-6　根据人的身高估算体重

图 10-6 中的每一个点对应一个数据，可以画出一条简单的斜线来预测基于身高的体重。我们希望去减少预测和实际之间的误差，这也是衡量其性能的方法。

深远一点地说，我们收集更多的数据（经验），模型就会变得更好。我们也可以通过添加更多变量（如性别）和添加不同的预测斜线来完善模型。

示例 10-2：飓风预测系统。

我们找一个复杂一点的例子。假如你要构建一个飓风预测系统，假设你手里有所有以前发生过的飓风的数据和这次飓风产生前三个月的天气信息。

如果要手动构建一个飓风预测系统，我们应该怎么做？

首先是要清洗所有的数据，找到数据里面的模式进而查找产生飓风的条件。

我们既可以将模型条件数据（如气温高于 40 度，湿度在 80~100 之间）输入到系统中生成输出，也可以让系统自己通过这些条件数据产生合适的输出。

可以把所有以前的数据输入到系统中预测未来是否会有飓风。基于系统条件的取值，评估系统性能（正确预测飓风的次数）。可以将系统预测结果作为反馈继续多次迭代以上步骤。

根据前边的解释来定义预测系统：任务是确定可能产生飓风的气象条件。性能 P 是在系统所有给定的条件下有多少次正确预测飓风，经验 E 是系统的迭代次数。

10.2　机器学习的学习类型

机器学习的核心是"使用算法解析数据，从中学习，然后对世界上的某件事情做出决定或预测"。这意味着，与其显式地编写程序来执行某些任务，不如教计算机学会如何开发一个算法来完成任务。有三种主要类型的机器学习：监督学习、非监督学习和强化学习，各自有着不同的优点和缺点（见图 10-7）。

图 10-7　机器学习的三种主要类型

10.2.1　监督学习

监督学习涉及一组标记数据，计算机可以使用特定的模式来识别每种标记类型的新样本，即在机器学习过程中提供对错指示，一般是在数据组中包含最终结果（0，1）。通过算法让机器自我减少误差。监督学习从给定的训练数据集中学习出一个函数，当新的数据到来时，可以根据这个函数预测结果。监督学习的训练集要求是包括输入和输出，也可以说是特征和目标。训练集中的目标是由人标注的。常见的监督学习算法包括回归分析和统计分类。

监督学习的主要类型是分类和回归。

在分类中，机器被训练成将一个组划分为特定的类，一个简单例子就是电子邮件账户上的垃圾邮件过滤器。过滤器分析用户以前标记为垃圾邮件的电子邮件，并将它们与新邮件进行比较，如果它们有一定的百分比匹配，这些新邮件将被标记为垃圾邮件并发送到适当的文件夹中。那些比较不相似的电子邮件被归类为正常邮件发送到用户的收件箱。

在回归中，机器使用先前的（标记的）数据来预测未来，天气应用是回归的好例子。使用气象事件的历史数据（即平均气温、湿度和降水量），手机天气预报 APP 可以查看当前天气，并对未来时间的天气进行预测。

10.2.2　无监督学习

无监督学习又称归纳性学习，通过循环和递减运算来减小误差，达到分类的目的。

在无监督学习中，数据是无标签的。由于大多数真实世界的数据都没有标签，这样的算法就特别有用。无监督学习分为聚类和降维。聚类用于根据属性和行为对象进行分组。这与分类不同，因为这些组不是用户提供的。聚类的一个例子是将一个组划分成不同的子组(例如，基于年龄和婚姻状况)，然后应用到有针对性的营销方案中。降维通过找到共同点来减少数据集的变量。大多数大数据可视化使用降维来识别趋势和规则。

10.2.3 强化学习

强化学习使用机器的个人历史和经验来做出决定，其经典应用是玩游戏。与监督和非监督学习不同，强化学习不涉及提供"正确的"答案或输出。相反，它只关注性能，这反映了人类是如何根据积极和消极的结果学习的。很快就学会了不要重复这一动作。同样的道理，一台下棋的计算机可以学会不把它的国王移到对手的棋子可以进入的空间。然后，国际象棋的这一基本教训就可以被扩展和推断出来，直到机器能够打败（并最终击败）人类顶级玩家为止。

机器学习使用特定的算法和编程方法来实现人工智能。没有机器学习，前面提到的国际象棋程序将需要数百万行代码，包括所有的边缘情况并包含来自对手的所有可能的移动。有了机器学习，可以将代码量缩小到以前的一小部分。此外，深度学习是机器学习的一个子集，它专注于模仿人类大脑的生物学和过程。

10.3　机器学习的算法

学习是一项复杂的智能活动，学习过程与推理过程是紧密相连的。学习中所用的推理越多，系统的能力越强。

10.3.1 算法的定义

要完全理解大多数机器学习算法，需要对一些关键的数学概念有一个基本的理解，这些概念包括线性代数、微积分、概率和统计知识（见图 10-8）。

图 10-8　机器学习所需的数学主题的重要性

（1）线性代数概念包括矩阵运算、特征值 / 特征向量、向量空间和范数。

（2）微积分概念包括偏导数、向量－值函数、方向梯度。

（3）统计概念包括贝叶斯定理、组合学、抽样方法。

机器学习专注于让人工智能具备学习任务的能力，使人工智能能够使用数据来教自己。程序员是通过机器学习算法来实现这一目标的。这些算法是人工智能学习行为所基于的模型。算法与训练数据集一起使人工智能能够学习。

例如，学习如何识别猫与狗的照片。人工智能将算法设置的模型应用于包含猫和狗图像的数据集。随着时间的推移，人工智能将学习如何更准确、更轻松地识别狗与猫而无需人工输入。

1. 算法的特征

算法能够对一定规范的输入，在有限时间内获得所要求的输出。如果一个算法有缺陷，或者不适合于某个问题，执行这个算法就不会解决这个问题。不同的算法可能用不同的时间、空间或效率来完成同样的任务。

一个算法应该具有以下五个重要的特征：

（1）有穷性。是指算法必须能在执行有限个步骤之后终止。

（2）确切性。算法的每一步骤必须有确切的定义。

（3）输入项。一个算法有 0 个或多个输入，以刻画运算对象的初始情况，所谓 0 个输入是指算法本身给出了初始条件。

（4）输出项。一个算法有一个或多个输出，以反映对输入数据加工后的结果。没有输出的算法是毫无意义的。

（5）可行性。算法中执行的任何计算步骤都可以被分解为基本的可执行的操作步骤，即每个计算步都可以在有限时间内完成（也称有效性）。

2. 算法的要素

（1）数据对象的运算和操作。计算机可以执行的基本操作是以指令的形式描述的。一个计算机系统能执行的所有指令的集合，称为该计算机系统的指令系统。一个计算机的基本运算和操作有如下四类：

① 算术运算：加、减、乘、除等运算。

② 逻辑运算：或、且、非等运算。

③ 关系运算：大于、小于、等于、不等于等运算。

④ 数据传输：输入、输出、赋值等运算。

（2）算法的控制结构。一个算法的功能结构不仅取决于所选用的操作，而且还与各操作之间的执行顺序有关。

3. 算法的评定

同一问题可用不同算法解决，而算法的质量优劣将影响到算法乃至程序的效率。算法分析的目的在于选择合适算法和改进算法。算法评价主要从时间复杂度和空间复杂度来考虑。

（1）时间复杂度：是指执行算法所需要的计算工作量。一般来说，计算机算法是问题规模的正相关函数。

（2）空间复杂度：是指算法需要消耗的内存空间。其计算和表示方法与时间复杂度类似，一般都用复杂度的渐近性来表示。同时间复杂度相比，空间复杂度的分析要简单得多。

（3）正确性：是评价一个算法优劣的最重要的标准。

（4）可读性：是指一个算法可供人们阅读的容易程度。

（5）健壮性：是指一个算法对不合理数据输入的反应能力和处理能力，也称容错性。

10.3.2 回归算法

回归算法（见图 10-9）是最流行的机器学习算法，线性回归算法是基于连续变量预测特定结果的监督学习算法。另一方面，Logistic 回归专门用来预测离散值。这两种回归算法（以及所有其他回归算法）都以它们的速度而闻名，且是最快速的机器学习算法之一。

图 10-9　回归算法

10.3.3 基于实例的算法

最著名的基于实例的算法是 k- 最近邻算法，也称为 KNN（K-Nearest Neighbor）算法，它是机器学习中最基础和简单的算法之一，既能用于分类，也能用于回归。KNN 算法有一个十分特别的地方：它没有一个显示的学习过程。它的工作原理是利用训练数据对特征向量空间进行划分，并将其划分的结果作为其最终的算法模型，即基于实例的分析使用提供数据的特定实例来预测结果。KNN 用于分类，比较数据点的距离，并将每个点分配给它接近的组。

10.3.4 决策树算法

决策树算法将一组"弱"学习器集合在一起，形成一种强算法，这些学习器组织在树状结构中，相互分支。一种流行的决策树算法是随机森林算法。在该算法中，弱学习器是随机选择的，这往往可以获得一个强预测器。

在图 10-10 中，可以发现许多共同的特征（就像眼睛是蓝色的或者不是蓝色的），它们都不足以单独识别动物。然而，当把所有这些观察结合在一起时，就能形成一个更完整的画面，并做出更准确的预测。

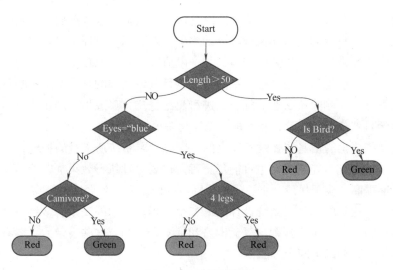

图 10-10 决策树算法

10.3.5 贝叶斯算法

事实上，上述算法都是基于贝叶斯理论的，最流行的算法是朴素贝叶斯，它经常用于文本分析。例如，大多数垃圾邮件过滤器使用贝叶斯算法，它们使用用户输入的类标记数据来比较新数据并对其进行适当分类。

10.3.6 聚类算法

聚类算法的重点是发现元素之间的共性并对它们进行相应的分组，常用的聚类算法是k-means 聚类算法。在 k-means 中，分析人员选择簇数（以变量 k 表示），并根据物理距离将元素分组为适当的聚类。

10.3.7 神经网络算法

人工神经网络算法基于生物神经网络的结构，深度学习采用神经网络模型并对其进行更新。它们是大、且极其复杂的神经网络，使用少量的标记数据和更多的未标记数据。神经网络和深度学习有许多输入，它们经过几个隐藏层后才产生一个或多个输出。这些连接形成一个特定的循环，模仿人脑处理信息和建立逻辑连接的方式。此外，随着算法的运行，隐藏层往往变得更小、更细微。

一旦选定了算法，还有一个非常重要的步骤，就是可视化和交流结果。虽然与算法编程的细节相比，这看起来比较简单，但是，如果没有人能够理解，那么惊人的洞察力又有何用？

10.4 机器学习的基本结构

在学习系统的基本结构中，环境向系统的学习部分提供某些信息，学习部分利用这些信息修改知识库，以增进系统执行部分完成任务的效能，执行部分根据知识库完成任务，同时把获得的信息反馈给学习部分。在具体的应用中，环境、知识库和执行部分决定了工作内容，确定了学习部分所需要解决的问题。

（1）环境向系统提供的信息。更具体地说是信息的质量，这是影响学习系统设计的最重要的因素。知识库中存放的是指导执行部分动作的一般原则，但环境向学习系统提供的信息却是各种各样的。如果信息的质量比较高，与一般原则的差别比较小，则学习部分比较容易处理。如果向学习系统提供的是杂乱无章的指导执行具体动作的具体信息，则学习系统需要在获得足够数据之后，删除不必要的细节，进行总结推广，形成指导动作的一般原则，放入知识库，这样学习部分的任务就比较繁重，设计起来也较为困难。

因为学习系统获得的信息往往是不完全的，所以学习系统所进行的推理并不完全是可靠的，它总结出来的规则可能正确，也可能不正确。这要通过执行效果加以检验。正确的规则能使系统的效能提高，应予保留；不正确的规则应予修改或从数据库中删除。

（2）知识库。这是影响学习系统设计的第二个因素。知识的表示有多种形式，比如特征向量、一阶逻辑语句、产生式规则、语义网络和框架，等等。这些表示方式各有其特点，在选择表示方式时要兼顾以下四个方面：

① 表达能力强。

② 易于推理。

③ 容易修改知识库。

④ 知识表示易于扩展。

学习系统不能在没有任何知识的情况下凭空获取知识，每一个学习系统都要求具有某些知识理解环境提供的信息，分析比较，做出假设，检验并修改这些假设。因此，更确切地说，学习系统是对现有知识的扩展和改进。

（3）执行部分。是整个学习系统的核心，因为执行部分的动作就是学习部分力求改进的动作。同执行部分有关的问题有三个：复杂性、反馈和透明性。

10.5　机器学习的分类

机器学习按学习策略、所获取知识的表示形式和应用领域可以有不同的分类。

10.5.1 基于学习策略的分类

学习策略是指学习过程中系统所采用的推理策略。一个学习系统总是由学习和环境两部分组成。由环境（如书本或教师）提供信息，学习部分则实现信息转换，用能够理解的形式记忆下来，并从中获取有用的信息。在学习过程中，学生（学习部分）使用的推理越少，他对教师（环境）的依赖就越大，教师的负担也就越重。学习策略的分类标准就是根据学生实现信息转换所需的推理多少和难易程度来分类的，依从简单到复杂，从少到多的次序分为以下六种基本类型：

（1）机械学习。学习者无须任何推理或其他知识转换，直接吸取环境所提供的信息，如塞缪尔的跳棋程序、纽厄尔和西蒙的 LT 系统。这类学习系统主要考虑的是如何索引存储的知识并加以利用。系统的学习方法是直接通过事先编好、构造好的程序来学习，学习者不作任何工作或者是通过直接接收既定的事实和数据进行学习，对输入信息不作任何推理。

（2）示教学习。学生从环境（教师或其他信息源如教科书等）获取信息，把知识转换成内部可使用的表示形式，并将新的知识和原有知识有机地结合为一体。所以要求学生有一定程度的推理能力，但环境仍要做大量的工作。教师以某种形式提出和组织知识，以使学生拥有的知识可以不断地增加。这种学习方法和人类社会的学校教学方式相似，学习的任务就是建立一个系统，使它能接受教导和建议，并有效地存储和应用学到的知识。不少专家系统在建立知识库时使用这种方法去实现知识获取。示教学习的一个典型应用是 FOO 程序。

（3）演绎学习。学生所用的推理形式为演绎推理。推理从公理出发，经过逻辑变换推导出结论。这种推理是"保真"变换和特化的过程，使学生在推理过程中可以获取有用的知识。这种学习方法包含宏操作学习、知识编辑和组块技术。演绎推理的逆过程是归纳推理。

（4）类比学习。利用二个不同领域（源域、目标域）中的知识相似性，可以通过类比，从源域的知识（包括相似的特征和其他性质）推导出目标域的相应知识，从而实现学习。类比学习系统可以使一个已有的计算机应用系统转变为适应于新的领域，来完成原先没有设计的相类似的功能。

类比学习需要比上述三种学习方式更多的推理。它一般要求先从知识源（源域）中检索出可用的知识，再将其转换成新的形式，用到新的状况（目标域）中去。类比学习在人类科学技术发展史上起着重要作用，许多科学发现就是通过类比得到的。例如，著名的卢瑟福类比就是通过将原子结构（目标域）同太阳系（源域）作类比，揭示了原子结构的奥秘。

（5）基于解释的学习。学生根据教师提供的目标概念、该概念的一个例子、领域理论及可操作准则，首先构造一个解释来说明为什么该例子满足目标概念，然后将解释推广为目标概念的一个满足可操作准则的充分条件。基于解释的学习已被广泛应用于知识库求精和改善系统的性能，这样的著名系统有迪乔恩的 GENESIS、米切尔的 LEXII 和 LEAP 以及明顿等的 PRODIGY。

（6）归纳学习。是由教师或环境提供某概念的一些实例或反例，让学生通过归纳推理得出该概念的一般描述。这种学习的推理工作量远多于示教学习和演绎学习，因为环境并不提供一般性概念描述（如公理）。从某种程度上说，归纳学习的推理量也比类比学习大，因为没有一个类似的概念可以作为"源概念"加以取用。归纳学习是最基本的，发展也较为成熟的学习方法，在人工智能领域中已经得到广泛的研究和应用。

10.5.2 基于所获取知识的表示形式分类

学习系统获取的知识可能有行为规则、物理对象的描述、问题求解策略、各种分类及其他用于任务实现的知识类型。

对于学习中获取的知识，主要有以下一些表示形式：

（1）代数表达式参数。学习的目标是调节一个固定函数形式的代数表达式参数或系数来达到一个理想的性能。

（2）决策树。用决策树来划分物体的类属，树中每一内部节点对应一个物体属性，而每一边对应于这些属性的可选值，树的叶节点则对应于物体的每个基本分类。

（3）形式文法。在识别一个特定语言的学习中，通过对该语言的一系列表达式进行归纳，形成该语言的形式文法。

（4）产生式规则。表示为条件－动作对，已被极为广泛地使用。学习系统中的学习行为主要是生成、泛化、特化或合成产生式规则。

（5）形式逻辑表达式。基本成分是命题、谓词、变量、约束变量范围的语句以及嵌入的逻辑表达式。

（6）图和网络。有的系统采用图匹配和图转换方案来有效地比较和索引知识。

（7）框架和模式。每个框架包含一组槽，用于描述事物（概念和个体）的各个方面。

（8）计算机程序和其他过程编码。获取这种形式的知识，目的在于取得一种能实现特定过程的能力，而不是为了推断该过程的内部结构。

（9）神经网络。这主要用在联接学习中。学习所获取的知识，最后归纳为一个神经网络。

（10）多种表示形式的组合。有时一个学习系统中获取的知识需要综合应用上述几种知识表示形式。

根据表示的精细程度，可将知识表示形式分为两大类：泛化程度高的粗粒度符号表示、泛化程度低的精粒度亚符号表示。像决策树、形式文法、产生式规则、形式逻辑表达式、框架和模式等属于符号表示类；而代数表达式参数、图和网络、神经网络等则属亚符号表示类。

10.5.3 按应用领域分类

机器学习最主要的应用领域有专家系统、认知模拟、规划和问题求解、数据挖掘、网络信息服务、图像识别、故障诊断、自然语言理解、机器人和博弈等领域。

从机器学习的执行部分所反映的任务类型上看，大部分的应用研究领域基本上集中于以下两个范畴：

（1）分类任务。要求系统依据已知的分类知识对输入的未知模式（该模式的描述）作分析，以确定输入模式的类属。相应的学习目标就是学习用于分类的准则（如分类规则）。

（2）问题求解。要求对于给定的目标状态寻找一个将当前状态转换为目标状态的动作序列；机器学习在这一领域的研究工作大部分集中于通过学习来获取能提高问题求解效率的知识（如搜索控制知识，启发式知识等）。

10.5.4 综合分类

综合考虑各种学习方法出现的历史渊源、知识表示、推理策略、结果评估的相似性、研究人员交流的相对集中性以及应用领域等诸因素。将机器学习方法区分为以下六类：

（1）经验性归纳学习。采用一些数据密集的经验方法（如版本空间法、ID3法、定律发现方法）对例子进行归纳学习。其例子和学习结果一般都采用属性、谓词、关系等符号表示。它相当于基于学习策略分类中的归纳学习，但扣除联接学习、遗传算法、加强学习的部分。

（2）分析学习。是从一个或少数几个实例出发，运用领域知识进行分析。其主要特征为：

① 推理策略主要是演绎，而非归纳。

② 使用过去的问题求解经验（实例）指导新的问题求解，或产生能更有效地运用领域知识的搜索控制规则。

分析学习的目标是改善系统的性能，而不是新的概念描述。分析学习包括应用解释学习、演绎学习、多级结构组块以及宏操作学习等技术。

（3）类比学习。相当于基于学习策略分类中的类比学习。在这一类型的学习中比较引人注目的研究是通过与过去经历的具体事例作类比来学习，称为基于范例的学习，或简称范例学习。

（4）遗传算法。模拟生物繁殖的突变、交换和达尔文的自然选择（在每一生态环境中适者生存）。它把问题可能的解编码为一个向量，称为个体，向量的每一个元素称为基因，并利用目标函数（相应于自然选择标准）对群体（个体的集合）中的每一个个体进行评价，根据评价值（适应度）对个体进行选择、交换、变异等遗传操作，从而得到新的群体。遗传算法适用于非常复杂和困难的环境，比如，带有大量噪声和无关数据、事物不断更新、问题目标不能明显和精确地定义，以及通过很长的执行过程才能确定当前行为的价值等。同神经网络一样，遗传算法的研究已经发展为人工智能的一个独立分支。

（5）联接学习。典型的联接模型实现为人工神经网络，其由称为神经元的一些简单计算单元以及单元间的加权联接组成。

（6）增强学习。特点是通过与环境的试探性交互来确定和优化动作的选择，以实现所谓的序列决策任务。在这种任务中，学习机制通过选择并执行动作，导致系统状态的变化，并有可能得到某种强化信号（立即回报），从而实现与环境的交互。强化信号就是对系统行为的一种标量化的奖惩。系统学习的目标是寻找一个合适的动作选择策略，即在任一给定的状态下选择哪种动作的方法，使产生的动作序列可获得某种最优的结果（如累计立即回报最大）。

在综合分类中，经验归纳学习、遗传算法、联接学习和增强学习均属于归纳学习，其中经验归纳学习采用符号表示方式，而遗传算法、联接学习和加强学习则采用亚符号表示方式；分析学习属于演绎学习。实际上，类比策略可看成是归纳和演绎策略的综合，因而最基本的学习策略只有归纳和演绎。

10.6　机器学习的应用

机器学习有巨大的潜力来改变和改善世界，使我们正朝着真正的人工智能迈进一大步。机械学习的主要目的是为了从使用者和输入数据等处获得知识或技能，重新组织已有的知识结构使之不断改善自身的性能。从而可以减少错误，帮助解决更多问题，提高解决问题的效率。它是人工智能的核心，是使计算机具有智能的根本途径，其应用遍及人工智能的各个领域，它主要使用归纳、综合而不是演绎。

10.6.1　应用于物联网

物联网（Internet of Things，IoT），是指家中和办公室中联网的物理设备。流行的物联网设备是智能灯泡（见图 10-11），其销售额在过去几年里猛增。随着机器学习的进步，物联网设备比以往任何时候都更聪明、更复杂。机器学习有两个主要的与物联网相关的应用：使你的设备变得更好和收集你的数据。让设备变得更好是非常简单的：使用机器学习来个性化你的环境。收集数据更加简单，通过在家中保持网络连接的设备（如亚马逊回声）的通电和监听，像亚马逊这样的公司收集关键的人口统计信息，将其传递给广告商；比如电视显示你正在观看的节目、你什么时候醒来或睡觉、有多少人住在你家。

图 10-11　智能灯泡

10.6.2　应用于聊天机器人

在过去的几年里，我们看到了聊天机器人的激增，成熟的语言处理算法每天都在改进它们。聊天机器人被公司用在他们自己的移动应用程序和第三方应用上，如 Slack（见图 10-12），以提供比传统的（人类）代表更快、更高效的虚拟客户服务。

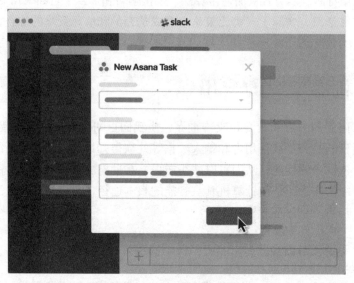

图 10-12　Slack 聊天机器人

10.6.3　应用于自动驾驶

如今，有不少大型企业正在开发无人驾驶汽车（见图 10-13），这些汽车使用了通过机器学习实现导航、维护和安全程序的技术。一个例子是交通标志传感器，它使用监督学习算法来识别和解析交通标志，并将它们与一组标有标记的标准标志进行比较。这样，汽车就能看到停车标志，并认识到它实际上意味着停车而不是转弯、单向或人行横道。

视频摄像头：安装在后视镜附近，侦测交通灯，监控动态物体，帮助车载计算机识别人行道和自行车道等障碍物。

激光雷达：车顶的旋转传感器对各个方向进行超过 60 m 距离的扫描，以获得有关环境的动态三维地图。

位置评估器：左持轮上安装了一个传感器，测量车辆的微小动作，帮助汽车在地图上找到准确位置。

距离传感器/雷达：四个标准自动雷达传感器，三个在车头保险杠处，一个在车尾后保险杠处，测量种类障碍物的距离，帮助车辆及时减速

图 10-13 自动驾驶示意

1. 在线影片租赁服务商 Netflix 的主营业务是提供互联网流媒体播放，它所依赖的关键服务是（　　）。

   A. 搜索引擎　　　　　　B. 推荐引擎　　　　　　C. 百度引擎　　　　　　D. 谷歌引擎

2. 下列（　　）信息服务利用了人工智能的机器学习技术。

   A. 智能语音助手 Siri　　　　　　　　B. Alexa 个人助理客户端

   C. Netflix 电影推荐　　　　　　　　D. 上述所有都是

3. 机器学习最早的发展可以追溯到（　　）。

   A. 英国数学家贝叶斯在 1763 年发表的贝叶斯定理

   B. 1950 年计算机科学家图灵发明的图灵测试

   C. 1952 年亚瑟·塞缪尔创建的一个简单的下棋游戏程序

   D. 唐纳德·米奇在 1963 年推出的强化学习的 tic-tac-toe（井字棋）程序

4. 学习是人类具有的一种重要的智能行为，社会学家、逻辑学家和心理学家都各有其不同的看法。关于机器学习，合适的定义是（　　）。

   A. 兰利的定义是："机器学习是一门人工智能的科学，该领域的主要研究对象是人工智能，特别是如何在经验学习中改善具体算法的性能。"

   B. 汤姆·米切尔的定义是："机器学习是对能通过经验自动改进的计算机算法的研究。"

   C. Alpaydin 的定义是："机器学习是用数据或以往的经验，以此优化计算机程序的性能标准。"

   D. A、B、C 都可以

5. 机器学习的核心是"使用（　　）解析数据，从中学习，然后对世界上的某件事情做出决定或预测"。

A. 程序　　　　　B. 函数　　　　　　C. 算法　　　　　D. 模块

6. 有三种主要类型的机器学习：监督学习、非监督学习和（　　　）学习，各自有着不同的特点。

A. 重复　　　　　B. 强化　　　　　　C. 自主　　　　　D. 优化

7. 监督学习的主要类型是（　　　）。

A. 分类和回归　　B. 聚类和回归　　　C. 分类和降维　　D. 聚类和降维

8. 无监督学习又称归纳性学习，分为（　　　）。

A. 分类和回归　　B. 聚类和回归　　　C. 分类和降维　　D. 聚类和降维

9. 强化学习使用机器的个人历史和经验来做出决定，其经典应用是（　　　）。

A. 文字处理　　　B. 数据挖掘　　　　C. 游戏娱乐　　　D. 自动控制

10. 要完全理解大多数机器学习算法，需要对一些关键的数学概念有一个基本的理解。机器学习使用的数学知识主要包括（　　　）。

A. 线性代数　　　B. 微积分　　　　　C. 概率和统计　　D. A、B、C

11. 机器学习的各种算法都是基于（　　　）理论的。

A. 贝叶斯　　　　B. 回归　　　　　　C. 决策树　　　　D. 聚类

12. 在机器学习的具体应用中，（　　　）决定了学习系统基本结构的工作内容，确定了学习部分所需要解决的问题。

A. 环境　　　　　B. 知识库　　　　　C. 执行部分　　　D. A、B、C

思维与操作实训 讨论：机器学习的下一个主要领域

1. 实训目的

在开始本实训之前，请认真阅读课文的相关内容。

（1）了解机器学习的发展历程。

（2）熟悉机器学习定义的内涵，了解机器学习算法的意义。

（3）熟悉机器学习的学习类型，了解机器学习的应用领域及其未来发展。

2. 实训内容与步骤

讨论：什么是机器学习能产生影响的下一个主要领域？

请记录小组讨论的主要观点，推选代表在课堂上简单阐述你们的观点。

3. 实训总结

_____

_____

_____

_____

4. 教师对实训的评价

_____

_____

_____

_____

第11章

深度学习

导读案例 谷歌大脑

谷歌大脑（Google Brain，见图 11-1）又称谷歌"虚拟大脑"，是"Google X 实验室"正在开发的新型人工智能技术的主要研究项目。是谷歌在人工智能领域开发出的一款模拟人脑的软件，这个软件具备自我学习功能。Google X 部门的科学家们通过将 1.6 万片处理器相连接建造出了全球为数不多的最大中枢网络系统，它能自主学习，所以称为"谷歌大脑"。

图 11-1 谷歌大脑

谷歌大脑是模拟人类的大脑细胞相互交流、影响设计的，它可以通过观看 YouTube 视频（美国的一家在线视频服务提供商，是全球最大的视频分享网站之一）学习识别人脸、猫脸以及其他事物。这项技术使 Google 产品变得更加智能化，而首先受益的是语音识别产品。当有数据被送达这个神经网络时，不同神经元之间的关系就会发生改变，而这也使得神经网络能够得到对某些特定数据的反应机制。

通过应用这个神经网络，谷歌的软件已经能够更准确地识别讲话内容，而语音识别技术对于谷歌自己的智能手机操作系统 Android 来说变得非常重要。这一技术也可以用于谷歌为苹果 iPhone 开发的应用程序。通过神经网络，能够让更多的用户拥有完美的、没有错误的使用体验。随着时间的推移，谷歌的其他产品也能随之受益。例如谷歌的图像搜索工具，可以做到更好地理解一幅图片，而不需要依赖文字描述。谷歌无人驾驶汽车、谷歌眼镜也能通过使用这一软件而得到提升，因为它们可以更好地感知真实世界中的数据。

"神经网络"在机器学习领域已经应用数十年——并已广泛应用于包括国际象棋、人脸识别等各种智能软件中。而谷歌的工程师们已经在这一领域更进一步，建立不需要人类协助，就能自学的神经网络。这种自学能力，也使得谷歌的神经网络可以应用于商业，而非仅仅作为研究示范使用。谷歌的神经网络，可以自己决定关注数据的哪部分特征，注意哪些模式，而并不需要人类决策——颜色、特殊形状等对于识别对象来说十分重要。

📢教学视频 电影赏析《超验骇客》

上映时间：2014 年。

人工智能领域的天才科学家威尔·卡斯特开发出了一种能够具备人类情感和智慧的计算机系统。此举在为其收获无数赞誉的同时，也让他成为一群反科技极端分子的袭击目标。在遭到该组织的一次袭击后，威尔危在旦夕。他的妻子和朋友为继续未尽的研究，将其意识上传到了计算机当中，造就了世界上第一个真正的人工智能（见图 11-2）系统。

图 11-2 电影《超验骇客》剧照

符合现实的部分：电影最后，人工智能被限制在数码世界当中，只能以程序的形式存在。专家认为，无论何种存在，一旦拥有改变意识或大脑的能力，就能突破生物进化的限制。人工智能才不在乎要不要变得像人类一样。

偏离现实之处：对整个大脑进行上传下载的操作。

11.1 了解神经网络

每当你开始一项新的活动时，应该先了解是否已经存在现成的解决方案。例如，假设是在 1902 年，即莱特兄弟成功进行飞行实验的前一年，你突发奇想要设计一个人造飞行器，你首先应该注意到，在自然界，飞行的"机器"实际上是存在的（鸟），由此得到启发，你的飞机设计方案中可能要有两个大翼。同样道理，如果你想设计人工智能系统，那就要学习并分析这个星球上最自然的智能系统之一，即人脑和神经系统（见图 11-3）。

图 11-3 人脑和神经系统

所谓神经网络，是指以人脑和神经系统为模型的机器学习算法。如今，人工神经网络（Artificial Neural Network，ANN）从股票市场预测到汽车的自主控制，在模式识别、经济预测和许多其他应用领域都有突出的应用表现。

人脑由 100 亿~1 000 亿个神经元组成，这些神经元彼此高度相连。一些神经元与另一些或另外几十个相邻的神经元通信，然后，其他神经元与数千个神经元共享信息。在过去数十年里，研究人员就是从这种自然典范中汲取灵感，设计的人工神经网络。

11.1.1 人脑神经的研究

人脑是一种适应性系统，必须对变幻莫测的事物做出反应，而学习是通过修改神经元之间连接的强度来进行的。现在，生物学家和神经学家已经了解了在生物中个体神经元（见图 11-4）是如何相互交流的。动物神经系统由数以千万计的互连细胞组成，而对于人类，这个数字达到了数十亿。然而，并行的神经元集合如何形成功能单元仍然是一个谜。

图 11-4 生物神经元的基本构造

电信号通过树突（毛发状细丝）流入细胞体。细胞体（或神经元胞体）是"数据处理"的地方。当存在足够的应激反应时，神经元就被激发了。换句话说，它发送一个微弱的电信号（以毫瓦为单位）到被称为轴突的电缆状突出。神经元通常只有单一的轴突，但会有许多树突。足够的应激反应指的是超过预定的阈值。电信号流经轴突，直接到达神经断端。细胞之间的轴突－树突（轴突－神经元胞体或轴突－轴突）接触称为神经元的突触。两个神经元之间实际上有一个小的间隔（几乎触及），这个间隙充满了导电流体，允许神经元间电信号的流动。脑激素（或摄入的药物，如咖啡因）影响了当前的电导率。

11.1.2 人工神经网络的研究

与人脑神经系统类似，人工神经网络通过改变权重以呈现出相同的适应性。在监督学习的 ANN 范式中，学习规则承担了这个任务，监督学习通过比较网络的表现与所希望的响应，相应地修改系统的权重。ANN 主要有三种学习规则：感知器学习规则、增量规则和反向传播规则。反向传播规则具有处理多层网络所需的能力，并且在许多应用中取得了广泛的成功。

熟悉各种网络架构和学习规则还不足以保证模型的成功，还需要知道如何编码数据、网络培训应持续多长时间，以及如果网络无法收敛，应如何处理这种情况。

20 世纪 70 年代，人工网络研究进入了停滞期。资金不足导致这个领域少有新成果产生。诺贝尔物理学奖获得者约翰·霍普菲尔德在这个学科的研究重新激起了人们对这一学科的热情。他的模型（即所谓的 Hopfield 网络）已被广泛应用于优化。

在了解（并模拟）动物神经系统的行为的基础上，麦卡洛克和皮茨开发了人工神经元的第一个模型。对应于生物神经网络的生物学模型，人工神经网络采用了四个要素：

生物模型：细胞体、轴突、树突、突触。

人工神经元：细胞体、输出通道、输入通道、权重。

其中，权重（实值）扮演了突触的角色。权重反映生物突触的导电水平，用于调节一个神经元对另一个神经元的影响程度。神经网络模仿了神经元即神经细胞的结构，图 11-5 所示的是抽象神经元（有时称为单元或节点，或仅称为神经元）模型。

图 11-5 抽象神经元模型

神经元的输入是具有 n 个分量的实值向量。权重向量也是实值的，权重对应于生物神经元突触，这些权重控制着输入对单元的影响。

未经训练的神经网络模型很像新生儿：它们被创造出来的时候对世界一无所知，只有通过接触这个世界，也就是后天的知识，才会慢慢提高它们的认知程度。算法通过数据体验世界——人们试图通过在相关数据集上训练神经网络，来提高其认知程度。衡量进度的方法是通过监测网络产生的误差。

实际神经元运作时要积累电势能，当能量超过特定值时，突触前神经元会经轴突放电，继而刺激突触后神经元。人类有着数以亿计相互连接的神经元，其放电模式无比复杂。哪怕是最先进的神经网络也难以比拟人脑的能力，因此，神经网络在短时间内应该还无法模拟人脑的功能。

ANN 是一种模仿生物神经网络（动物的中枢神经系统，特别是大脑）的结构和功能的数学模型或计算模型，用于对函数进行估计或近似计算。大多数情况下 ANN 能在外界信息的基础上改变内部结构，是一种自适应系统。

作为一种非线性统计性数据建模工具，典型的神经网络具有以下三个部分：

（1）结构。指定网络中的变量及其拓扑关系。例如，神经网络中的变量可以是神经元连接的权重和神经元的激励值。

（2）激励函数。大部分神经网络模型具有一个短时间尺度的动力学规则，来定义神经元如何根据其他神经元的活动改变自己的激励值。一般激励函数依赖于网络中的权重（即该网络的参数）。

（3）学习规则。指定了网络中的权重如何随着时间推进而调整。这一般被看作是一种长时间尺度的动力学规则。一般情况下，学习规则依赖于神经元的激励值，它也可能依赖于监督者提供的目标值和当前权重的值。

11.1.3 神经网络理解图片

支持图像识别技术的通常是深度神经网络。如图 11-6 所示，借助于特征可视化这个强大工具，能帮人们理解神经网络究竟是怎样认识图像的。现在，计算机视觉模型中每一层所检测的东西都可以可视化。经过在一层层神经网络中的传递，会逐渐对图片进行抽象：先探测边缘，然后用这些边缘来检测纹理，再用纹理检测模式，用模式检测物体的部分……

功能可视化：通过生成示例来回答有关网络或网络部分正在寻找的问题

归因：研究一个例子的哪个部分负责网络激活方式

图 11-6 神经网络的可视化

图 11-7 是 ImageNet（一个用于视觉对象识别软件研究的大型可视化数据库项目）训练的 GoogLeNet 的特征可视化图，可以从中看出它的每一层是如何对图片进行抽象的。

在神经网络处理图像的过程中，单个神经元不能理解任何东西，它们需要协作。所以，我们也需要理解它们彼此之间如何交互。通过在神经元之间插值，使神经元之间彼此交互。图 11-8 展示了两个神经元是如何共同表示图像的。

在进行特征可视化时，得到的结果通常会布满噪点和无意义的高频图案。若想更好地理解神经网络模型是如何工作的，就要避开这些高频图案。这时所用的方法是进行预先规则化，或者说约束、预处理。

了解神经网络内部的工作原理，也是增强人工智能可解释性的一种途径，而特征可视化正是其中一个很有潜力的研究方向。神经网络已经得到了广泛应用，解决了控制、搜索、优化、函数近似、模式关联、聚类、分类和预测等领域的问题。

| 边 | 纹理 | 模式 | 零件（层混合 | 对象（图层 |
| （图层conv2d0） | （图层mixed3a） | （图层mixed4a） | mixed4b和mixed4c） | mixed4d和mixed4） |

通过功能可视化，可以了解在ImageNet数据集上培训的GoogleNet如何通过多层层次了解图像

图 11-7 训练用的特征可视化图

图 11-8 两个神经元共同表示图像

在控制领域的应用中，给设备输入数据，产生所需的输出。例如，雷克萨斯（Lexus）汽车（丰田豪华系列），这种车的尾部配备了后备摄像机，声纳设备和神经网络可以自动并行停车。实际上，这是一个所谓的反向问题的例子，汽车采用的路线是已知的，所计算的是需要的力以及所涉及方向盘的位移。反向控制的一个较早的示例是卡车倒车，正向识别的一个示例是机器人手臂控制（所需的力已知，必须识别动作）。在任何智能系统中，搜索都是一个关键部分，可以将神经网络应用于搜索。

神经网络的主要缺点是其不透明性，换句话说它们不能解释结果。有个研究领域是将ANN与模糊逻辑结合起来生成神经模糊网络，这个网络具有ANN的学习能力，同时也具有模糊逻辑的解释能力。

11.2 深度学习的概念

如今，人工智能技术正发展成为一种能够改变世界的力量，其中尤以深度学习（见图 11-9）所取得的进步最为显著，深度学习所带来的重大技术革命，甚至有可能颠覆过去长

期以来人们对互联网技术的认知，实现技术体验的跨越式发展。

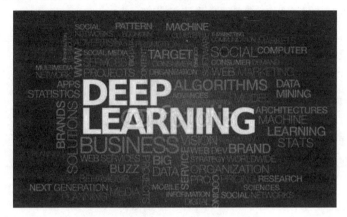

图 11-9 深度学习

11.2.1 深度学习的意义

从研究角度看，深度学习是基于多层神经网络的，海量数据为输入，发现规则自学习的方法。

深度学习所基于的多层神经网络并非新鲜事物，甚至在 20 世纪 80 年代被认为没前途。但近年来，科学家们对多层神经网络的算法不断优化，使它出现了突破性的进展。

以往很多算法是线性的，而现实世界大多数事情的特征是复杂非线性的。比如猫的图像中，就包含了颜色、形态、五官、光线等各种信息。深度学习的关键就是通过多层非线性映射将这些因素成功分开。

那为什么要深呢？多层神经网络比浅层好在哪里？

简单地说，就是可以减少参数。因为它重复利用中间层的计算单元。还是以认猫作为例子。它可以学习猫的分层特征：最底层从原始像素开始，刻画局部的边缘和纹；中层把各种边缘进行组合，描述不同类型的猫的器官；最高层描述的是整个猫的全局特征。

深度学习需要具备超强的计算能力，同时还不断有海量数据的输入。特别是在信息表示和特征设计方面，过去大量依赖人工，严重影响有效性和通用性。深度学习则彻底颠覆了"人造特征"的范式，开启了数据驱动的"表示学习"范式——由数据自提取特征，计算机自己发现规则，进行自学习。

过去，人们对经验的利用靠人类自己完成，而深度学习中，经验以数据形式存在。因此，深度学习，就是关于在计算机上从数据中产生模型的算法，即深度学习算法。

那么大数据以及各种算法与深度学习有什么区别？

过去的算法模式，数学上称为线性，x 和 y 的关系是对应的，它是一种函数体现的映射。但这种算法在海量数据面前遇到了瓶颈。国际上著名的 ImageNet 图像分类大赛，采用传统算法识别图像，识别错误率一直降不下去，采用深度学习后，错误率大幅降低。在 2010 年，获胜的系统只能正确标记 72% 的图片；到了 2012 年，多伦多大学的杰夫·辛顿利用深度学习的新技术，带领团队实现了 85% 的准确率；2015 年的 ImageNet 竞赛上，一个深度学习系统以 96% 的准确率第一次超过了人类（人类平均有 95% 的准确率）。

计算机认图的能力，已经超过了人，尤其在图像和语音等复杂应用方面，深度学习技术取得了优越的性能。为什么呢？其实就是思路的革新。

示例 11-1：形状检测。

先从一个简单的例子开始（见图 11-10），从概念层面上解释究竟发生了什么事情。试试看如何从多个形状中识别正方形。

第一件事是检查图中是否有四条线（简单的概念）。如果找到这样的四条线，进一步检查它们是否是相连的、闭合的和相互垂直的，并且它们是否相等（嵌套的概念层次结构）。

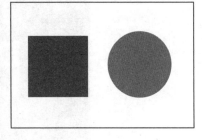

图 11-10 简单例子

所以，我们完成了一个复杂的任务（识别一个正方形），并以简单、不太抽象的任务来完成它。深度学习本质上在大规模执行类似的逻辑。

示例 11-2：计算机认猫。

我们通常能用很多属性描述一个事物。其中有些属性可能很关键，很有用，另一些属性可能没什么用。我们就将属性称为特征。特征辨识是一个数据处理的过程。

传统算法认猫，是标注各种特征去认：大眼睛，有胡子，有花纹。但这种特征可能分不出是猫还是老虎，狗和猫也分不出来。这种方法称为人制定规则，然后让机器学习这种规则。

深度学习的方法是，直接给你百万张图片，说这里有猫，再给你百万张图，说这里没猫，然后来训练深度网络，通过深度学习自己去学猫的特征，计算机就知道了谁是猫（见图 11-11）。

从 YouTube 视频里面寻找猫的图片是深度学习接触性能的首次展现

图 11-11 计算机认猫

示例 11-3：谷歌训练机械手抓取。

传统方法肯定是看到那里有个机械手，就写好函数，移动到 x、y、z 标注的空间点，利用程序实现一次抓取。

而谷歌现在用机器人训练一个深度神经网络，帮助机器人根据摄像头输入和电机命令，预测抓取的结果。简单地说，就是训练机器人的手眼协调。机器人会观测自己的机械臂，实时纠正抓取运动。所有行为都从学习中自然浮现，而不是依靠传统的系统程序（见图 11-12）。

图 11-12 谷歌训练机械手

为了加快学习进程，谷歌用了 14 个机械手同时工作，在将近 3 000 h 的训练，相当于 80 万次抓取尝试后，开始看到智能反应行为的出现。资料显示，没有训练的机械手，前 30 次抓取失败率为 34%，而训练后，失败率降低到 18%。

这就是一个自我学习的过程。

示例 11-4：斯坦福博士训练机器写文章。

斯坦福大学的计算机博士 Andrej Kapathy 曾用托尔斯泰的小说《战争与和平》来训练神经网络。每训练 100 个回合，就让它写文章。100 个回合后，机器知道要空格，但仍然有乱码。500 个回合后，能正确拼写一些短单词。1 200 个回合后，有标点符号和长单词。2 000 个回合后，已经可以正确拼写更复杂的语句。

整个演化过程是个什么情况？

以前我们写文章，只要告诉主谓宾，就是规则。而这个过程，完全没有人告诉机器语法规则。甚至，连标点和字母区别都不用告诉它。不告诉机器任何程序，只是不停地用原始数据进行训练，一层一层训练，最后输出结果——就是一个个看得懂的语句。

一切看起来都很有趣，人工智能与深度学习的美妙之处，也正在于此。

示例 11-5：硅谷企业利用深度学习实现图像深度信息的采集。

市面上的无人机可以实现对人的跟踪。它的方法是什么？一个人，在图像系统中是一堆色块的组合。通过人工方式进行特征选择，如颜色特征、梯度特征。以颜色特征为例，比如你穿着绿色衣服，突然走进草丛，就可能跟丢。或者他脱了件衣服，几个人很相近，也容易跟丢。

此时，若想在这个基础上继续优化，将颜色特征进行某些调整是非常困难的，而且调整后，还会存在对过去某些状况不适用的问题。

总之，这样的算法需要不停迭代，迭代又会影响前面的效果。

而硅谷有团队，利用深度学习，把所有人的脑袋做出来，只区分好前景和背景。区分之后，背景全部用数学方式随意填充，再不断生产大量背景数据，进行自学习。只要把前景学习出来就行。

很多传统方法是采用双目视觉，用计算机去做局部匹配，再根据双目测出的两个匹配的差距，去推算空间另一个点和它的三角位置，从而判断离你多远。

可想而知，深度学习的出现，使得很多公司辛苦积累的软件算法直接作废。"算法作为核心竞争力"正在转变为"数据作为核心竞争力"，我们必须进入新的起跑线。

示例 11-6：做胃镜。

胃不舒服时，常常会需要做胃镜，甚至要分开做肠、胃镜检查，而且通常小肠还看不见。有一家公司出了一种胶囊摄像头（见图 11-13）。将摄像头吃进去后，在人体消化道内每 5 秒拍一幅图，连续摄像，此后再排出胶囊。这样，所有关于肠道和胃部的问题，全部完整记录。但医生把这些图看完就需要五个小时。原本的机器主动检测漏检率高，还需要医生复查。

1. 在吞咽胶囊之前，必须禁食

2. 胶囊顺利滑过消化道

3. 无线数据记录仪佩戴在腰带上，通过放置在患者身体上的传感器，接收由胶囊传输来的信号

4. 胶囊自然排出体外

摄像胶囊

传输器和无线

电池

微芯片

发光二极管（LED）灯光

照相机镜头

胶囊内镜系统
胶囊装配有一个一次性微小摄像机，能够对标准内镜无法到达的小肠部分进行检表。以诊断不明原因消化道出血或者其他异常。视频资料被传输和存储在一个数据记录仪内，该记录仪佩戴在腰带上。之后，资料被下载到工作站的计算机中，供医师分析。

图 11-13 胶囊摄像头做胃镜检查

后来采用深度学习，采集 8 000 多例图片数据灌进去，用机器不断学习，不仅提高诊断精确率，还减少了医生的漏诊以及对好医生的经验依赖，只需要靠机器自己去学习规则即可。深度学习算法，可以帮助医生作出决策。

11.2.2 深度的定义

深度学习是一种以人工神经网络为架构，对数据进行表征学习的算法，即可以这样定义："深度学习是一种特殊的机器学习，通过学习将世界使用嵌套的概念层次来表示并实现巨大

的功能和灵活性，其中每个概念都定义为与简单概念相关联，而更为抽象的表示则以较不抽象的方式来计算。"

已经有多种深度学习框架，如深度神经网络、卷积神经网络和深度置信网络和递归神经网络，被应用在计算机视觉、语音识别、自然语言处理、音频识别与生物信息学等领域并获取了极好的效果。另外，"深度学习"也成为神经网络的品牌重塑。

通过多层处理，逐渐将初始的"低层"特征表示转化为"高层"特征表示后，用"简单模型"即可完成复杂的分类等学习任务。由此，可将深度学习理解为进行"特征学习"或"表示学习"。

以往在机器学习用于现实任务时，描述样本的特征通常需由人类专家来设计，这称为"特征工程"。众所周知，特征的好坏对泛化性能有至关重要的影响，人类专家设计出好特征也并非易事；特征学习（表征学习）则通过机器学习技术自身来产生好特征，这使机器学习向"全自动数据分析"又前进了一步。

人工智能研究的方向之一，是以所谓"专家系统"为代表的，用大量 If…Then 规则定义的，自上而下的思路。ANN 标志着另外一种自下而上的思路，它的基本特点是，试图模仿大脑的神经元之间传递、处理信息的模式。

11.2.3 深度学习的核心思路

假设我们有一个系统 S，它有 n 层（S_1, …, S_n），它的输入是 I，输出是 O，形象地表示为：$I \geqslant S_1 \geqslant S_2 \geqslant … \geqslant S_n \geqslant O$，如果输出 O 等于输入 I，即输入 I 经过这个系统变化之后没有任何的信息损失，设处理 a 信息得到 b，再对 b 信息处理得到 c，那么可以证明：a 和 c 的互信息不会超过 a 和 b 的互信息。这表明信息处理不会增加信息，大部分处理会丢失信息。保持了不变，这意味着输入 I 经过每一层 S_i 都没有任何的信息损失，即在任何一层 S_i，它都是原有信息（即输入 I）的另外一种表示。

现在回到深度学习的主题，需要自动地学习特征，假设我们有一堆输入 I（如一堆图像或者文本），假设设计了一个系统 S（有 n 层），通过调整系统中的参数，使得它的输出仍然是输入 I，那么就可以自动地获取得到输入 I 的一系列层次特征，即 S_1, …, S_n。

对于深度学习来说，其思想就是堆叠多个层，也就是说这一层的输出作为下一层的输入。通过这种方式，实现对输入信息进行分级表达。

另外，前面是假设输出严格地等于输入，这个限制太严格，可以略微地放松这个限制，例如只要使输入与输出的差别尽可能地小即可，这个放松会导致另外一类不同的深度学习方法。这就是深度学习的基本思想。

把学习结构看作一个网络，则深度学习的核心思路是：

（1）将无监督学习应用于每一层网络的 pre-train（预处理）。

（2）每次用无监督学习只训练一层，将其训练结果作为其高一层的输入。

（3）用自顶而下的监督算法去调整所有层。

11.2.4 深度学习的实现

深度学习本来并不是一种独立的学习方法，它也会用到有监督和无监督的学习方法来训练深度神经网络。但由于近几年该领域发展迅猛，一些特有的学习手段相继被提出（如残差网络），因此越来越多的人将其单独看作一种学习的方法。

最初的深度学习是利用神经网络来解决特征表达的一种学习过程。深度神经网络可大致理解为包含多个隐含层的神经网络结构。为了提高深层神经网络的训练效果，人们对神经元的连接方法和激活函数等方面做出相应的调整。如今，深度学习迅速发展，奇迹般地实现了各种任务，使得似乎所有的机器辅助功能都变为可能，无人驾驶汽车，预防性医疗保健，更好的电影推荐，等等，都近在眼前或者即将实现。

神经网络的原理是受动物大脑的生理结构——互相交叉相连的神经元启发。但与大脑中一个神经元可以连接一定距离内的任意神经元不同，ANN 具有离散的层、连接和数据传播的方向。

例如，我们可以把一幅图像切分成图像块，输入到神经网络的第一层。在第一层的每一个神经元都把数据传递到第二层。第二层的神经元也是完成类似的工作，把数据传递到第三层，依此类推，直到最后一层，然后生成结果。

以道路上的停止(Stop)标志牌(见图 11-14)为例。将一个停止标志牌图像的所有元素都打碎，然后用神经元进行"检查"：八边形的外形、救火车般的红颜色、鲜明突出的字母、交通标志的典型尺寸和静止不动的运动特性，等等。神经网络的任务就是给出结论，它到底是不是一个停止标志牌。神经网络会根据所有权重，给出一个经过深思熟虑的猜测——"概率向量"。

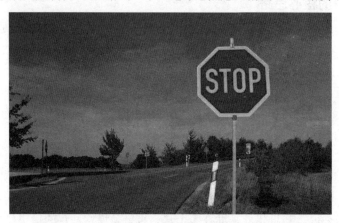

图 11-14 Stop 标志牌

在这个例子中，系统可能会给出这样的结果：86% 可能是一个停止标志牌，7% 可能是一个限速标志牌，5% 可能是一个风筝挂在树上，等等，然后网络结构告诉神经网络它的结论是否正确。

神经网络是调制、训练出来的，时不时还是很容易出错的。它最需要的就是训练。需要成百上千甚至几百万张图像来训练，直到神经元输入的权值都被调制得十分精确，无论是否有雾，晴天还是雨天，每次都能得到正确的结果。只有在这个时候，我们才可以说神经网络成功地自学习到一个停止标志的样子。

关键的突破在于，把这些神经网络从基础上显著地增大，层数非常多，神经元也非常多，然后给系统输入海量的数据来训练网络。这样就为深度学习加入了"深度"，这个"深度"就是神经网络中众多的层。

现在，经过深度学习训练的图像识别，在一些场景中甚至可以比人做得更好：从识别猫，到辨别血液中癌症的早期成分，到识别核磁共振成像中的肿瘤。Google 的 AlphaGo 先是学会了如何下围棋，然后与它自己下棋训练。它训练自己神经网络的方法，就是不断地与自己下棋，反复地下，永不停歇。

深度学习还存在以下问题：

（1）深度学习模型需要大量的训练数据，才能展现出神奇的效果，但现实生活中往往会遇到小样本问题，此时深度学习方法无法入手，传统的机器学习方法就可以处理。

（2）有些领域，采用传统的简单的机器学习方法就可以很好地解决，没必要用复杂的深度学习方法。

（3）深度学习的思想来源于人脑的启发，但绝不是人脑的模拟。举个例子，给一个三四岁的小孩看一辆自行车之后，再见到哪怕外观完全不同的自行车，小孩也大都能说出那是一辆自行车，也就是说，人类的学习过程往往不需要大规模的训练数据，而现在的深度学习方法显然不是对人脑的模拟。

资深学者 Yoshua Bengio 在回答一个类似问题时，有一段话讲得特别好，引用如下：

Science is NOT a battle, it is a collaboration. We all build on each other's ideas. Science is an act of love, not war. Love for the beauty in the world that surrounds us and love to share and build something together.That makes science a highly satisfying activity, emotionally speaking!

这段话的大致意思是，"科学不是一场战斗，而是一场建立在彼此想法上的合作。科学是一种爱，而不是战争，热爱周围世界的美丽，热爱分享和共同创造美好的事物。从情感上说，这使得科学成为一项令人非常赏心悦目的活动！"

结合机器学习近年来的迅速发展，再来看 Bengio 的这段话，深有感触。未来哪种机器学习算法会成为热点呢？资深专家吴恩达曾表示，"在继深度学习之后，迁移学习将引领下一波机器学习技术。"

11.3　机器学习和深度学习

在有所了解的基础上，接下来对比机器学习和深度学习这两种技术。

（1）数据依赖性。深度学习与传统的机器学习最主要的区别在于随着数据规模的增加其性能也不断增长。当数据很少时，深度学习算法的性能并不好。这是因为深度学习算法需要大量的数据来完美地理解它。另一方面，在这种情况下，传统的机器学习算法使用制定的规则，性能会比较好。图 11-15 总结了这一事实。

图 11-15　为何深度学习

（2）硬件依赖。深度学习算法需要进行大量的矩阵运算，GPU 主要用来高效优化矩阵运算，所以 GPU 是深度学习正常工作的必须硬件。与传统机器学习算法相比，深度学习更依赖安装 GPU 的高端机器。

（3）特征处理。是将领域知识放入特征提取器中来减少数据的复杂度并生成使学习算法工作得更好的模式的过程。特征处理过程很耗时而且需要专业知识。

在机器学习中，大多数应用的特征都需要专家确定然后编码为一种数据类型。特征可以是像素值、形状、纹理、位置和方向，大多数机器学习算法的性能依赖于所提取的特征的准确度。

深度学习尝试从数据中直接获取高等级的特征，这是深度学习与传统机器学习算法的主要不同。基于此，深度学习削减了对每一个问题设计特征提取器的工作。例如，卷积神经网络尝试在前边的层学习低等级的特征（边界、线条），然后学习部分人脸，然后是高级的人脸的描述（见图 11-16）。

图 11-16 从数据中获取特征

（4）问题解决方式。当应用传统机器学习算法解决问题时，传统机器学习通常会将问题分解为多个子问题并逐个解决子问题，最后结合所有子问题的结果获得最终结果。相反，深度学习提倡直接的端到端的解决问题。

例如，假设有一个多物体检测的任务需要图像中物体的类型和各物体在图像中的位置（见图 11-17）。

传统机器学会将问题分解为两步：物体检测和物体识别。首先，使用边界框检测算法扫描整张图片找到物体可能的区域；然后使用物体识别算法对上一步检测出来的物体进行识别。

相反，深度学习会直接将输入数据进行运算得到输出结果。例如可以直接将图片传给 YOLO 网络（一种深度学习算法），YOLO 网络会给出图片中的物体和名称。

（5）执行时间。通常情况下，训练一个深度学习算法需要很长的时间。这是因为深度学习算法中参数很多，因此训练算法需要消耗更长的时间。最先进的深度学习算法 ResNet 完整地训练一次需要消耗两周的时间，而机器学习的训练消耗的时间相对较少，只需要几秒钟到几小时的时间。

但两者在测试的时间上完全相反。深度学习算法在测试时只需要很少的时间去运行。如果与 k-nearest neighbors（一种机器学习算法）相比较，测试时间会随着数据量的提升而增加。不过这不适用于所有的机器学习算法，因为有些机器学习算法的测试时间也很短。

（6）可解释性。这一点至关重要，假设使用深度学习自动为文章评分。深度学习可以达到接近人的标准，这是相当惊人的性能表现。但是这仍然有个问题。深度学习算法不会解释结果是如何产生的。人们不知道神经元应该是什么模型，也不知道这些神经单元层要共同做什么。

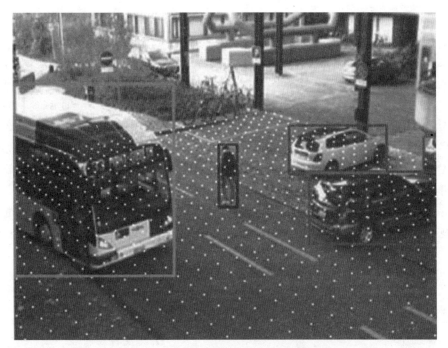
图 11-17 需要图像中物体的类型和位置

另一方面，为了解释为什么算法会这样选择，像决策树这样的机器学习算法给出了明确的规则，所以解释决策背后的推理是很容易的。因此，决策树和线性 / 逻辑回归这样的算法主要用于工业上的可解释性。

（7）应用领域不同。使用机器学习 / 深度学习的一个主要例子是 Google 公司，Google 正在将机器学习应用于各种产品。机器学习 / 深度学习的应用是无尽的，人们只是需要寻找正确的时机。

我们可以用同心圆来可视化地说明人工智能、机器学习和深度学习三者的关系。人工智能是最早出现的，也是最大、最外侧的同心圆；机器学习其次；最内侧的是深度学习，是如今人工智能发展的核心驱动力。先是机器学习发展起来，然后是深度学习，深度学习又是机器学习的子集，对它造成了巨大影响。

作业

1. 如果你想设计人工智能系统，就要学习并分析这个星球上最自然的智能系统之一，即（　　）。

　　A. 人脑和神经系统　　　　　　　　　　B. 人脑和五官系统

　　C. 肌肉和血管系统　　　　　　　　　　D. 思维和学习系统

2. 所谓神经网络，是指以人脑和神经系统为模型的（　　）算法。

　　A. 倒挡追溯　　　　　　B. 直接搜索　　　　　C. 机器学习　　　D. 深度优先

3. 如今，ANN 从股票市场预测到（　　）和许多其他应用领域都有突出的应用表现。

　　A. 汽车自主控制　　　B. 模式识别　　　　　C. 经济预测　　　D. A、B 和 C

4. 人脑由（　　　）个神经元组成，这些神经元彼此高度相连。

    A. 100~1000 万　　　　　　B. 100~1000 亿　　　　　C. 50~500 万　　D. 50~500 亿

5. 人脑是一种适应性系统，必须对变幻莫测的事物做出反应，而学习是通过修改神经元之间连接的（　　　）来进行的。

    A. 顺序　　　　　　　　　　B. 平滑度　　　　　　　　C. 速度　　　　D. 强度

6. 人类细胞之间的轴突 – 树突（轴突 – 神经元胞体或轴突 - 轴突）接触称为神经元的（　　　）。

    A. 突触　　　　　　　　　　B. 轴突　　　　　　　　　C. 树突　　　　D. 髓鞘

7. ANN 是一种模仿生物神经网络，其中的（　　　）扮演了生物神经模型中突触的角色，用于调节一个神经元对另一个神经元的影响程度。

    A. 细胞体　　　　　　　　　B. 权重　　　　　　　　　C. 输入通道　　D. 输出通道

8. 现代神经网络是一种非线性统计性数据建模工具。典型的神经网络具有三个部分，除了（　　　）。

    A. 结构　　　　　　　　　　B. 尺寸　　　　　　　　　C. 激励函数　　D. 学习规则

9. 人工智能在图像识别上已经超越了人类，支持这些图像识别技术的，通常是（　　　）。

    A. 云计算　　　　　　　　　　　　　　　　B. 因特网

    C. 神经计算　　　　　　　　　　　　　　　D. 深度神经网络

10. 将 ANN 与模糊逻辑结合起来生成（　　　）网络，这个网络既有 ANN 的学习能力，同时也具有模糊逻辑的解释能力。

    A. 模式识别　　　　　　　　B. 人工智能　　　　　　　C. 神经模糊　　　　D. 自动计算

11. 从研究角度看，（　　　）是基于多层神经网络的，海量数据为输入的，发现规则自学习的方法。

    A. 深度学习　　　　　　　　B. 特征学习　　　　　　　C. 模式识别　　　　D. 自动翻译

12. 深度学习与传统的机器学习最主要的区别在于（　　　），即随着数据规模的增加其性能也不断增长。当数据很少时，深度学习算法的性能并不好。

    A. 特征处理　　　　　　　　　　　　　　　B. 硬件依赖

    C. 数据依赖性　　　　　　　　　　　　　　D. 问题解决方式

思维与操作实训　对机器学习和深度学习的熟悉度评估

1. 实训目的

在开始本实训之前，请认真阅读课程的相关内容。

（1）了解谷歌大脑项目，通过网络搜索，深入学习这方面的知识。

（2）了解神经网络的知识，掌握神经网络的应用常识。

（3）掌握深度学习应用知识，熟悉机器学习、深度学习的核心思想。

2. 实训内容与步骤

我们来做一次测试，以便评估你是否真的了解机器学习和深度学习的区别。

请务必完成所有步骤，以保证完整地应答各个场景。

（1）你将如何使用机器学习解决以下问题？

（2）你将如何使用深度学习解决以下问题？

（3）结论：哪种方法更好？

场景 1：你需要建立一个用于自动驾驶车辆的软件组件。你构建的系统应该从相机中获取原始像素数据并预测你应该引导车轮的角度是多少。

场景 2：给定一个人的信用和背景信息，你的系统应该评估出此人是否有资格获得贷款。

场景 3：你需要创建一个可以将俄语消息翻译成印第安语消息的系统，以便俄语代表能够与当地的群众通信。

通过在线搜索，尽量找到针对上述问题的各种科学家观点的数据。

请将完成的测试另外用纸记录下来，并粘贴在下方，作为课程实践作业。

-- 请将作业粘贴于此 --

3. 实训总结

_____
_____
_____
_____

4. 教师对实训的评价

_____
_____
_____
_____

第四部分

高级专题

第12章
机器人技术

RoboCup 机器人世界杯足球锦标赛

RoboCup（Robot World Cup）即机器人世界杯足球锦标赛（见图 12-1），1997 年，首届 RoboCup 比赛及会议在日本名古屋举行，为实现机器人足球队击败人类足球世界冠军的梦想迈出了坚实的第一步。

图 12-1 机器人世界杯赛

举办 RoboCup 的主要目的是通过提供一个标准的易于评价的比赛平台，促进 DAI（Distributed Artificial Intelligence，分布式人工智能）与 MAS（Multi Agent System，多代理系统）的研究与发展。

加拿大不列颠哥伦比亚大学的教授艾伦·麦克沃思在其 1992 年的一篇论文中提出了训练机器人进行足球比赛的设想。1992 年 10 月，在日本东京举行的"关于人工智能领域重大挑战的研讨会"上，与会的研究人员对制造和训练机器人进行足球比赛以促进相关领域研究进行了探讨。1996 年，RoboCup 国际联合会成立，在日本举行了表演赛，并确定以后每年举办一届。RoboCup 的使命是促进分布式人工智能与智能机器人技术的研究与教育。通过提供一个标准任务，使得研究人员利用各种技术，获得更好的解决方案，从而有效促进相关领域的发展，最终目标是经过五十年左右的研究，使机器人足球队能战胜人类足球冠军队。

机器人足球赛涉及人工智能、机器人学、通信、传感、精密机械和仿生材料等诸多领域的前沿研究和技术集成，实际上是高技术的对抗赛，有严格的比赛规则，融趣味性、观赏性、科普性为一体（见图12-2）。

图 12-2 RoboCup 比赛

机器人足球是在动态不确定环境下对人工智能的考验，是以体育竞赛为载体的高科技对抗，是培养信息、自动化领域科技人才的重要手段，同时也是展示高科技水平的生动窗口和促进科技成果实用化和产业化的有效途径。机器人足球的研究反映出一个国家信息与自动化技术的综合实力。

1997 年 RoboCup 第一届比赛时，只有小型组、中型组和仿真组；1999 年增加了索尼有腿机器人赛；2001 年增加了救援仿真比赛和救援机器人赛；2002 年增加了更多的项目，包括四腿机器人赛、类人机器人赛及机器人挑战赛，其中类人机器人赛包括行走、H-40 射门、H-80 射门、自由风格赛，机器人挑战赛包括足球挑战赛和舞蹈挑战赛；2003 年仿真组增加了几项比赛如在线教练赛等，机器人挑战赛也增加了几个项目如救援挑战赛等。

在将足球比赛作为标准问题的同时，还会有其他各种各样的努力，包括学术会议、机器人世界杯、RoboCup 挑战计划、RoboCup 教育计划、基础组织的发展。

促进研究的有效途径是制定一个长期目标，而不拘泥于某一特定应用。当这个目标完成时，将产生巨大的社会影响，这就可以称为重大挑战计划。制造一个会踢足球的机器人本身并不能产生巨大的社会和经济影响，但是这种成功的确会被认为是这个领域的重大成果，这种计划称为划时代的计划。RoboCup 既是一个标准问题，也是一个划时代的计划。

教学视频 森林伐木机器人

林业的职能是保护生态环境，保持生态平衡，培育和保护森林以取得木材和其他林产品、利用林木的自然特性以发挥防护作用的生产部门，是国民经济的重要组成部分之一。

请观看教学视频案例：森林伐木机器人（见图12-3）。视频中包含了多处 AI 应用元素，令人脑洞大开。

图 12-3 森林伐木机器人

12.1 划时代的计划

RoboCup 机器人世界杯赛提出的最终目标是：到 21 世纪中叶，一支完全自治的人形机器人足球队应该能在遵循国际足联正式规则的比赛中，战胜当时的人类世界杯冠军队。提出的这个目标是人工智能与机器人学的一个重大挑战。从现在的技术水平看来，这个目标可能是过于雄心勃勃了，但重要的是提出这样的长期目标并为之而奋斗。

12.1.1 划时代的阿波罗计划

从莱特兄弟的第一架飞机到阿波罗计划将人类送上月球并安全返回地球花了 50 年时间。同样，从数字计算机的发明到深蓝击败人类国际象棋世界冠军也花了 50 年。人们意识到，建立人形机器人足球队需要大致相当的时间及很大范围内研究人员的极大努力，这个目标是不能在短期内完成的（见表 12-1）。

表 12-1 人类提出的长期目标

	阿波罗计划	计算机国际象棋	RoboCup
目标	送一个宇航员登陆月球并安全返回地球	开发出能战胜人类国际象棋世界冠军的计算机	开发出能像人类那样踢球的足球机器人
技术	系统工程、航空学、各种电子学等	搜索技术、并行算法和并行计算机等	实时系统、分布式协作、智能体等
应用	遍布各处	各种软件系统、大规模并行计算机	下一代人工智能，现实世界中的机器人和人工智能系统

一个成功的划时代计划必须完成一个能引起广泛关注的目标。1969 年 7 月 16 日阿波罗登月，在阿波罗计划中，美国制定了"送一个宇航员登陆月球并安全返回地球"的目标，目标的完成本身就是一个人类的历史性事件，尽管送什么人登上月球带来的直接经济收益很小（公正地讲，阿波罗计划是希望获得"国家声望"，并展示对前苏联的技术优势。即便如此，几个宇航员在月球登陆也没有带来直接的军事优势）。为达到这个目标而发展的技术是如此重要，以至于成为美国工业强大的技术和人员基础。

　　划时代计划的重要问题是设定一个足够高的目标，才能取得一系列为完成这个任务而必需的技术突破，同时这个目标也要有广泛的吸引力和兴奋点，完成目标所需的技术成为下一代工业的基础。

　　阿波罗计划"是一个人的一小步，人类的一大步。"举国上下的努力使宇航员 Neil Armstrong 在登上月球表面，实现这个与人类历史一样久远的梦想时说出了这句话（见图 12-4）。但是阿波罗计划的目标已经超过了让美国人登陆月球并安全返回地球：创立了在太空中超越其他国家利益的技术；为美国在太空留下英名；开始对月球的科学探索；提高人类在月球环境中的能力。

　　1997 年 5 月，IBM 的深蓝计算机击败了国际象棋世界冠军，人工智能历时 40 年的挑战终于取得了成功。在人工智能与机器人学的历史上，这一年作为一个转折点被记住了。在 1997 年 7 月 4 日，NASA 的"探路者"在火星登陆，在火星的表面释放了第一个自治机器人系统 Sojourner（见图 12-5）。与此同时，RoboCup 也朝开发能够战胜人类世界杯冠军队的机器人足球队走出了第一步。

图 12-4　1969 年 7 月 16 日阿波罗登月

图 12-5　第一个自治机器人系统 Sojourner

12.1.2　机器人学中新的标准问题

　　计算机国际象棋是一个典型的标准问题。各种搜索算法可以在这个领域中评价和发展。随着深蓝的成功，按照正式规则击败人类的顶尖高手，计算机国际象棋的挑战到了尾声。计算机国际象棋作为一个标准问题的成功，主要原因之一是清楚地定义了进展的评价。研究进展可以用系统的棋力来评价。

　　一个挑战必须能够鼓励一系列为下一代工业而发展的技术。人们认为 RoboCup 是一个标准问题，可以用来评价各种不同的理论、算法和体系结构（见表 12-2）。

表 12-2　计算机国际象棋与 RoboCup 领域特征的不同

领域	环境	状态改变	获取信息	传感器信息	控制方式
国际象棋	静态	回合制	完全	符号式	集中
RoboCup	动态	实时	不完全	非符号式	分布

　　由于 RoboCup 中涉及的许多研究领域都是目前研究与应用中遇到的关键问题，因此可以很容易的将 RoboCup 的一些研究成果转化到实际应用中。例如：

　　（1）搜索与救援。如在执行任务时，一般是分成几个小分队，而每个小分队往往只能得到部分信息，有时还是错误的信息；环境是动态改变的，往往很难做出准确的判断；有时任务是在敌对环境中执行，随时都有可能会有敌人；几个小分队之间需要有很好的协作；在不同的情况下，有时需要改变任务的优先级，随时调整策略；需要满足一些约束条件，如将被救者拉出来，同时又不能伤害他们。这些特点与 RoboCup 有一定的相似，因此，在 RoboCup 中的研究成果就可以用于这个领域。事实上，有一个专门的 RoboCup-Rescue 专门负责这方面的问题。

（2）太空探险。太空探险一般都需要有自治系统，能够根据环境的变化做出自己的判断，而不需要研究人员直接控制。在探险过程中，可能会有一些运动的障碍物，必须要能够主动躲避。另外，在遇到某些特定情形时，也会要求改变任务的优先级，调整策略以获得最佳效果。

（3）办公室机器人系统。用于完成一些日常事务的机器人或机器人小组，这些日常事务一般包括收集废弃物、清理办公室、传递某些文件或小件物品等。由于办公室的环境具有一定的复杂性，而且由于经常有人员走动，或者是办公室重新布置，使这个环境也具有动态性。另外，由于每个机器人都只能有办公室的部分信息，为了更好地完成任务，他们必须进行有效的协作。从这些可以看出，这又是一个类似 RoboCup 的技术领域。

（4）其他多智能体系统。这是一个比较大的类别，RoboCup 中的一个球队可以认为就是一个多智能体系统，而且是一个比较典型的多智能体系统。它具备了多智能体系统的许多特点，因此，RoboCup 的研究成果可以应用到许多多智能体系统中，如空战模拟、信息代理、虚拟现实、虚拟企业等，从中可以看出 RoboCup 技术的普遍性。

12.2　机器感知

机器感知（Machine Cognition，见图 12-6）是指能够使用传感器所输入的资料（如照相机、麦克风、声纳以及其他的特殊传感器），然后推断世界的状态。计算机视觉能够分析影像输入，另外还有语音识别、人脸辨识和物体辨识。

图 12-6　机器感知

机器感知是一连串复杂程序所组成的大规模信息处理系统，信息通常由很多常规传感器采集，经过这些程序的处理后，会得到一些非基本感官能得到的结果。

如果智能机器感知技术将来能够得到正确运用，智能交通详细数据采集系统的研发，科学系统的分析、改造现有的交通管理体系，对缓解城市交通难题有极大的帮助。利用逼真的三维数字模型展示人口密集的商业区、重要文物古迹旅游点等，以不同的观测视角，为安全设施的位置部署，提早预防和对突发事件的及时处理等情况，为维系社会公共安全提供保障。

12.2.1 机器智能与智能机器

机器智能（Machine Intelligence，MI），研究如何提高机器应用的智能水平，把机器用得更聪明。这里，"机器"主要指计算机、自动化装置、通信设备等。

人工智能专家系统（Expert System，ES），就是用计算机去模拟、延伸和扩展专家的智能，基于专家的知识和经验，可以求解专业性问题的、具有人工智能的计算机应用系统，如医疗诊断专家系统、故障诊断专家系统等。

智能机器（Intelligent Machine，IM）研究如何设计和制造具有更高智能水平的机器，特别是设计和制造更聪明的计算机。

12.2.2 机器思维与思维机器

机器思维（Machine Thinking），具体地说是计算机思维（Computer Thinking），如专家系统、机器学习、计算机下棋、计算机作曲、计算机绘画、计算机辅助设计、计算机证明定理、计算机自动编程等。

思维机器（Thinking Machine），或者说是会思维的机器。现在的计算机是一种不会思维的机器。但是，现有的计算机可以在人脑的指挥和控制下，辅助人脑进行思维活动和脑力劳动，如医疗诊断、化学分析、知识推理、定理证明、产品设计……实现某些脑力劳动自动化或半自动化。从这种观点也可以说，目前的计算机具有某些思维能力，只不过现有计算机的智能水平还不高，所以，需要研究更聪明的、思维能力更强的智能计算机或脑模型。

12.2.3 机器行为与行为机器

机器行为（Machine Behavior）或计算机行为（Computer Behavior）研究如何用机器去模拟、延伸、扩展人的智能行为。例如，自然语言生成用计算机等模拟人说话的行为；机器人行动规划模拟人的动作行为；倒立摆智能控制模拟杂技演员的平衡控制行为；机器人的协调控制模拟人的运动协调控制行为；工业窑炉的智能模糊控制模拟窑炉工人的生产控制操作行为；轧钢机的神经网络控制模拟操作工人对轧钢机的控制行为……

行为机器（Behavioral Machine）指具有人工智能行为的机器，或者说，能模拟、延伸与扩展人的智能行为的机器。例如，智能机械手、机器人、操作机；自然语言生成器；智能控制器，如专家控制器、神经控制器、模糊控制器……这些智能机器或智能控制器，具有类似于人的智能行为的某些特性，如自适应、自学习、自组织、自协调、自寻优……因而，能够适应工作环境的条件的变化，通过学习改进性能，根据需求改变结构，相互配合、协同工作，自行寻找最优工作状态。

12.3　机器人的概念

1921 年，捷克剧作家卡雷尔·恰佩克在其名为 *R.U.R.* 的戏剧中，第一次引入了"机器人（robot）"这个词，捷克语中"机器人"意指劳动或工作。如今，机器人已经是"自动执行工作的机器装置"（见图 12-7），它是高级整合控制论、机械电子、计算机、材料和仿生学的产物。在工业、医学、农业、建筑业甚至军事等领域中均有重要用途。它既可以接受人类指挥，又可以运行预先编排的程序，也可以根据以人工智能技术制定的原则纲领行动。它的任务是协助或取代人类工作的工作，如生产业、建筑业或是危险的工作。

图 12-7 本田公司 ASIMO 机器人

随着工业自动化和计算机技术的发展，机器人开始进入大量生产和实际应用阶段。尔后由于自动装备海洋开发空间探索等实际问题的需要，对机器人的智能水平提出了更高的要求。特别是危险环境，人们难以胜任的场合更迫切需要机器人，从而推动了智能机器人的研究。

12.3.1 机器人的发展

机器人的发展历史要比人们想象的更丰富、更悠久。

也许第一个被人们接受的机械代表作是 1574 年制造的斯特拉斯堡铸铁公鸡。每天中午，它会张开喙，伸出舌头，拍打翅膀，展开羽毛，抬起头并啼鸣 3 次。这只公鸡一直服务到 1789 年。

在 20 世纪，人们建造了许多成功的机器人系统。20 世纪 80 年代，在工厂和工业环境中，机器人开始变得司空见惯。

控制论领域被视为人工智能的早期先驱，是在生物和人造系统中对通信和控制过程进行研究和比较。麻省理工学院的诺伯特·维纳为定义这个领域作出了贡献，并进行了开创性的研究。这个领域将来自神经科学和生物学与来自工程学的理论和原理结合起来，目的是在动物和机器中找到共同的属性和原理。马特里指出："控制论的一个关键概念侧重于机械或有机体与环境之间的耦合、结合和相互作用。"我们将会看到这种相互作用相当复杂。她将机器人定义为："存在于物质世界中的自治系统，可以感知其环境，并可以采取行动，实现一些目标。"

1949 年，为了模仿自然生命，英国科学家格雷·沃尔特设计制作了一对名叫 Elmer 和 Elise 的机器人，因为他们的外形和移动速度都类似自然界的爬行龟，也称机器龟。这是公认最早的真正意义上的移动式机器人。

沃尔特的机器人与之前的机器人不同，它们以不可预知的方式行事，能够做出反应，在其环境中能够避免重复的行为。"乌龟"由三个轮子和一个硬塑料外壳组成。两个轮子用于前进和后退，而第三个轮子用于转向。它的"感官"非常简单，仅由一个可以感受到光的光电池和作为触摸传感器的表面电触点组成。光电池提供了电源，外壳提供了一定程度的保护，可防止物理损坏。

有了这些简单的组件和其他几个组件，沃尔特的"能够思维的机器"能够表现出如下的行为：找光；朝着光前进；远离明亮的光；转动和前进以避免障碍；给电池充电。

12.3.2 机器人的定义与"三原则"

国际上对机器人的概念已经逐渐趋近一致。一般来说，人们都可以接受这种说法，即机器人是靠自身动力和控制能力来实现各种功能的一种机器。联合国标准化组织采纳了美国机器人协会给机器人下的定义："一种可编程和多功能的操作机；或是为了执行不同的任务而具有可用电脑改变和可编程动作的专门系统。"

中国科学家对机器人的定义是："机器人是一种自动化的机器，所不同的是这种机器具备一些与人或生物相似的智能能力，如感知能力、规划能力、动作能力和协同能力，是一种具有高度灵活性的自动化机器。"

在研究和开发未知及不确定环境下作业的机器人的过程中，人们逐步认识到机器人技术的本质是感知、决策、行动和交互技术的结合。

机器人学的研究推动了许多人工智能思想的发展，有一些技术可在人工智能研究中用来建立世界状态的模型和描述世界状态变化的过程。关于机器人动作规划生成和规划监督执行等问题的研究，推动了规划方法的发展。此外，由于机器人是一个综合性的课题，除机械手和步行机构外，还要研究机器视觉、触觉、听觉等传感技术以及机器人语言和智能控制软件等。可以看出这是一个设计精密机械信息传感技术、人工智能方法、智能控制以及生物工程等学科的综合技术，这一研究有利于促进各学科的相互结合，并大大推动了人工智能技术的发展。

为了防止机器人伤害人类，1942 年，科幻小说家艾萨克·阿西莫夫（Isaac.Asimov）在小说 *The Caves of Steel*（钢洞）中提出了"机器人三原则"：

（1）机器人不得伤害人类，不得看到人类受到伤害而袖手旁观。

（2）机器人必须服从人类给予的命令，除非这种命令与第一定律相冲突。

（3）只要与第一或第二定律没有冲突，机器人就必须保护自己的生存。

这是给机器人赋予的伦理性纲领。几十年过去了，机器人学术界一直将这三条原则作为机器人开发的准则。

12.3.3 机器人的分类

自机器人诞生之日起，人们就不断地尝试着说明到底什么是机器人。随着机器人技术的飞速发展，机器人所涵盖的内容越来越丰富。

从应用环境出发，机器人专家将机器人分为两大类，即制造环境下的工业机器人和非制造环境下的服务与仿人型机器人（特种机器人）。所谓工业机器人，就是面向工业领域的多关节机械手或多自由度机器人，而特种机器人则是除工业机器人之外的、用于非制造业并服务于人类的各种先进机器人。在特种机器人中，有些分支发展很快，有独立成体系的趋势，如服务机器人、水下机器人、军用机器人、微操作机器人等（见图 12-8）。

随着人们对机器人技术智能化本质认识的加深，机器人技术开始源源不断地向人类活动的各个领域渗透。结合这些领域的应用特点，人们发展了各式各样的具有感知、决策、行动和交互能力的特种机器人和各种智能机器，如移动机器人、微机器人、水下机器人、医疗机器人、军用机器人、空中空间机器人、娱乐机器人等。对不同任务和特殊环境的适应性，也是机器人与一般自动化装备的重要区别。这些机器人从外观上已远远脱离了最初仿人型机器人和工业机器人所具有的形状，更加符合各种不同应用领域的特殊要求，其功能和智能程度也大大增强，从而为机器人技术开辟出更加广阔的发展空间。

排爆机器人

机器狗

图 12-8 机器人

12.4 机器人的技术问题

开发机器人涉及的技术问题极其纷杂，在某种程度上，这取决于人们实现精致复杂的机器人功能的雄心。从本质上讲，机器人方面的工作是问题求解的综合形式。

机器人的早期历史着重于运动和视觉（称为机器视觉）。计算几何和规划问题是与其紧密结合的学科。在过去几十年中，随着如语言学、神经网络和模糊逻辑等领域成为机器人技术的研究与进步的一个不可分割的部分，机器人学习的可能性变得更加现实。

12.4.1 机器人的组成

在 1967 年日本召开的第一届机器人学术会议上，就提出了两个有代表性的定义。一是森政弘与合田周平提出的："机器人是一种具有移动性、个体性、智能性、通用性、半机械半人性、自动性、奴隶性等 7 个特征的柔性机器。"从这一定义出发，森政弘又提出了用自动性、智能性、个体性、半机械半人性、作业性、通用性、信息性、柔性、有限性、移动性十个特性来表示机器人的形象。另一个是加藤一郎提出的具有如下三个条件的机器称为机器人：

（1）具有脑、手、脚三要素的个体。

（2）具有非接触传感器（用眼、耳接受远方信息）和接触传感器。

（3）具有平衡觉和固有觉的传感器。

可以说机器人就是具有生物功能的实际空间运行工具，可以代替人类完成一些危险或难以进行的劳作、任务等。机器人能力的评价标准包括：智能，指感觉和感知，包括记忆、运算、比较、鉴别、判断、决策、学习和逻辑推理等；机能，指变通性、通用性或空间占有性等；物理能，指力、速度、可靠性、联用性和寿命等。

机器人一般由执行机构、驱动装置、检测装置、控制系统和复杂机械等组成（见图 12-9）。

图 12-9 机器人的结构

（1）执行机构。即机器人本体，其臂部一般采用空间开链连杆机构，其中的运动副（转动副或移动副）常称为关节，关节个数通常即为机器人的自由度数。根据关节配置型式和运动坐标形式的不同，机器人执行机构可分为直角坐标式、圆柱坐标式、极坐标式和关节坐标式等类型。出于拟人化的考虑，常将机器人本体的有关部位分别称为基座、腰部、臂部、腕部、手部（夹持器或末端执行器）和行走部（对于移动机器人）等。

（2）驱动装置。是驱使执行机构运动的机构，按照控制系统发出的指令信号，借助于动力元件使机器人进行动作。它输入的是电信号，输出的是线、角位移量。机器人使用的驱动装置主要是电力驱动装置，如步进电机、伺服电机等，此外也有采用液压、气动等驱动装置。

（3）检测装置。是实时检测机器人的运动及工作情况，根据需要反馈给控制系统，与设定信息进行比较后，对执行机构进行调整，以保证机器人的动作符合预定的要求。作为检测装置的传感器大致可分为两类：一类是内部信息传感器，用于检测机器人各部分的内部状况，如各关节的位置、速度、加速度等，并将所测得的信息作为反馈信号送至控制器，形成闭环控制。一类是外部信息传感器，用于获取有关机器人的作业对象及外界环境等方面的信息，以使机器人的动作能适应外界情况的变化，使之达到更高层次的自动化，甚至使机器人具有某种"感觉"，向智能化发展，如视觉、声觉等外部传感器给出工作对象、工作环境的有关信息，利用这些信息构成一个大的反馈回路，从而大大提高机器人的工作精度。

（4）控制系统。一种是集中式控制，即机器人的全部控制由一台微型计算机完成。另一种是分散（级）式控制，即采用多台微机来分担机器人的控制，如当采用上、下两级微机共同完成机器人的控制时，主机常用于负责系统的管理、通信、运动学和动力学计算，并向下级微机发送指令信息；作为下级从机，各关节分别对应一个 CPU，进行插补运算和伺服控制处理，实现给定的运动，并向主机反馈信息。根据作业任务要求的不同，机器人的控制方式又可分为点位控制、连续轨迹控制和力（力矩）控制。

值得注意的是，机器人电力供应与人类之间存在一些重要的类比。人类需要食物和水来为身体运动和大脑功能提供能量。目前，机器人的大脑并不发达，因此需要动力（通常由电池提供）进行运动和操作。现在思考，当"电源"快没电了（即当我们饿了或需要休息时）会发生什么？我们不能做出好的决定、犯错误、表现得很差或很奇怪。机器人也会发生同样的事情。因此，它们的供电必须是独立的，受保护和有效的，并且应该可以平稳降级。也就是说，机器人应该能够自主地补充自己的电源，而不会完全崩溃。

末端执行器使机器人身上的任何设备可以对环境做出反应。在机器人世界中，它们可能是手臂、腿或轮子，即可以对环境产生影响的任何机器人组件。驱动器是一种机械装置，允许末端执行器执行其任务。驱动器可以包括电动机、液压或气动缸以及温度敏感或化学敏感的材料。这样的执行器可用于激活轮子、手臂、夹子、腿和其他效应器。驱动器可以是无源的，也可以是有源的。虽然所有执行器都需要能量，但有些可能是无源的驱动器需要直接的动力来操作，而其他可能是无源的驱动器则使用物理运动规律来保存能量。最常见的执行器是电动机，但也可以是使用流体压力的液压、使用空气压力的气动、光反应性材料（对光做出响应）、化学反应性材料、热反应性材料或压电材料（通常为晶体，按下或弹起时产生电荷的材料）。

12.4.2 机器人的运动

运动学是关于机械系统如何运行的最基础的研究。在移动机器人领域，这是一种自下而上的技术，需要涉及物理、力学、软件和控制领域。像这样的情况，这种机器人技术每时每刻都需要软件来控制硬件，因此这种系统很快就变得相当复杂。无论你是想让机器人踢足球，还是登上月球，或是在海面下工作，最根本的问题就是运动。机器人如何移动？它的功能是什么？典型的执行器是：

（1）轮子用于滚动。

（2）腿可以走路、爬行、跑步、爬坡和跳跃。

（3）手臂用于抓握、摇摆和攀爬。

（4）翅膀用于飞行。

（5）脚蹼用于游泳。

在机器人领域中，一个常见的概念是物体运动度，这是表达机器人可用的各种运动类型的方法。例如，考虑直升机的运动自由度（称为平移自由度）。一般来说，有六个自由度（DOF）可以描述直升机可能的原地转圈、俯仰和偏航运动（见图 12-10）。

图 12-10　一架直升机及其自由度

原地转圈意味着从一侧转到另一侧，俯仰意味着向上或向下倾斜，偏航意味着左转或右转。像汽车（或直升机在地面上）一样的物体只有三个自由度（没有垂直运动），但是只有两个自由度可控。也就是说，地面上的汽车通过车轮只能前后移动，并通过其方向盘向左或向右转。如果一辆汽车可以直接向左或向右移动（比如说使其每个车轮转动 90°），那么这将增加另一个自由度。由于机器人运动更加复杂，例如手臂或腿试图在不同方向上移动（如在人类的手臂中有肌腱套），因此自由度的数量是个重要问题。

一旦开始考虑运动，就必须考虑稳定性。对于人和机器人，还有重心的概念，这是我们在走路的地面上的一个点，它使我们在走路的地面上能够保持平衡。重心太低意味着我们在地面上拖行前进，重心太高则意味着不稳定。与这个概念紧密联系的是支持多边形的概念。这是支持机器人加强稳定性的平台。人类也有这样的支持平台，只是通常没有意识到，它就在躯干中的某个位置。对于机器人，当它有更多的腿时，也就是有 3 条、4 条或 6 条腿时，问题通常不大。

12.4.3 机器人大狗

三大机器人系统大狗（Big Dog，见图 12-11）、亚美尼亚（Asimo）和 Cog，每个项目都代表了 20 世纪晚期以来，科学家数十年来的重大努力。每个项目都解决了在机器人技术领域出现的复杂而细致的技术问题。大狗主要关注运动和重载运输，特别用于军事领域；亚美尼亚展现了运动的各个方面，强调了人类元素，即了解人类如何移动；Cog 更多的是思考，这种思考区分了人类与其他生物，被视为人类所特有的。

图 12-11 机器人大狗

1992 年 Marc Raibert 与他人一起创办了波士顿动力学工程公司，他首先开发了全球第一个能自我平衡的跳跃机器人，之后公司获得了美国国防部的合作，国防部投资几千万元用于机器人的研究，虽然当时美国国防部还想不出这些机器人能干什么，但是认为这个技术未来是有用的。这也印证了商业模式是做出来的道理。

当时，很多机器人行走缓慢，平衡很差，Raibert 模仿生物学运动原理，使机器保持动态稳定。如同真的动物一样，Raibert 的机器人移动迅速且平稳。

2005 年，波士顿动力公司的专家创造了四腿机器人大狗。这个项目是由美国国防高级研究计划局资助的，源自国防部为军队开发新技术的任务。

2012 年，大狗机器人升级，可跟随主人行进 20 英里。

2015 年，美军开始测试这种具有高机动能力的四足仿生机器人的试验场，开始试验这款机器人与士兵协同作战的性能。"大狗"机器人的动力来自一部带有液压系统的汽油发动机，它的四条腿完全模仿动物的四肢设计，内部安装有特制的减震装置。机器人的长度为 1 m，高 70 cm，重量为 75 kg，从外形上看，它基本上相当于一条真正的大狗。

大狗机器人的内部安装有一台计算机，可根据环境的变化调整行进姿态。而大量的传感器则能够保障操作人员实时地跟踪"大狗"的位置并监测其系统状况。这种机器人的行进速度可达到 7 km/h，能够攀越 35° 的斜坡。它可携带重量超过 150 kg 的武器和其他物资。"大狗"即可以自行沿着预先设定的简单路线行进，也可以进行远程控制。

12.5 智能制造

智能制造（Intelligent Manufacturing，见图 12-12）源于人工智能的研究。一般认为智能是知识和智力的总和，前者是智能的基础，后者是指获取和运用知识求解的能力。

图 12-12 智能制造

12.5.1 智能制造的定义

智能制造包含智能制造技术和智能制造系统（IMS）。智能制造系统不仅能够在实践中不断地充实知识库，而且还具有自学习功能，还有搜集与理解环境信息和自身的信息，并进行分析判断和规划自身行为的能力。

智能制造系统是一种由智能机器和人类专家共同组成的人机一体化智能系统（见图 12-13），它突出了在制造诸环节中，以一种高度柔性与集成方式，诸如分析、推理、判断、构思和决策等，借助计算机模拟人类专家的智能活动，进行分析、判断、推理、构思和决策，取代或延伸制造环境中人的部分脑力劳动，同时，收集、存储、完善、共享、继承和发展人类专家的制造智能。由于这种制造模式，突出了知识在制造活动中的价值地位，而知识经济又是继工业经济后的主体经济形式，所以智能制造就成为影响未来经济发展过程的制造业的重要生产模式。智能制造系统是智能技术集成应用的环境，也是智能制造模式展现的载体。

一般而言，制造系统在概念上认为是一个复杂的相互关联的子系统的整体集成，从制造系统的功能角度，可将智能制造系统细分为设计、计划、生产和系统活动四个子系统。在设计子系统中，智能制定突出了产品的概念设计过程中消费需求的影响；功能设计关注了产品可制造性、可装配性和可维护及保障性。另外，模拟测试也广泛应用智能技术。在计划子系统中，数据库构造将从简单信息型发展到知识密集型。在排序和制造资源计划管理中，模糊推理等多类的专家系统将集成应用；智能制造的生产系统将是自治或半自治系统。在监测生产过程、生产状态获取和故障诊断、检验装配中，将广泛应用智能技术；从系统活动角度，神经网络技术在系统控制中已开始应用，同时应用分布技术和多元代理技术、全能技术，并采用开放式系统结构，使系统活动并行，解决系统集成。

图 12-13　智能制造系统的构成

由此可见，IMS 理念建立在自组织、分布自治和社会生态学机理上，目的是通过设备柔性和计算机人工智能控制，自动地完成设计、加工、控制管理过程，旨在解决适应高度变化环境的制造的有效性。

1. 分布式数字控制 DNC

分布式数字控制（Distributed Numerical Control，DNC）是网络化数控机床常用的制造术语（见图 12-14）。其本质是计算机与具有数控装置的机床群使用计算机网络技术组成的分布在车间中的数控系统。该系统对用户来说 就像一个统一的整体，系统对多种通用的物理和逻辑资源整合，可以动态的分配数控加工任务给任一加工设备，是提高设备利用率，降低生产成本的有力手段，是未来制造业的发展趋势。

DNC 早期只是作为解决数控设备通信的网络平台，随着客户的不断发展和成长，仅仅解决设备联网已远远不能满足现代制造企业的需求。早在 20 世纪 90 年代初，美国 Predator Software INC 就赋予 DNC 更广阔的内涵——生产设备和工位智能化联网管理系统，这也是全球范围内最早且使用最成熟的"物联网"技术——车间内"物联网"，这也使得 DNC 成为离散制造业 MES 系统必备的底层平台。DNC 必须能够承载更多的信息。同时 DNC 系统必须能有效地结合先进的数字化的数据录入或读出技术，如条码技术、射频技术、触屏技术等，帮助企业实现生产工位数字化。

图 12-14 分布式数字控制

从广义概念上来理解，计算机／现代集成制造系统（Computer/Contemporary Integrated Manufacturing Systems，CIMS）、敏捷制造等都可以看作是智能自动化的例子。除了制造过程本身可以实现智能化外，还可以逐步实现智能设计、智能管理等，再加上信息集成，全局优化，逐步提高系统的智能化水平，最终建立智能制造系统。这可能是实现智能制造的一种可行途径。

2. 多智能体系统

多智能体系统（multi-agent system，MAS）是一种全新的分布式计算技术。自 20 世纪 70 年代出现以来得到迅速发展，已经成为一种进行复杂系统分析与模拟的思想方法与工具。

Agent 原意为代理商，是指在商品经济活动中被授权代表委托人的一方。后来被借用到人工智能和计算机科学等领域，以描述计算机软件的智能行为，称为智能体。1992 年曾经有人预言："基于 Agent 的计算将可能成为下一代软件开发的重大突破。"随着人工智能和计算机技术在制造业中的广泛应用，多智能体系统（Multi-Agent）技术对解决产品设计、生产制造乃至产品的整个生命周期中的多领域间的协调合作提供了一种智能化的方法，也为系统集成、并行设计，并实现智能制造提供了更有效的手段。

3. 整子系统

整子系统（Holonic System）的基本构件是整子（Holon）。Holon 是从希腊语借过来的，人们用 Holon 表示系统的最小组成个体，整子系统就是由很多不同种类的整子构成。整子的最本质特征是：

（1）自治性。每个整子可以对其自身的操作行为作出规划，可以对意外事件（如制造资源变化、制造任务货物要求变化等）作出反应，并且其行为可控。

（2）合作性。每个整子可以请求其他整子执行某种操作行为，也可以对其他整子提出的操作申请提供服务。

（3）智能性。整子具有推理、判断等智力，这也是它具有自治性和合作性的内在原因。整子的上述特点表明，它与智能体的概念相似。由于整子的全能性，也有人把它译为全能系统。

（4）敏捷性。具有自组织能力，可快速、可靠地组建新系统。

（5）柔性。对于快速变化的市场、变化的制造要求有很强的适应性。

除此之外，还有生物制造、绿色制造、分形制造等模式。

12.5.2 综合特征

与传统的制造相比，智能制造系统具有以下特征：

（1）自律能力。搜集与理解环境信息和自身的信息，并进行分析判断和规划自身行为的能力。具有自律能力的设备称为"智能机器"，"智能机器"在一定程度上表现出独立性、自主性和个性，甚至相互间还能协调运作与竞争。强有力的知识库和基于知识的模型是自律能力的基础。

（2）人机一体化。IMS不单纯是"人工智能"系统，而是人机一体化智能系统，是一种混合智能。基于人工智能的智能机器只能进行机械式的推理、预测、判断，它只能具有逻辑思维（专家系统），最多做到形象思维（神经网络），完全做不到灵感（顿悟）思维，只有人类专家才真正同时具备以上三种思维能力。因此，想以人工智能全面取代制造过程中人类专家的智能，独立承担起分析、判断、决策等任务是不现实的。人机一体化一方面突出人在制造系统中的核心地位，同时在智能机器的配合下，更好地发挥出人的潜能，使人机之间表现出一种平等共事、相互"理解"、相互协作的关系，使二者在不同的层次上各显其能，相辅相成。

因此，在智能制造系统中，高素质、高智能的人将发挥更好的作用，机器智能和人的智能将真正地集成在一起，互相配合，相得益彰。

（3）虚拟现实技术。这是实现虚拟制造的支持技术，也是实现高水平人机一体化的关键技术之一。虚拟现实技术（Virtual Reality）是以计算机为基础，融合信号处理、动画技术、智能推理、预测、仿真和多媒体技术为一体；借助各种音像和传感装置，虚拟展示现实生活中的各种过程、物件等，因而也能拟实制造过程和未来的产品，从感官和视觉上使人获得完全如同真实的感受。但其特点是可以按照人们的意愿任意变化，这种人机结合的新一代智能界面，是智能制造的一个显著特征。

（4）自组织超柔性。智能制造系统中的各组成单元能够依据工作任务的需要，自行组成一种最佳结构，其柔性不仅突出在运行方式上，而且突出在结构形式上，所以称这种柔性为超柔性，如同一群人类专家组成的群体，具有生物特征。

（5）学习与维护。智能制造系统能够在实践中不断地充实知识库，具有自学习功能。同时，在运行过程中自行故障诊断，并具备对故障自行排除、自行维护的能力。这种特征使智能制造系统能够自我优化并适应各种复杂的环境。

12.5.3 智能技术

智能制造中的智能技术包括：

（1）新型传感技术。高传感灵敏度、精度、可靠性和环境适应性的传感技术，采用新原理、新材料、新工艺的传感技术（如量子测量、纳米聚合物传感、光纤传感等），微弱传感信号提取与处理技术。

（2）模块化、嵌入式控制系统设计技术。不同结构的模块化硬件设计技术，微内核操作系统和开放式系统软件技术、组态语言和人机界面技术，以及实现统一数据格式、统一编程环境的工程软件平台技术。

（3）先进控制与优化技术。工业过程多层次性能评估技术、基于大量数据的建模技术、大规模高性能多目标优化技术，大型复杂装备系统仿真技术，高阶导数连续运动规划、电子传动等精密运动控制技术。

（4）系统协同技术。大型制造工程项目复杂自动化系统整体方案设计技术以及安装调试技术、统一操作界面和工程工具设计技术、统一事件序列和报警处理技术、一体化资产管理技术。

（5）故障诊断与健康维护技术。在线或远程状态监测与故障诊断、自愈合调控与损伤智能识别以及健康维护技术，重大装备的寿命测试和剩余寿命预测技术，可靠性与寿命评估技术。

（6）高可靠实时通信网络技术。嵌入式互联网技术、高可靠无线通信网络构建技术、工业通信网络信息安全技术和异构通信网络间信息无缝交换技术。

（7）功能安全技术。智能装备硬件、软件的功能安全分析、设计、验证技术及方法，建立功能安全验证的测试平台，研究自动化控制系统整体功能安全评估技术。

（8）特种工艺与精密制造技术。多维精密加工工艺，精密成型工艺，焊接、粘接、烧结等特殊连接工艺，微机电系统（MEMS）技术，精确可控热处理技术，精密锻造技术等。

（9）识别技术。低成本、低功耗 RFID 芯片设计制造技术，超高频和微波天线设计技术，低温热压封装技术，超高频 RFID 核心模块设计制造技术，基于深度三位图像识别技术，物体缺陷识别技术。

12.5.4 测控装置

智能制造中的测控装置包括：

（1）新型传感器及其系统。新原理、新效应传感器，新材料传感器，微型化、智能化、低功耗传感器，集成化传感器（如单传感器阵列集成和多传感器集成）和无线传感器网络。

（2）智能控制系统。现场总线分散型控制系统（FCS）、大规模联合网络控制系统、高端可编程控制系统（PLC）、面向装备的嵌入式控制系统、功能安全监控系统。

（3）智能仪表。智能化温度、压力、流量、物位、热量、工业在线分析仪表、智能变频电动执行机构、智能阀门定位器和高可靠执行器。

（4）精密仪器。在线质谱 / 激光气体 / 紫外光谱 / 紫外荧光 / 近红外光谱分析系统、板材加工智能板形仪、高速自动化超声无损探伤检测仪、特种环境下蠕变疲劳性能检测设备等产品。

（5）工业机器人与专用机器人。焊接、涂装、搬运、装配等工业机器人及安防、危险作业、救援等专用机器人。

（6）精密传动装置。高速精密重载轴承，高速精密齿轮传动装置，高速精密链传动装置，高精度高可靠性制动装置，谐波减速器，大型电液动力换挡变速器，高速、高刚度、大功率电主轴，直线电机、丝杠、导轨。

（7）伺服控制机构。高性能变频调速装置、数位伺服控制系统、网络分布式伺服系统等产品，提升重点领域电气传动和执行的自动化水平，提高运行稳定性。

（8）液气密元件及系统。高压大流量液压元件和液压系统、高转速大功率液力偶合器调速装置、智能润滑系统、智能化阀岛、智能定位气动执行系统、高性能密封装置。

12.5.5 运作过程

智能制造的总体目标是通过快速创建应用程序，从而使处于整个价值链应用程序和架构中的人、系统和资产之间的协作成为可能，为未来构建一个新的智能制造软件平台（见图 12-15）。新技术每天都在产生更多的数据。一些制造商正在应用大数据和分析技术，希望从这些数据中挖掘出更多的智能信息，从而将它们的经营业绩提升到新的水平。制造企业要想提高经营业绩，获取数据是非常重要的一环。如果可以将背景信息在正确的时间提供给正确的人、做出正确的决策，就可以提高整体性能。

图 12-15 智能制造软件

（1）任一网络用户都可以通过访问该系统的主页获得该系统的相关信息，还可通过填写和提交系统主页所提供的用户定单登记表来向该系统发出订单。

（2）如果接到并接受网络用户的订单，Agent 就将其存入全局数据库，任务规划结点可以从中取出该订单，进行任务规划，将该任务分解成若干子任务，将这些任务分配给系统上获得权限的节点。

（3）产品设计子任务被分配给设计结点，该结点通过良好的人机交互完成产品设计子任务，生成相应的 CAD/CAPP 数据和文档以及数控代码，并将这些数据和文档存入全局数据库，最后向任务规划节点提交该子任务。

（4）加工子任务被分配给生产者；一旦该子任务被生产者节点接受，机床 Agent 将被允许从全局数据库读取必要的数据，并将这些数据传给加工中心，加工中心则根据这些数据和命令完成加工子任务，并将运行状态信息送给机床 Agent，机床 Agent 向任务规划节点返回结果，提交该子任务。

（5）在系统的整个运行期间，系统 Agent 都对系统中的各个节点间的交互活动进行记录，如消息的收发，对全局数据库进行数据的读写，查询各节点的名字、类型、地址、能力及任务完成情况等。

（6）网络客户可以了解订单执行的结果。

📖作业

1. RoboCup 机器人世界杯赛提出的最终目标是（　　）。
   A. 一支非人形机器人足球队与人类足球队按正式规则比赛
   B. 一支完全自治的人形机器人足球队在正式比赛中战胜人类冠军队
   C. 一支完全自治的人形机器人足球队参加国际足联的正式比赛
   D. RoboCup 机器人世界杯赛与国际足联比赛合并

2. 实现 RoboCup 机器人世界杯赛提出的最终目标的规划时间是（　　）年。
   A. 50　　　　　　　B. 100　　　　　　　C. 20　　　　　　　D. 30

3. RoboCup 有这样一种观点：RoboCup 是一个标准问题，可以用来评价各种不同的理论、算法和体系结构。其实际含义是（　　）。
   A. 创造一个新的理论高度
   B. 开发一种特别的通用设备
   C. 鼓励一系列为下一代工业而发展的技术
   D. 开发全新的社会娱乐生活

4. 机器感知是指能够使用（　　）所输入的资料推断世界的状态。
   A. 键盘　　　　　　　　　　　　　B. 鼠标器
   C. 光电设备　　　　　　　　　　　D. 传感器

5. 机器感知研究如何用机器或计算机模拟、延伸和扩展（　　）的感知或认知能力。
   A. 机器　　　　　　B. 人　　　　　　C. 机器人　　　　　　D. 计算机

6. 机器感知包括（　　）等多种形式。
   A. B、C 和 D　　　B. 机器视觉　　　　C. 机器听觉　　　　D. 机器触觉

7. 机器智能研究如何提高机器应用的智能水平。这里的"机器"主要是指（　　）。
   A. 计算机　　　B. 自动化装置　　　C. 通信设备　　　D. A、B 和 C

8. 智能机器研究如何设计和制造具有更高智能水平的机器，特别是（　　）。
   A. 计算机　　　B. 厨房设备　　　C. 空调装置　　　D. 军工装备

9. 机器思维，具体地说是计算机思维，如专家系统、机器学习、计算机下棋、计算机作曲、计算机绘画、计算机辅助设计、计算机证明定理、计算机自动编程等，可以概括为（　　）。
   A. 互联网＋　　　B. 计算机＋　　　　C. 机器人＋　　　　D. 传感器＋

10. 机器行为研究如何用（　　）去模拟、延伸、扩展人的智能行为。
    A. 计算机　　　B. 计算器　　　　C. 机器　　　　　　D. 机械手

11. 行为机器指具有（　　）的机器，或者说，能模拟、延伸与扩展人的智能行为的机器。
    A. 人形动作　　　　　　　　　　B. 移动能力
    C. 工作行为　　　　　　　　　　D. 人工智能行为

12. 机器人是"（　　）"，它是高级整合控制论、机械电子、计算机、材料和仿生学的产物。
    A. 自动执行工作的机器装置　　　B. 造机器的人
    C. 机器造的人　　　　　　　　　D. 主动执行工作任务的工人

13. 为了防止机器人伤害人类，科幻小说家艾萨克·阿西莫夫于（　　）年在小说中提出了"机器人三原则"。

    A. 1940　　　　　B. 2010　　　　　C. 1946　　　　　D. 2000

14. 为了防止机器人伤害人类而提出的"机器人三原则"中不包括（　　）。

    A. 机器人不得伤害人类，或袖手旁观坐视人类受到伤害

    B. 人类应尊重并不得伤害机器人

    C. 原则上机器人应遵守人类的命令

    D. 在不违背第一及第二原则下，机器人必须保护自己

15. 智能制造源于人工智能的研究，包含智能制造（　　）和智能制造系统。

    A. 技术　　　　B. 理论　　　　　C. 工具　　　　　D. 行业

16. 智能制造系统是一种由智能机器和（　　）共同组成的一体化智能系统。

    A. 机械手　　　B. 人类专家　　　C. 机器人　　　　D. 车床

思维与操作实训 讨论：未来，机器人对人类社会的影响

1. 实训目的

在开始本实训之前，请认真阅读课文的相关内容。

（1）知道什么是机器感知，熟悉相关的概念与知识。

（2）熟悉机器人技术的发展历史，熟悉机器人三原则。

（3）熟悉智能制造的相关概念与知识。

2. 实训内容与步骤

（1）请观看教学视频：森林伐木机器人，观察其中的人工智能元素。

（2）讨论：未来，机器人对人类社会的发展会产生什么样的影响？

请记录小组讨论的主要观点，推选代表在课堂上简单阐述你们的观点。

3. 实训总结

_____

_____

_____

_____

4. 教师对实训的评价

_____

_____

_____

_____

第13章

智能图像处理

导读案例 图像处理的四种典型算法

图像处理，是对图像进行分析、加工和处理，使其满足视觉、心理以及其他要求的技术。图像处理是信号处理在图像域上的一个应用，目前大多数图像都是以数字形式存储的，因而图像处理很多情况下是指数字图像处理。

在数字图像处理领域有 24 个经典算法，限于篇幅，这里简单介绍其中的四个典型算法。

1. 遗传算法

遗传算法（Genetic Algorithm，GA，见图 13-1），模拟生物进化论的自然选择和遗传学进化过程的计算模型，是一种通过模拟自然进化过程随机搜索最优解的方法，体现了适者生存、优胜劣汰的进化原则，其主要特点是直接对结构对象进行操作，不存在求导和函数连续性的限定，具有并行性和较强的全局寻优能力。

图 13-1 遗传算法

2. 蚁群算法

蚁群算法（Ant Colony Optimization，ACO，见图 13-2），其灵感来源于蚂蚁觅食。通过在所经路径上留下信息素来相互传递信息，信息素浓度较高的线路就会吸引更多的蚂蚁，经过多次迭代，蚂蚁就能找到蚁巢到食物的最短路径。该算法具有并行性、强鲁棒性、正反馈性和自适应性，能用于解决大多数优化问题，在图像分割、边缘检测、分类、匹配、识别等领域有重要应用。

图 13-2　蚁群算法

3．模拟退火算法

模拟退火算法（Simulated Annealing，SA，见图 13-3），来源于物理中固体退火原理。将固体加温至充分高，再让其冷却，加温时，固体内部粒子随温升变为无序状，内能增大，冷却时粒子渐趋有序，在每个温度都达到平衡态，最后在常温时达到基态，内能减为最小，SA 具有全局优化性能，在工程中得到广泛应用。模拟退火算法可以分解为解空间、目标函数和初始解三部分。

图 13-3　模拟退火算法

4．粒子群算法

粒子群算法（Particle Swarm Optimization，PSO，见图 13-4），源于对鸟群捕食的行为研究。在对动物集群活动行为观察的基础上，利用群体中的个体对信息的共享使整个群体的运动在问题求解空间中产生从无序到有序的演化过程，从而获得最优解。同遗传算法类似，是一种基于迭代的优化算法，他的优势在于简单、容易实现并且没有许多参数需要调整，广泛应用于函数优化、神经网络、模糊控制等领域。

图 13-4　粒子群算法

以上四种算法在图像边缘检测、图像分割、图像识别、图像匹配、图像分类等领域有广泛应用。大多数人工智能算法还不是特别成熟，随着科学的发展还会有更多的智能算法被发现，在图像处理方面的应用也在不断深化，将多种智能算法进行融合将是未来一个重要的发展方向。

📢教学视频 **置身于优美变化的场景中**

图像处理和移动通信技术的迅速发展，给人们带来了前所未有的视频感觉盛宴。随着 5G 时代的开启，我们有理由期待更好的视频用户体验。请观看"视频案例：置身于优美变化的场景中"（见图 13-5）。

图 13-5　置身于优美变化的场景中

13.1　模式识别

模式识别（Pattern Recognition）原本是人类的一项基本智能，是指对表征事物或现象的不同形式（数值的、文字的和逻辑关系的）的信息做分析和处理，从而得到一个对事物或现象做出描述、辨认和分类等的过程。随着计算机技术的发展和人工智能的兴起，人类本身的模式识别已经满足不了社会发展的需要，于是人类就希望用计算机来代替或扩展人类的部分脑力劳动。这样计算机的模式识别就产生了。例如，计算机图像识别技术就是模拟人类的图像识别过程（见图 13-6）。

图 13-6　计算机模拟人类的图像识别过程

模式识别是信息科学和人工智能的重要组成部分。模式识别又常称作模式分类，从处理问题的性质和解决问题的方法等角度，模式识别分为有监督的分类和无监督的分类两种。模式还可分成抽象的和具体的两种形式。前者如意识、思想、议论等，属于概念识别研究的范畴，是人工智能的另一研究分支。我们所指的模式识别主要是对语音波形、地震波、心电图、脑电图、图片、照片、文字、符号、生物传感器等对象的具体模式进行辨识和分类。在图像识别的过程中进行模式识别是必不可少的，要实现计算机视觉必须有图像处理的帮助，而图像处理依赖于模式识别的有效运用。

模式识别是一门与数学紧密结合的科学，其中所用的思想方法大部分是概率与统计。模式识别主要分为三种：统计模式识别、句法模式识别和模糊模式识别。

模式识别研究主要集中在两方面，一是研究生物体（包括人）是如何感知对象的，属于认识科学的范畴；二是在给定的任务下，如何用计算机实现模式识别的理论和方法。应用计算机对一组事件或过程进行辨识和分类，所识别的事件或过程可以是文字、声音、图像等具体对象，也可以是状态、程度等抽象对象。这些对象与数字形式的信息相区别，称为模式信息。模式识别与统计学、心理学、语言学、计算机科学、生物学、控制论等都有关系。它与人工智能、图像处理的研究有交叉关系（见图 13-7）。

图 13-7　模式识别应用于视频监控系统

13.2　图像识别

随着时代的进步，越来越多的东西逐渐依赖于越来越难以捉摸的人工智能，后来，人们发现后者的一些缺陷也越来越严重。例如，人类拥有记忆，拥有"高明"的识别系统，比如告诉你面前的一只动物是"猫"，以后你再看到猫，一样可以认出来。人工智能虽然已经具备了一定的意识，但也许仍只是小学生水平而已（见图 13-8）。

图 13-8　人工智能的意识

人类是通过眼睛接收到光源反射，"看"到了自己眼前的事物，但是可能很多内容元素人们并不在乎；就像你好几天甚至更久前刚刚擦肩而过的一个人，如果你今天再次看到，你不一定会记得他，但是人工智能会记住所有它见过的任何人，任何事物。

如图 13-9 所示，人类会觉得这是很简单的黄黑间条。不过如果你问问最先进的人工智能，它给出的答案也许会是校车，而且 99% 地肯定。对于图 13-10，人工智能虽不能看出这是一条戴着墨西哥帽的吉娃娃狗（有的人也未必能认出），但是起码能识别出这是一条戴着宽边帽的狗。

图 13-9 黄黑间条　　　　　图 13-10 识别戴着墨西哥帽的吉娃娃狗

怀俄明大学进化人工智能实验室的一项研究却表明，人工智能未必总是那么聪明，也会把这些随机生成的简单图像当成鹦鹉、乒乓球拍或者蝴蝶。当研究人员把这个研究结果提交给神经信息处理系统大会进行讨论时，专家形成了泾渭分明的两派意见。一组领域经验更丰富的人，认为这个结果是完全可以理解的；另一组人则对研究结果的态度是困惑，至少在一开始对强大的人工智能算法把结果完全弄错而感到惊讶。

图像识别（Image Identification），是指利用计算机对图像进行处理、分析和理解，以识别各种不同模式的目标和对象的技术，是应用深度学习算法的一种实践应用。图像识别技术一般分为人脸识别与商品识别，人脸识别主要运用在安全检查、身份核验与移动支付中；商品识别主要运用在商品流通过程中，特别是无人货架、智能零售柜等无人零售领域。另外，在地理学中，图像识别也指将遥感图像进行分类的技术。

13.2.1　人类的图像识别能力

图形刺激作用于感觉器官，人们辨认出它是以前见过的某一图形的过程，也称图像再认。在图像识别中，既要有当时进入感官的信息，也要有记忆中存储的信息。只有通过存储的信息与当前的信息进行比较的加工过程，才能实现对图像的再认。

人的图像识别能力是很强的。图像距离的改变或图像在感觉器官上作用位置的改变，都会造成图像在视网膜上的大小和形状的改变。即使在这种情况下，人们仍然可以认出他们过去知觉过的图像，甚至图像识别可以不受感觉通道的限制。例如，人可以用眼看字，当别人在他背上写字时，他也可认出这个字来。

13.2.2　图像识别的基础

图像识别可能是以图像的主要特征为基础的。每个图像都有它的特征，如字母 A 有个尖、

P有个圈，而Y的中心有个锐角等。对图像识别时眼动的研究表明，视线总是集中在图像的主要特征上，也就是集中在图像轮廓曲度最大或轮廓方向突然改变的地方，这些地方的信息量最大。而且眼睛的扫描路线也总是依次从一个特征转到另一个特征上。由此可见，在图像识别过程中，知觉机制必须排除输入的多余信息，抽出关键的信息。同时，在大脑中必定有一个负责整合信息的机制，它能把分阶段获得的信息整理成一个完整的知觉映像。

人类对复杂图像的识别往往要通过不同层次的信息加工才能实现。对于熟悉的图形，由于掌握了它的主要特征，就会把它当作一个单元来识别，而不再注意它的细节。这种由孤立单元材料组成的整体单位称为组块，每一个组块是同时被感知的。在文字材料的识别中，人们不仅可以把一个汉字的笔画或偏旁等单元组成一个组块，而且能把经常在一起出现的字或词组成组块单位来加以识别。

在计算机视觉识别系统中，图像内容通常用图像特征进行描述（见图13-11）。事实上，基于计算机视觉的图像检索也可分为类似文本搜索引擎的三个步骤：提取特征、建立索引以及查询。

图13-11　用图像特征进行描述

13.2.3　计算机图形识别模型

图像识别是人工智能的一个重要领域。为了编制模拟人类图像识别活动的计算机程序，人们提出了不同的图像识别模型。

例如，模板匹配模型。这种模型认为，识别某个图像，必须在过去的经验中有这个图像的记忆模式，称模板。当前的刺激如果能与大脑中的模板相匹配，这个图像也就被识别了。例如，有一个字母A，如果在脑中有个A模板，字母A的大小、方位、形状都与这个A模板完全一致，字母A就被识别了。这个模型简单明了，也容易得到实际应用。但这种模型强调图像必须与脑中的模板完全符合才能加以识别，而事实上人不仅能识别与脑中的模板完全一致的图像，也能识别与模板不完全一致的图像。例如，人们不仅能识别某一个具体的字母A，也能识别印刷体的、手写体的、方向不正、大小不同的各种字母A。同时，人能识别的图像是大量的，如果所识别的每一个图像在脑中都有一个相应的模板，也是不可能的。

为了解决模板匹配模型存在的问题，格式塔心理学家又提出了一个原型匹配模型。这种模型认为，在长时记忆中存储的并不是所要识别的无数个模板，而是图像的某些"相似性"。从图像中抽象出来的"相似性"就可作为原型，拿它来检验所要识别的图像。如果能找到一个相似的原型，这个图像也就被识别了。这种模型从神经上和记忆探寻的过程上来看，都比模板匹配模型更适宜，而且还能说明对一些不规则的，但某些方面与原型相似的图像的识别。但是，这种模型没有说明人是怎样对相似的刺激进行辨别和加工的，它也难以在计算机程序中得到实现。因此，又有人提出了一个更复杂的模型，即"泛魔"识别模型。一般工业使用中，采用工业照相机拍摄图片，然后利用软件根据图片灰阶差做处理后识别出有用信息。

13.2.4 图像识别的发展

图像识别的发展经历了三个阶段：文字识别、数字图像处理与识别、物体识别。

（1）文字识别。研究开始于 1950 年。一般是识别字母、数字和符号，从印刷文字识别到手写文字识别，应用非常广泛。

（2）数字图像处理和识别。研究开始于 1965 年。数字图像与模拟图像相比具有存储、传输方便可压缩、传输过程中不易失真、处理方便等巨大优势，这些都为图像识别技术的发展提供了强大的动力。

（3）物体识别。主要是指对三维世界的客体及环境的感知和认识，属于高级的计算机视觉范畴。它是以数字图像处理与识别为基础的结合人工智能、系统学等学科的研究方向，其研究成果被广泛应用在各种工业及探测机器人上。

现代图像识别技术的一个不足就是自适应性能差，一旦目标图像被较强的噪声污染或是目标图像有较大残缺往往就得不出理想的结果。

在图像识别的发展中，主要有三种识别方法：统计模式识别、结构模式识别、模糊模式识别。图像分割是图像处理中的一项关键技术，自 20 世纪 70 年代以来，其研究一直都受到人们的高度重视，借助于各种理论提出了数以千计的分割算法。

图像分割的方法有许多种，如阈值分割方法、边缘检测方法、区域提取方法、结合特定理论工具的分割方法等。从图像的类型来分，有灰度图像分割、彩色图像分割和纹理图像分割等。早在 1965 年就有人提出了检测边缘算子，使得边缘检测产生了不少经典算法。但在近二十年间，随着基于直方图和小波变换的图像分割方法的研究计算技术、VLSI 技术的迅速发展，有关图像处理方面的研究取得了很大的进展。

13.3 机器视觉与图像处理

智能图像处理是指一类基于计算机的自适应于各种应用场合的图像处理和分析技术，本身是一个独立的理论和技术领域，但同时又是机器视觉中一项十分重要的技术支撑。人工智能、机器视觉和智能图像处理技术之间的关系如图 13-12 所示。

图 13-12　智能图像处理的支撑作用

13.3.1　机器视觉的发展

　　具有智能图像处理功能的机器视觉（Machine Vision），相当于人们在赋予机器智能的同时为机器安上了眼睛（见图 13-13），使机器能够"看得见""看得准"，可替代甚至胜过人眼做测量和判断，使得机器视觉系统可以实现高分辨率和高速度的控制。而且，机器视觉系统与被检测对象无接触，安全可靠。

图 13-13　图像处理与模式识别应用于指纹识别

　　机器视觉是人工智能领域中发展迅速的一个重要分支，正处于不断突破、走向成熟的阶段。一般认为机器视觉"是通过光学装置和非接触传感器自动地接受和处理一个真实场景的图像，通过分析图像获得所需信息或用于控制机器运动的装置"，可以看出智能图像处理技术在机器视觉中占有举足轻重的位置。

　　机器视觉的起源可追溯到 20 世纪 60 年代美国学者 L．R．罗伯兹对多面体积木世界的图像处理研究，70 年代麻省理工学院（MIT）人工智能实验室"机器视觉"课程的开设。到80 年代，全球性机器视觉研究热潮开始兴起，出现了一些基于机器视觉的应用系统。90 年代以后，随着计算机和半导体技术的飞速发展，机器视觉的理论和应用得到进一步发展。

　　进入 21 世纪后，机器视觉技术的发展速度更快，已经大规模地应用于多个领域，如智能制造、智能交通、医疗卫生、安防监控等领域。

　　常见机器视觉系统主要分为两类，一类是基于计算机的，如工控机或 PC、另一类是更加紧凑的嵌入式设备。典型的基于工控机的机器视觉系统主要包括光学系统、摄像机和工控机（包含图像采集、图像处理和分析、控制 / 通信）等单元（见图 13-14）。机器视觉系统对核心的图像处理要求算法准确、快捷和稳定，同时还要求系统的实现成本低，升级换代方便。

13.3.2　图像处理

　　图像处理（Image Processing）又称影像处理，是利用计算机技术与数学方法，对图像、视频信息的表示、编解码、图像分割、图像质量评价、目标检测与识别以及立体视觉等方面开展科学研究。主要研究内容包括图像、视频的模式识别和安全监控、医学和材料图像处理、演化算法、人工智能、粗糙集和数据挖掘等。在人脸识别、指纹识别、文字检测和识别、语音识别以及多个领域的信息管理系统等方面均有广泛应用。

图 13-14 机器视觉系统

图像处理一般指数字图像处理，是用计算机对图像进行分析，以达到所需结果的技术。数字图像是指用数字摄像机、扫描仪等设备经过采样和数字化得到的一个大的二维数组，该数组的元素称为像素，其值为一整数，称为灰度值。图像处理技术的主要内容包括图像压缩，增强和复原，匹配、描述和识别三个部分。常见的处理有图像数字化、图像编码、图像增强、图像复原、图像分割和图像分析等。

13.3.3 计算机视觉

从图像处理和模式识别发展起来的计算机视觉（Computer Vision）是用计算机来模拟人的视觉机理获取和处理信息的能力，就是指用摄影机和计算机代替人眼对目标进行识别、跟踪和测量等机器视觉，并进一步做图形处理，用计算机处理成为更适合人眼观察或传送给仪器检测的图像。计算机视觉研究相关的理论和技术，试图建立能够从图像或者多维数据中获取"信息"的人工智能系统。计算机视觉的挑战是要为计算机和机器人开发具有与人类水平相当的视觉能力。

计算机视觉研究对象之一是如何利用二维投影图像恢复三维景物世界。计算机视觉使用的理论方法主要是基于几何、概率和运动学计算与三维重构的视觉计算理论，包括射影几何学、刚体运动力学、概率论与随机过程、图像处理、人工智能等理论。计算机视觉要达到的基本目的有以下几个：

（1）根据一幅或多幅二维投影图像计算出观察点到目标物体的距离。

（2）根据一幅或多幅二维投影图像计算出目标物体的运动参数。

（3）根据一幅或多幅二维投影图像计算出目标物体的表面物理特性。

（4）根据多幅二维投影图像恢复出更大空间区域的投影图像。

计算机视觉要达到的最终目的是实现利用计算机对于三维景物世界的理解，即实现人的视觉系统的某些功能。

在计算机视觉领域中，医学图像分析、光学文字识别对模式识别的要求需要提到一定高度。例如，模式识别中的预处理和特征抽取环节应用图像处理的技术；图像处理中的图像分析也应用模式识别的技术。在计算机视觉的大多数实际应用中，计算机被预设为解决特定的任务，然而基于机器学习的方法正日渐普及，一旦机器学习的研究进一步发展，未来"泛用型"的计算机视觉应用或许可以成真。

人工智能所研究的一个主要问题是：如何让系统具备"计划"和"决策能力"，从而使之完成特定的技术动作（例如，移动一个机器人通过某种特定环境）。这一问题便与计算机视觉问题息息相关。在这里，计算机视觉系统作为一个感知器，为决策提供信息。另外一些研究方向包括模式识别和机器学习（这也隶属于人工智能领域，但与计算机视觉有着重要联系），也由此，计算机视觉时常被看作人工智能与计算机科学的一个分支。

为了达到计算机视觉的目的，有两种技术途径可以考虑。第一种是仿生学方法，即从分析人类视觉的过程入手，利用大自然提供给我们的最好参考系——人类视觉系统，建立起视觉过程的计算模型，然后用计算机系统实现之。第二种是工程方法，即脱离人类视觉系统框框的约束，利用一切可行和实用的技术手段实现视觉功能。此方法的一般做法是，将人类视觉系统作为一个黑盒子对待，实现时只关心对于某种输入，视觉系统将给出何种输出。这两种方法理论上都是可以使用的，但面临的困难是，人类视觉系统对应某种输入的输出到底是什么，这是无法直接测得的。而且由于人的智能活动是一个多功能系统综合作用的结果，即使是得到了一个输入输出对，也很难肯定它是仅由当前的输入视觉刺激所产生的响应，而不是一个与历史状态综合作用的结果。

不难理解，计算机视觉的研究具有双重意义。其一，是为了满足人工智能应用的需要，即用计算机实现人工的视觉系统的需要。这些成果可以安装在计算机和各种机器上，使计算机和机器人能够具有"看"的能力。其二，视觉计算模型的研究结果反过来对于进一步认识和研究人类视觉系统本身的机理，甚至人脑的机理，也同样具有相当大的参考意义。

13.3.4　计算机视觉与机器视觉的区别

一般认为，计算机就是机器的一种，那么，计算机视觉与机器视觉有何区别？

（1）定义不同。

计算机视觉：是一门研究如何使机器"看"的科学，更进一步说，就是指用摄影机和计算机代替人眼对目标进行识别、跟踪和测量等机器视觉，并进一步做图形处理，使计算机处理成为更适合人眼观察或传送给仪器检测的图像。

机器视觉：是用机器代替人眼来做测量和判断。机器视觉系统是通过机器视觉产品（即图像摄取装置，分 CMOS 和 CCD 两种）将被摄取目标转换成图像信号，传送给专用的图像处理系统，得到被摄目标的形态信息，根据像素分布和亮度、颜色等信息，转变成数字化信号；图像系统对这些信号进行各种运算来抽取目标的特征，进而根据判别的结果来控制现场的设备动作。

（2）原理不同。

计算机视觉：是用各种成像系统代替视觉器官作为输入敏感手段，由计算机来代替大脑完成处理和解释。计算机视觉的最终研究目标就是使计算机能像人那样通过视觉观察和理解世界，具有自主适应环境的能力。要经过长期的努力才能达到的目标。

因此，在实现最终目标以前，人们努力的中期目标是建立一种视觉系统，这个系统能依据视觉敏感和反馈的某种程度的智能完成一定的任务。例如，计算机视觉的一个重要应用领域是自主车辆的视觉导航，还没有条件实现像人那样能识别和理解任何环境，完成自主导航的系统。

人们努力的研究目标是实现在高速公路上具有道路跟踪能力，可避免与前方车辆碰撞的视觉辅助驾驶系统。这里要指出的一点是在计算机视觉系统中计算机起代替人脑的作用，但并不意味着计算机必须按人类视觉的方法完成视觉信息的处理。

计算机视觉可以而且应该根据计算机系统的特点进行视觉信息的处理。但是，人类视觉系统是迄今为止，人们所知道的功能最强大和完善的视觉系统。

对人类视觉处理机制的研究将给计算机视觉的研究提供启发和指导。因此，用计算机信息处理的方法研究人类视觉的机理，建立人类视觉的计算理论，也是一个非常重要和让人感兴趣的研究领域。

机器视觉：其检测系统采用 CCD 照相机将被检测的目标转换成图像信号，传送给专用的图像处理系统，根据像素分布和亮度、颜色等信息，转变成数字化信号，图像处理系统对这些信号进行各种运算来抽取目标的特征，如面积、数量、位置、长度，再根据预设的允许度和其他条件输出结果，包括尺寸、角度、个数、合格/不合格、有/无等，实现自动识别功能。

13.3.5 神经网络的图像识别技术

神经网络图像识别技术是在传统的图像识别方法和基础上融合神经网络算法的一种图像识别方法。在神经网络图像识别技术中，遗传算法与 BP 网络相融合的神经网络图像识别模型是非常经典的，在很多领域都有它的应用。在图像识别系统中利用神经网络系统，一般会先提取图像的特征，再利用图像所具有的特征映射到神经网络进行图像识别分类。

以汽车拍照自动识别技术为例，当汽车通过的时候，汽车自身具有的检测设备会有所感应。此时检测设备就会启用图像采集装置来获取汽车正反面的图像。获取了图像后必须将图像上传到计算机进行保存以便识别。最后车牌定位模块就会提取车牌信息，对车牌上的字符进行识别并显示最终的结果。在对车牌上的字符进行识别的过程中就用到了基于模板匹配算法和基于人工神经网络算法。

13.4 图像识别技术的应用

图像是人类获取和交换信息的主要来源，因此与图像相关的图像识别技术必定也是未来的研究重点。计算机的图像识别技术（见图 13-15）在公共安全、生物、工业、农业、交通、医疗等很多领域都有应用。例如交通方面的车牌识别系统，公共安全方面的人脸识别技术、指纹识别技术，农业方面的种子识别技术、食品品质检测技术，医学方面的心电图识别技术等。随着计算机技术的不断发展，图像识别技术也在不断优化，其算法也在不断改进。

图 13-15　图像识别技术的应用

13.4.1 机器视觉的行业应用

在国外，机器视觉的应用主要体现在半导体及电子行业，其中大概 40%~50% 都集中在半导体行业。具体如 PCB 印刷电路：各类生产印刷电路板组装技术、设备；单、双面、多层线路板，覆铜板及所需的材料及辅料；辅助设施以及耗材、油墨、药水药剂、配件；电子封装技术与设备；丝网印刷设备及丝网周边材料等。SMT 表面贴装：SMT 工艺与设备、焊接设备、测试仪器、返修设备及各种辅助工具及配件、SMT 材料、贴片剂、胶粘剂、焊剂、焊料及防氧化油、焊膏、清洗剂等；再流焊机、波峰焊机及自动化生产线设备。电子生产加工设备：电子元件制造设备、半导体及集成电路制造设备、元器件成型设备、电子工模具。机器视觉系统还在质量检测的各个方面已经得到了广泛的应用，并且其产品在应用中占据举足轻重的地位。

随着经济水平的提高，3D 机器视觉也开始进入人们的视野。3D 机器视觉大多用于水果和蔬菜、木材、化妆品、烘焙食品、电子组件和医药产品的评级。它可以提高合格产品的生产能力，在生产过程的早期就报废劣质产品，从而减少了浪费节约成本。这种功能非常适合用于高度、形状、数量甚至色彩等产品属性的成像。

在行业应用方面，主要有制药、包装、电子、汽车制造、半导体、纺织、烟草、交通、物流等行业，用机器视觉技术取代人工，可以提供生产效率和产品质量。例如，在物流行业，可以使用机器视觉技术进行快递的分拣分类，减少物品的损坏率，可以提高分拣效率，减少人工劳动。

13.4.2 检测与机器人视觉应用

机器视觉的应用主要有检测和机器人视觉两个方面：

（1）检测。又可分为高精度定量检测（如显微照片的细胞分类、机械零部件的尺寸和位置测量）和不用量器的定性或半定量检测（如产品的外观检查、装配线上的零部件识别定位、缺陷性检测与装配完全性检测）。

（2）机器人视觉。用于指引机器人在大范围内的操作和行动，如从料斗送出的杂乱工件堆中拣取工件并按一定的方位放在传输带或其他设备上（即料斗拣取问题）。至于小范围内的操作和行动，还需要借助触觉传感技术。

此外还有自动光学检查、人脸识别、无人驾驶汽车、产品质量等级分类、印刷品质量自动化检测、文字识别、纹理识别、追踪定位等机器视觉图像识别的应用。

1．汽车车身检测系统

英国 ROVER 汽车公司 800 系列汽车车身轮廓尺寸精度的 100% 在线检测（见图 13-16），是机器视觉系统用于工业检测中的一个较为典型的例子，该系统由 62 个测量单元组成，每个测量单元包括一台激光器和一个 CCD 摄像机，用以检测车身外壳上 288 个测量点。汽车车身置于测量框架下，通过软件校准车身的精确位置。

图 13-16　汽车在线检测

测量单元的校准会影响检测精度，因而受到特别重视。每个激光器／摄像机单元均在离线状态下经过校准。同时还有一个在离线状态下用三坐标测量机校准过的校准装置，可对摄像顶进行在线校准。

检测系统以每 40 秒检测一个车身的速度，检测三种类型的车身。系统将检测结果与人、从 CAD 模型中提取出来的合格尺寸相比较，测量精度为 ±0.1mm。ROVER 的质量检测人员用该系统来判别关键部分的尺寸一致性，如车身整体外形、门、玻璃窗口等。实践证明，该系统是成功的，并用于 ROVER 公司其他系统列汽车的车身检测。

2．质量检测系统

纸币印刷质量检测系统利用图像处理技术，通过对生产流水线上纸币的 20 多项特征（号码、盲文、颜色、图案等）进行比较分析，检测纸币的质量，替代传统的人眼辨别的方法。

瓶装啤酒生产流水线检测系统可以检测啤酒是否达到标准的容量、啤酒标签是否完整。

3．智能交通管理系统

通过在交通要道放置摄像头，当有违章车辆（如闯红灯）时，摄像头将车辆的牌照拍摄下来，传输给中央管理系统，系统利用图像处理技术，对拍摄的图片进行分析，提取出车牌号，存储在数据库中，供管理人员进行检索。

4．图像分析

金相图像分析系统能对金属或其他材料的基体组织、杂质含量、组织成分等进行精确、客观地分析，为产品质量提供可靠的依据。例如金属表面的裂纹测量：用微波作为信号源，根据微波发生器发出不同波涛率的方波，测量金属表面的裂纹，微波的波的频率越高，可测的裂纹越狭小。

医疗图像分析，包括血液细胞自动分类计数、染色体分析、癌症细胞识别等。

5．大型工件平行度、垂直度测量仪

在加工或安装大型工件时，采用激光扫描与 CCD 探测系统的大型工件平行度、垂直度测量仪，它以稳定的准直激光束为测量基线，配以回转轴系，旋转五角标棱镜扫出互相平行或垂直的基准平面，将其与被测大型工件的各面进行比较。

6．轴承实时监控

视觉技术实时监控轴承的负载和温度变化，消除过载和过热的危险。将传统上通过测量滚珠表面保证加工质量和安全操作的被动式测量变为主动式监控。

13.4.3　应用案例：布匹质量检测

在布匹生产过程中，像布匹质量检测这种有高度重复性和智能性的工作通常只能靠人工检测来完成，在现代化流水线后面常常可看到很多检测工人来执行这道工序，给企业增加巨大的人工成本和管理成本的同时，却仍然不能保证 100 % 的检验合格率（即"零缺陷"）。对布匹质量的检测是重复性劳动，容易出错且效率低。采用机器视觉的自动识别技术，在大批量的布匹检测中，可以大大提高生产效率和生产的自动化程度。

1．特征提取辨识

一般布匹检测（自动识别）先利用高清晰度、高速摄像镜头拍摄标准图像，在此基础上

设定一定标准；然后拍摄被检测的图像，再将两者进行对比。但是在布匹质量检测工程中要复杂一些：

（1）图像的内容不是单一的图像，每块被测区域存在杂质的数量、大小、颜色、位置可能不一致。

（2）杂质的形状难以事先确定。

（3）由于布匹快速运动对光线产生反射，图像中可能会存在大量的噪声。

（4）在流水线上，对布匹进行检测，有实时性的要求。

由于上述原因，图像识别处理时应采取相应的算法，提取杂质的特征，进行模式识别，实现智能分析。

2．色质检测

一般而言，从彩色 CCD 照相机中获取的图像都是 RGB 图像。也就是说每一个像素都由红（R）绿（G）蓝（B）三个成分组成，来表示 RGB 色彩空间中的一个点。问题在于这些色差不同于人眼的感觉，即使很小的噪声也会改变颜色空间中的位置。所以无论人眼感觉有多么的近似，在颜色空间中也不尽相同。基于上述原因，需要将 RGB 像素转换成为另一种颜色空间 CIELAB。目的是使人眼的感觉尽可能的与颜色空间中的色差相近。

3．Blob 检测

根据上面得到的处理图像，根据需求，在纯色背景下检测杂质色斑，并且要计算出色斑的面积，以确定是否在检测范围之内。因此图像处理软件要具有分离目标，检测目标，并且计算出其面积的功能。

Blob 分析（Blob Analysis）是对图像中相同像素的连通域进行分析，该连通域称为Blob。经二值化（Binary Thresholding）处理后的图像中的色斑可认为是 Blob。Blob 分析工具可以从背景中分离出目标，并可计算出目标的数量、位置、形状、方向和大小，还可以提供相关斑点间的拓扑结构。在处理过程中不是采用单个的像素逐一分析，而是对图像的行进行操作。图像的每一行都用游程长度编码（RLE）来表示相邻的目标范围。这种算法与基于像素的算法相比，大大提高了处理速度。

4．结果处理和控制

应用程序把返回的结果存入数据库或用户指定的位置，并根据结果控制机械部分做相应的运动。

根据识别的结果，存入数据库进行信息管理。以后可以随时对信息进行检索查询，管理者可以获知某段时间内流水线的忙闲，为下一步的工作作出安排；可以获知布匹的质量情况，等等。

13.5 智能图像处理技术

机器视觉的图像处理系统对现场的数字图像信号按照具体的应用要求进行运算和分析，根据获得的处理结果控制现场设备的动作（见图 13-17）。

图 13-17　人工智能图像处理

13.5.1　图像采集

图像采集就是从工作现场获取场景图像的过程，是机器视觉的第一步，采集工具大多为 CCD 或 CMOS 照相机或摄像机。照相机采集的是单幅的图像，摄像机可以采集连续的现场图像。就一幅图像而言，它实际上是三维场景在二维图像平面上的投影，图像中某一点的彩色（亮度和色度）是场景中对应点彩色的反映。这就是可以用采集图像来替代真实场景的根本依据所在。

如果照相机是模拟信号输出，需要将模拟图像信号数字化后送给计算机（包括嵌入式系统）处理。现在大部分相机都可直接输出数字图像信号，可以免除模数转换这一步骤。不仅如此，现在照相机的数字输出接口也是标准化的，如 USB、VGA、1394、HDMI、Wi-Fi、Blue Tooth 接口等，可以直接送入计算机进行处理，以免除在图像输出和计算机之间加接一块图像采集卡的麻烦。后续的图像处理工作往往是由计算机或嵌入式系统以软件的方式进行。

13.5.2　图像预处理

对于采集到的数字化的现场图像，由于受到设备和环境因素的影响，往往会受到不同程度的干扰，如噪声、几何形变、彩色失调等，都会妨碍接下来的处理环节。为此，必须对采集图像进行预处理。常见的预处理包括噪声消除、几何校正、直方图均衡等处理。

通常使用时域或频域滤波的方法来去除图像中的噪声；采用几何变换的办法来校正图像的几何失真；采用直方图均衡、同态滤波等方法来减轻图像的彩色偏离。总之，通过这一系列的图像预处理技术，对采集图像进行"加工"，为机器视觉应用提供"更好""更有用"的图像。

13.5.3　图像分割

图像分割就是按照应用要求，把图像分成各具特征的区域，从中提取出感兴趣的目标。在图像中常见的特征有灰度、彩色、纹理、边缘、角点等。例如，对汽车装配流水线图像进行分割，分成背景区域和工件区域，提供给后续处理单元对工件安装部分的处理。

图像分割多年来一直是图像处理中的难题，至今已有种类繁多的分割算法，但是效果往往并不理想。近年来，人们利用基于神经网络的深度学习方法进行图像分割，其性能胜过传统算法。

13.5.4　目标识别和分类

在制造或安防等行业，机器视觉都离不开对输入图像的目标（又称特征）进行识别（见

图 13-18）和分类处理，以便在此基础上完成后续的判断和操作。识别和分类技术有很多相同的地方，常常在目标识别完成后，目标的类别也就明确了。近来的图像识别技术正在跨越传统方法，形成以神经网络为主流的智能化图像识别方法，如卷积神经网络（CNN）、回归神经网络（RNN）等一类性能优越的方法。

图 13-18　目标（特征）识别

13.5.5　目标定位和测量

在智能制造中，最常见的工作就是对目标工件进行安装，但是在安装前往往需要先对目标进行定位，安装后还需对目标进行测量。安装和测量都需要保持较高的精度和速度，如毫米级精度（甚至更小），毫秒级速度。这种高精度、高速度的定位和测量，依靠通常的机械或人工的方法是难以办到的。在机器视觉中，采用图像处理的办法，对安装现场图像进行处理，按照目标和图像之间的复杂映射关系进行处理，从而快速精准地完成定位和测量任务。

13.5.6　目标检测和跟踪

图像处理中的运动目标检测和跟踪，就是实时检测摄像机捕获的场景图像中是否有运动目标，并预测它下一步的运动方向和趋势，即跟踪。并及时将这些运动数据提交给后续的分析和控制处理，形成相应的控制动作。图像采集一般使用单个摄像机，如果需要也可以使用两个摄像机，模仿人的双目视觉而获得场景的立体信息，这样更加有利于目标检测和跟踪处理。

作　业

1. 模式识别原本是（　　）的一项基本智能。

    A. 人类　　　　　　　　　　　　　　B. 动物

    C. 计算机　　　　　　　　　　　　　D. 人工智能

2. 人工智能领域通常所指的模式识别主要是对语音波形、地震波、心电图、脑电图、图片、照片、文字、符号、生物传感器等对象的具体模式进行（　　）。

    A. 分类和计算　　　　　　　　　　　B. 清洗和处理

    C. 辨识和分类　　　　　　　　　　　D. 存储与利用

3. 要实现计算机视觉必须有图像处理的帮助，而图像处理依赖于（　　）的有效运用。

    A. 输入和输出　　　　　　　　　　　B. 模式识别

    C. 专家系统　　　　　　　　　　　　D. 智能规划

4. 模式识别是一门与概率与统计紧密结合的科学，主要分为三种，但下列（　　）模式识别不属于其中之一。

    A. 统计　　　　　　　B. 句法　　　　　　　C. 模糊　　　　　　　D. 智能

5. 图像识别是指利用（　　）对图像进行处理、分析和理解，以识别各种不同模式的目标和对象的技术。

    A. 专家　　　　　　　B. 计算机　　　　　　C. 放大镜　　　　　　D. 工程师

6. 图形刺激作用于感觉器官，人们辨认出它是经历过的某一图形的过程，称为（　　）。

    A. 图像再认　　　　　　　　　　　　　B. 图像识别

    C. 图像处理　　　　　　　　　　　　　D. 图像保存

7. 图像识别是以图像的主要（　　）为基础的。

    A. 元素　　　　　　　B. 像素　　　　　　　C. 特征　　　　　　　D. 部件

8. 基于计算机视觉的图像检索可分为类似文本搜索引擎的三个步骤，但下列（　　）不属于其中之一。

    A. 提取特征　　　　　　　　　　　　　B. 建立索引

    C. 查询　　　　　　　　　　　　　　　D. 清晰

9. 图像识别的发展经历了三个阶段，但下列（　　）不属于其中之一。

    A. 文字识别　　　　　　　　　　　　　B. 像素识别

    C. 物体识别　　　　　　　　　　　　　D. 数字图像处理与识别

10. 现代图像识别技术的一个不足是（　　）。

    A. 自适应性能差　　　　　　　　　　　B. 图像像素不足

    C. 识别速度慢　　　　　　　　　　　　D. 识别结果不稳定

11. 图像识别的主要方法有三种，但下列（　　）识别不属于其中之一。

    A. 统计模式　　　　　　　　　　　　　B. 结构模式

    C. 像素模式　　　　　　　　　　　　　D. 模糊模式

12. （　　）是图像处理中的一项关键技术，一直都受到人们的高度重视。

    A. 数据离散　　　　　　　　　　　　　B. 图像聚合

    C. 图像解析　　　　　　　　　　　　　D. 图像分割

13. 具有智能图像处理功能的（　　），相当于人们在赋予机器智能的同时为机器安上了眼睛。

    A. 机器视觉　　　　　　　　　　　　　B. 图像识别

    C. 图像处理　　　　　　　　　　　　　D. 信息视频

14. 图像处理技术的主要内容包括三个部分，但下列（　　）不属于其中之一。

    A. 图像压缩　　　　　　　　　　　　　B. 数据排序

    C. 增强和复原　　　　　　　　　　　　D. 匹配、描述和识别

15. 图像处理一般指数字图像处理。常见的处理有图像数字化、图像编码、图像增强、（　　）等。

    A. 图像复原　　　　　　　　　　　　　B. 图像分割

    C. 图像分析　　　　　　　　　　　　　D. A、B 和 C

16. 机器视觉需要（　　），以及物体建模。一个有能力的视觉系统应该把所有这些处理都紧密地集成在一起。

    A. B、C 和 D   B. 图像信号

    C. 纹理和颜色建模   D. 几何处理和推理

17. 计算机视觉要达到的基本目的是（　　），以及根据多幅二维投影图像恢复出更大空间区域的投影图像。

    A. 根据一幅或多幅二维投影图像计算出观察点到目标物体的距离

    B. 根据一幅或多幅二维投影图像计算出目标物体的运动参数

    C. 根据一幅或多幅二维投影图像计算出目标物体的表面物理特性

    D. A、B 和 C

18. 神经网络图像识别技术是在（　　）的图像识别方法和基础上融合神经网络算法的一种图像识别方法。

    A. 现代   B. 传统   C. 智能   D. 先进

19. 图像采集就是从（　　）获取场景图像的过程，是机器视觉的第一步。

    A. 终端设备   B. 数据存储

    C. 工作现场   D. 离线终端

20. 图像分割就是按照应用要求，把图像分成不同（　　）的区域，从中提取出感兴趣的目标。

    A. 特征   B. 大小   C. 色彩   D. 像素

🍵 思维与操作实训 参观与讨论：校园安防的图像识别系统

1. 实训目的

在开始本实训之前，请认真阅读课程的相关内容。

（1）熟悉模式识别、图像识别等概念和相关知识。

（2）熟悉机器视觉、计算机视觉与图像处理的概念和相关知识。

（3）熟悉智能图像处理技术。

2. 实训内容与步骤

（1）请组织或自行组织，参观校园已经建设的安防系统，了解校园安防系统中应用的图像识别功能，理解这些功能的安全作用。

（2）讨论：在国内的大型商场、道路交通等重要场合建设了较为完整的"天网"视频监控系统，请了解这样的系统，讨论它们存在的意义和可能存在的问题。

请记录小组讨论的主要观点，推选代表在课堂上简单阐述你们的观点。

3. 实训总结

_____

4. 教师对实训的评价

第14章

自然语言处理

导读案例 机器翻译：大数据的简单算法与小数据的复杂算法

　　20世纪40年代，计算机由真空管制成，要占据整个房间这么大的空间，而机器翻译也只是计算机开发人员的一个想法。在冷战时期，美国掌握了大量关于苏联的各种资料，但缺少翻译这些资料的人。所以，计算机翻译成了亟待解决的问题。

　　最初，计算机研发人员打算将语法规则和双语词典结合在一起。1954年，IBM以计算机中的250个词语和六条语法规则为基础，将60个俄语词组翻译成了英语，结果振奋人心。IBM 701（见图14-1）通过穿孔卡片读取了一句话，并将其译成了"我们通过语言来交流思想"。在庆祝这个成就的发布会上，一篇报道就有提到，这60句话翻译得很流畅。这个程序的指挥官利昂·多斯特尔特表示，他相信"在三五年后，机器翻译将会变得很成熟"。

图14-1　IBM 701计算机

　　事实证明，计算机翻译最初的成功误导了人们。1966年，一群机器翻译的研究人员意识到，翻译比他们想象的更困难，他们不得不承认自己的失败。机器翻译不能只是让电脑熟悉常用规则，还必须教会计算机处理特殊的语言情况。毕竟，翻译不仅仅只是记忆和复述，也涉及选词，而明确地教会计算机这些非常不现实。

　　在20世纪80年代后期，IBM的研发人员提出了一个新的想法。与单纯教给计算机语言规则和词汇相比，他们试图让计算机自己估算一个词或一个词组适合于用来翻译另一种语言中的一个词和词组的可能性，然后再决定某个词和词组在另一种语言中的对等词和词组。

20世纪90年代，IBM这个名为Candide的项目花费了大概十年的时间，将大约有300万句之多的加拿大议会资料译成了英语和法语并出版。由于是官方文件，翻译的标准非常高。用那个时候的标准来看，数据量非常之庞大。统计机器学习从诞生之日起，就聪明地把翻译的挑战变成了一个数学问题，而这似乎很有效！计算机翻译能力在短时间内就提高了很多。然而，在这次飞跃之后，IBM公司尽管投入了很多资金，但取得的成效不大。最终，IBM公司停止了这个项目。

2006年，谷歌公司也开始涉足机器翻译。这被当作实现"收集全世界的数据资源，并让人人都可享受这些资源"这个目标的一个步骤。谷歌翻译开始利用一个更大更繁杂的数据库，也就是全球的互联网，而不再只利用两种语言之间的文本翻译。

为了训练计算机，谷歌翻译系统会吸收它能找到的所有翻译。它会从各种语言的公司网站上寻找对译文档，还会去寻找联合国和欧盟这些国际组织发布的官方文件和报告的译本。它甚至会吸收速读项目中的书籍翻译。谷歌翻译部的负责人弗朗兹·奥齐是机器翻译界的权威，他指出，"谷歌的翻译系统不会像Candide一样只是仔细地翻译300万句话，它会掌握用不同语言翻译的质量参差不齐的数十亿页的文档。"不考虑翻译质量的话，上万亿的语料库就相当于950亿句英语。

尽管其输入源很混乱，但较其他翻译系统而言，谷歌的翻译质量相对而言还是最好的，而且可翻译的内容更多。到2012年年中，谷歌数据库涵盖了60多种语言，甚至能够接受14种语言的语音输入，并有很流利的对等翻译。之所以能做到这些，是因为它将语言视为能够判别可能性的数据，而不是语言本身。如果要将印度语译成加泰罗尼亚语，谷歌就会把英语作为中介语言。因为在翻译的时候它能适当增减词汇，所以谷歌的翻译比其他系统的翻译灵活很多（见图14-2）。

图14-2　谷歌翻译

谷歌的翻译之所以更好并不是因为它拥有一个更好的算法机制。和微软的班科和布里尔一样，这是因为谷歌翻译增加了很多各种各样的数据。从谷歌的例子来看，它之所以能比IBM的Candide系统多利用成千上万的数据，是因为它接受了有错误的数据。2006年，谷歌发布的上万亿的语料库，就是来自互联网的一些废弃内容。这就是"训练集"，可以正确地推算出英语词汇搭配在一起的可能性。

谷歌公司人工智能专家彼得·诺维格在一篇题为《数据的非理性效果》的文章中写道，"大数据基础上的简单算法比小数据基础上的复杂算法更加有效。"他们就指出，混杂是关键。

"由于谷歌语料库的内容来自未经过滤的网页内容，所以会包含一些不完整的句子、拼写错误、语法错误以及其他各种错误。况且，它也没有详细的人工纠错后的注解。但是，谷歌语料库的数据优势完全压倒了缺点。"

📢 教学视频 瓶子满了吗?

上课了，教授从带来的手提包中，拿出一个空的敞口玻璃瓶。他先往里面倒满了小石头，问同学们"满了吗？"大家不知道教授的意图是什么，但一致回答："满了"；接着，教授又继续往这个瓶子里倒入满满一杯细沙……（见图 14-3）

图 14-3 瓶子满了吗?

请大家欣赏教学视频：瓶子满了吗？片子并不长，但希望思考会很久很久……

14.1 语言的问题和可能性

人工智能中研究历史最长、研究最多、要求最高的领域之一是语音和语言处理。开发智能系统的任何尝试，最终似乎都必须解决一个问题，即使用何种形式的标准进行交流，比起使用图形系统或基于数据系统的交流，语言交流通常是首选。

语言是人类区别其他动物的本质特性。在所有生物中，只有人类才具有语言能力，人类的多种智能都与语言有着密切的关系。人类的逻辑思维以语言为形式，人类的绝大部分知识也是以语言文字的形式记载和流传下来的。

口语是人类之间最常见、最古老的语言交流形式（见图 14-4），使我们能够进行同步对话——可以与一个或多个人进行交互式交流，让我们变得更具表现力，最重要的是，也可以让我们彼此倾听。虽然语言有其精确性，却很少有人会非常精确地使用语言。两方或多方说的不是同一种语言，对语言有不同的解释，词语没有被正确理解，声音可能会模糊、听不清或很含糊，又或者受到地方方言的影响，此时，口语就会导致误解。

图 14-4　AI 语言处理

文本语言可以提供记录（无论是书、文档、电子邮件还是其他形式），这是明显的优势，但是文本语言缺乏口语所能提供的自发性、流动性和交互性。

试思考下列一些通信方式，思考这些方式在正常使用的情况下如何导致沟通不畅：

（1）电话——声音可能听不清楚，一个人的话可能被误解，双方对语言理解构成了其独特的问题集，存在错误解释、错误理解、错误回顾等许多可能性。

（2）手写信——可能难以辨认，容易发生各种书写错误；邮局可能会丢失信件；发信人和日期可以省略。

（3）打字信——速度不够快，信件的来源及其背后的真实含义可能被误解，可能不够正式。

（4）电子邮件——需要上网，容易造成上下文理解错误和误解了其意图。

（5）微信消息——精确、快速，可能是同步的，但是仍然不像说话那样流畅。记录可以得到保存。

（6）短信——需要手机，长度有限，可能难以编写（如键盘小，在驾驶或在上课期间不能发短信等）。

语言既是精确也是模糊的。在法律或科学事务中，语言可以得到精确使用；又或者它可以有意地以"艺术"的方式（如诗歌或小说）使用。作为交流的一种形式，书面语或口语可能是含糊不清的。

示例 14-1　"音乐会结束后，我要在酒吧见到你。"

尽管很多缺失的细节使得这个约会可能不会成功，但是这句话的意图是明确的。如果音乐厅里有多个酒吧怎么办？音乐会可能在酒吧里，我们在音乐会后相见吗？相见的确切时间是什么？你愿意等待多久？语句"音乐会结束后"表明了意图，但是不明确。

示例 14-2　"在第三盏灯那里右转。"

这句话的意图是明确的，但是省略了很多细节。灯有多远？它们可能会相隔几个街区或者相距几公里。当方向给出后，提供更精确的信息（如距离、地标等）将有助于驾驶指导。

可以看到，语言中有许多可能的含糊之处。因此，可以想象语言理解可能会给机器带来的问题。

14.2　什么是自然语言处理

自然语言处理（Natural Language Processing，NLP，见图 14-5）是计算机科学与人工智能领域的一个重要的研究与应用方向，是一门融语言学、计算机科学、数学于一体的科学，它研究能实现人与计算机之间用自然语言进行有效通信的各种理论和方法。因此，这一领域的研究涉及自然语言，与语言学的研究有密切联系又有重要区别。自然语言处理研制能有效地实现自然语言通信的计算机系统，特别是其中的软件系统。

图 14-5　自然语言处理

　　使用自然语言与计算机进行通信，这是人们长期以来所追求的。因为它既有明显的实际意义，同时也有重要的理论意义：人们可以用自己最习惯的语言来使用计算机，而无须再花大量的时间和精力去学习不很自然和不习惯的各种计算机语言；人们也可通过它进一步了解人类的语言能力和智能的机制。

　　实现人机间自然语言通信意味着要使计算机既能理解自然语言文本的意义，也能以自然语言文本来表达给定的意图、思想等。前者称为自然语言理解，后者称为自然语言生成，因此，自然语言处理大体包括了这两个部分。历史上对自然语言理解研究得较多，而对自然语言生成研究得较少。但这种状况已有所改变。

　　自然语言处理（见图 14-6），无论是实现人机间自然语言通信，或实现自然语言理解和自然语言生成，都是十分困难的。从现有的理论和技术现状看，通用的、高质量的自然语言处理系统，仍然是较长期的努力目标，但是针对一定应用，具有相当自然语言处理能力的实用系统已经出现，有些已商品化，甚至开始产业化。典型的例子有：多语种数据库和专家系统的自然语言接口、各种机器翻译系统、全文信息检索系统、自动文摘系统等。

图 14-6　自然语言处理的能力

造成自然语言处理困难的根本原因是自然语言文本和对话的各个层次上广泛存在的各种各样的歧义性或多义性。一个中文文本从形式上看是由汉字（包括标点符号等）组成的一个字符串。由字组成词，由词组成词组，由词组组成句子，进而由一些句子组成段、节、章、篇。无论在字（符）、词、词组、句子、段……的各种层次，还是在下一层次向上一层次转变中，都存在歧义和多义现象，即形式上一样的一段字符串，在不同的场景或不同的语境下，可以理解成不同的词串、词组串等，并有不同的意义。反过来，一个相同或相近的意义同样也可以用多个文本或多个字符串来表示。一般情况下，它们中的大多数都可以根据相应的语境和场景的规定而得到解决。也就是说，从总体上说，并不存在歧义。这也就是我们平时并不感到自然语言歧义和能用自然语言进行正确交流的原因。

我们也看到，为了消解歧义，需要大量的知识和推理。如何将这些知识较完整地加以收集和整理出来；如何找到合适的形式，将它们存入计算机系统中去；以及如何有效地利用它们来消除歧义，都是工作量极大且十分困难的工作。

自然语言的形式（字符串）与其意义之间是一种多对多的关系，其实这也正是自然语言的魅力所在。但从计算机处理的角度看，我们必须消除歧义，要把带有潜在歧义的自然语言输入转换成某种无歧义的计算机内部表示。

以基于语言学的方法、基于知识的方法为主流的自然语言处理研究所存在的问题主要有两个方面：一方面，迄今为止的语法都限于分析一个孤立的句子，上下文关系和谈话环境对本句的约束和影响还缺乏系统的研究，因此分析歧义、词语省略、代词所指、同一句话在不同场合或由不同的人说出来所具有的不同含义等问题，尚无明确规律可循，需要加强语用学的研究才能逐步解决。另一方面，人理解一个句子不是单凭语法，还运用了大量的有关知识，包括生活知识和专门知识，这些知识无法全部储存在计算机中。因此一个书面理解系统只能建立在有限的词汇、句型和特定的主题范围内；计算机的储存量和运转速度大大提高之后，才有可能适当扩大范围。

14.3　自然语言处理的历史

最早的自然语言理解方面的研究工作是机器翻译。1949 年，美国人威弗首先提出了机器翻译设计方案，此后，自然语言处理历史大致分为六个时期。

14.3.1　基础期（20 世纪 40 年代和 50 年代）

自然语言处理的历史可追溯到以图灵的计算算法模型为基础的计算机科学发展之初。在奠定了初步基础后，该领域出现了许多子领域，每个子领域都为计算机进一步的研究提供了沃土。

图灵的工作导致了其他计算模型的产生，如麦卡洛克·皮茨神经元，它是对人类神经元进行建模，具有多个输入，并且只有组合输入超过阈值时才产生输出。之后是史蒂芬·科尔·克莱尼在有限自动机和正则表达式方面的工作，它们在计算语言学和理论计算机科学中发挥了重要作用。香农在有限自动机中引入了概率，使得这些模型在语言模糊表示方面变得更加强大。这些具有概率的有限自动机基于数学中的马尔可夫模型，它们在自然语言处理的下一个重大发展中起着至关重要的作用。

采纳了香农的观点，诺姆·乔姆斯基对形式语法的工作产生主要影响，建立了计算语言学。Chomsky 使用有限自动机描述形式语法，他按照生成语言的语法定义了语言。基于形式语言理论，语言可以被视为一组字符串，并且每个字符串可以被视为由有限自动机产生的符号序列。

在构建这个领域的过程中，香农与乔姆斯基对自然语言处理的早期工作产生了另一个重大的影响。特别是香农的噪声通道模型，对语言处理中概率算法的发展至关重要。在噪声通道模型中，假设输入由于噪声变得模糊不清，则必须从噪声输入中恢复原始词。在概念上，香农对待输入就好像输入已经通过了一个嘈杂的通信通道。基于该模型，香农使用概率方法找出输入和可能词之间的最佳匹配。

14.3.2　符号与随机方法（1960—1970 年）

从早期思想中，自然语言处理显然可以从两个不同的角度考虑，即符号和随机。Chomsky 的形式语言理论体现了符号的方法。基于这种观点，语言包含了一系列的符号，这些符号序列必须遵循其生成语法的句法规则。这种观点将语言结构简化为一组明确规定的规则，允许将每个句子和单词分解成结构组分。

人们发展了解析算法，将输入分解成更小的意义单元和结构单元，带来了几种不同的策略，如自上而下的解析和自下而上的解析。泽里格·哈里斯发展了转换和话语分析项目，后来的解析算法工作使用动态规划的概念，将中间结果存储在表中，构建最佳可能的解析。

因此，符号方法强调了语言结构以及对输入的解析，使输入的语句转换成结构单元。另一个主要方法是随机方法，这种方法更关注使用概率来表示语言中的模糊性。来自数学领域的贝叶斯方法用于表示条件概率。这种方法的早期应用包括光学字符识别以及布莱索和布朗尼建立的早期文本识别系统。给定一个字典，通过将字母序列中所包含的每个字母的似然值进行相乘，可以计算得到字母序列的似然值。

14.3.3　四种范式（1971—1983 年）

这一时期由四种范式主导：

（1）随机方法。在语音识别和解码方面，随机方法被应用到噪声通道模型的早期工作，马尔可夫模型被修改成为隐马尔可夫模型（HMM），进一步表示模糊性和不确定性。在语音识别的发展中，AT&T 的贝尔实验室、IBM 的托马斯 J．华盛顿研究中心和普林斯顿大学的国防分析研究所都发挥了关键作用。这一时期，随机方法开始占据主导地位。

（2）符号方法作出了重要贡献，自然语言处理是继经典符号方法后的另一个发展方向。

在所建立的系统中，人工智能研究人员开始强调所使用的基本推理和逻辑，例如纽厄尔和西蒙的逻辑理论家系统和一般求解器系统，为了使这些系统"合理化"它们的方式，给出解决方案，系统必须通过语言来"理解"问题。因此，在这些人工智能系统中，自然语言处理成为一个应用，这样就可以允许这些系统通过识别输入问题中的文本模式回答问题。

（3）基于逻辑的系统。使用形式逻辑来表示语言处理中所涉及的计算，主要的贡献包括 Colmerauer 及其同事在变形语法方面的工作、佩雷拉和沃伦在确定子句语法方面的工作、凯（Kay）在功能语法方面的工作以及布鲁斯南和卡普兰在词汇功能语法方面的工作。

20 世纪 70 年代，随着威诺格拉德的 SHRDLU 系统的诞生，自然语言处理迎来了它最具有生产力的时期。SHRDLU 系统是一个仿真系统，在该系统中，机器人将积木块移动到不同的位置。机器人响应来自用户的命令，将适合的积木块移动到彼此的顶部。例如，如果用户要求机器人将蓝色块移动到较大的红色块顶上，那么机器人将成功地理解并遵循该命令。这个系统将自然语言处理推至一个新的复杂程度，指向更高级的解析使用方式。解析不是简单地关注语法，而是在意义和话语的层面上使用，这样才能允许系统更成功地解释命令。

同样，耶鲁大学的 Roger Schank 及其同事在系统中建立了更多有关意义的概念知识。Schank 使用诸如脚本和框架这样的模型来组织系统可用的信息。例如，如果系统应该回答有关餐厅订单的问题，那么应该将与餐馆相关联的一般信息提供给系统。脚本可以捕获与已知场景相关联的典型细节信息，系统将使用这些关联回答关于这些场景的问题。其他系统，如 LUNAR（用于回答关于月亮岩石的问题），将自然语言理解与基于逻辑的方法相结合，使用谓词逻辑作为语义表达式。因此，这些系统结合了更多的语义知识，扩展了符号方法的能力，使其从语法规则扩展到语义理解。

（4）在格罗兹的工作中，最有特色的是话语建模范式，她和同事引入并集中研究话语和话语焦点的子结构上，而西德纳引入了首语重复法。霍布斯等研究者也在这一领域作出了贡献。

14.3.4 经验主义和有限状态模型（1984—1993 年）

20 世纪 80 年代和 90 年代初，随着早期想法的再次流行，有限状态模型等符号方法得以继续发展。卡普兰和凯在有限状态语音学和词法学方面的研究以及丘奇在有限状态语法模型方面的研究，带来了它们的复兴。

在这一时期，人们将第二个趋势称为"经验主义的回归"。这种方法受到 IBM 的托马斯 J. 华盛顿研究中心工作的高度影响，这个研究中心在语音和语言处理中采用概率模型。与数据驱动方法相结合的概率模型，将研究的重点转移到了对词性标注、解析、附加模糊度和语义学的研究。经验方法也带来了模型评估的新焦点，为评估开发了量化指标。其重点是与先前所发表的研究进行性能方面的比较。

14.3.5 大融合（1994—1999 年）

这一时期的变化表明，概率和数据驱动的方法在语音研究的各个方面（包括解析、词性标注、参考解析和话语处理的算法）成了 NLP 研究的标准。它融合了概率，并采用从语音识别和信息检索中借鉴来的评估方法。这一切都似乎与计算机速度和内存的快速增长相契合，计算机速度和内存的增长让人们可以在商业中利用各种语音和语言处理子领域的发展，特别是包括带有拼写和语法校正的语音识别子区域。同样重要的是，Web 的兴起强调了基于语言的检索和基于语言的信息提取的可能性和需求。

14.3.6 应用机器学习（2000—2008 年）

进入 20 世纪，标志着一个重要的发展：语言数据联盟（LDC）之类的组织提供了大量可用的书面和口头材料。在开发新的语言处理系统时，这种资源的价值立刻得以显现。通过比较系统化的解析和注释，新系统可以得到训练。监督机器学习成为解决诸如解析和语义分析等传统问题的主要部分。

随着计算机的速度和内存的不断增加，可用的高性能计算系统加速了这一发展。随着大量用户可用更多的计算能力，语音和语言处理技术可以应用于商业领域。特别是在各种环境中，具有拼写／语法校正工具的语音识别变得更加常用。由于信息检索和信息提取成了 Web 应用的关键部分，因此 Web 是这些应用的另一个主要推动力。

近年来，无人监督的统计方法开始重新得到关注。这些方法有效地应用到了对单独、未注释的数据进行机器翻译。开发可靠、已注释的语料库的成本成了监督学习方法使用的限制因素。

14.4 语法类型与语义分析

在自然语言处理中，我们可以在一些不同结构层次上对语言进行分析，如句法、词法和语义等，所涉及的一些关键术语简单介绍如下：

（1）词法。对单词的形式和结构的研究，还研究词与词根以及词的衍生形式之间的关系。

（2）句法。将单词放在一起形成短语和句子的方式，通常关注句子结构的形成。

（3）语义学。语言中对意义进行研究的科学。

（4）解析。将句子分解成语言组成部分，并对每个部分的形式、功能和语法关系进行解释。语法规则决定了解析方式。

（5）词汇。与语言的词汇、单词或语素（原子）有关。词汇源自词典。

（6）语用学。在语境中运用语言的研究。

（7）省略。省略了在句法上所需的句子部分，但是，从上下文而言，句子在语义上是清晰的。

14.4.1 语法类型

学习语法是学习语言和教授计算机语言的一种好方法。费根鲍姆等人将语言的语法定义为"指定在语言中所允许语句的格式，指出将单词组合成形式完整的短语和子句的句法规则"。

麻省理工学院的语言学家诺姆·乔姆斯基在对语言语法进行数学式的系统研究中做出了开创性的工作，为计算语言学领域的诞生奠定了基础。他将形式语言定义为一组由符号词汇组成的字符串，这些字符串符合语法规则。字符串集对应于所有可能句子的集合，其数量可能无限大。符号的词汇表对应于有限的字母或单词词典。

14.4.2 语义分析和扩展语法

Chomsky 非常了解形式语法的局限性，提出语言必须在两个层面上进行分析：表面结构，进行语法上的分析和解析；基础结构（深层结构），保留句子的语义信息。

关于复杂的计算机系统，通过与医学示例的类比，米基教授总结了表面理解和深层理解之间的区别："一位患者的臀部有一个脓肿，通过穿刺可以除去这个脓肿。但是，如果他患的是会迅速扩散的癌症（一个深层次的问题），那么任何次数的穿刺都不能解决这个问题。"

研究人员解决这个问题的方法是增加更多的知识，如关于句子的更深层结构的知识、关于句子目的的知识、关于词语的知识，甚至详尽地列举句子或短语的所有可能含义的知识。在过去几十年中，随着计算机速度和内存的成倍增长，这种完全枚举的可能性变得更加现实。

14.5 处理数据与处理工具

现代 NLP 算法是基于机器学习，特别是统计机器学习的，它不同于早期的尝试语言处理，通常涉及大量的规则编码。

14.5.1 统计 NLP 语言数据集

统计方法需要大量数据才能训练概率模型。出于这个目的，在语言处理应用中，使用了大量的文本和口语集。这些集由大量句子组成，人类注释者对这些句子进行了语法和语义信息的标记。

自然语言处理中的一些典型的自然语言处理数据集包括：tc-corpus-train（语料库训练集）、面向文本分类研究的中英文新闻分类语料、以 IG 卡方等特征词选择方法生成的多维度 ARFF 格式中文 VSM 模型、万篇随机抽取论文中文 DBLP 资源、用于非监督中文分词算法的中文分词词库、UCI 评价排序数据、带有初始化说明的情感分析数据集等。

14.5.2 自然语言处理工具

许多不同类型的机器学习算法已应用于自然语言处理任务。这些算法的输入是一大组从输入数据生成的"特征"。一些早期使用的算法，如决策树，if then 规则等类似于手写的规则，是最普通的系统体系。然而，越来越多的研究集中于统计模型，这使得基于附加实数值的权重、输入要素、概率的决策等变得重要。此类模型具有能够表达许多不同的可能的答案，而不是只有一个相对的确定性，产生更可靠的结果时，这种模型被包括作为较大系统的一个组成部分的优点。

（1）OpenNLP：是一个基于 Java 机器学习工具包，用于处理自然语言文本。支持大多数常用的 NLP 任务，如：标识化、句子切分、部分词性标注、名称抽取、组块、解析等。

（2）FudanNLP：主要是为中文自然语言处理而开发的工具包，也包含为实现这些任务的机器学习算法和数据集。本工具包及其包含数据集使用 LGPL 许可证，其开发语言为 Java，主要功能是：

①文本分类。新闻聚类。

②中文分词。词性标注、实体名识别、关键词抽取、依存句法分析、时间短语识别。

③结构化学习。在线学习、层次分类、聚类、精确推理。

（3）语言技术平台（Language Technology Platform，LTP）：是哈工大社会计算与信息检索研究中心历时十年开发的一整套中文语言处理系统。LTP 制定了基于 XML 的语言处理结果表示，并在此基础上提供了一整套自底向上的丰富而且高效的中文语言处理模块（包括词法、句法、语义等六项中文处理核心技术），以及基于动态链接库的应用程序接口，可视化工具，并且能够以网络服务的形式进行使用。

14.5.3 自然语言处理技术难点

自然语言处理的技术难点一般有：

（1）单词的边界界定。在口语中，词与词之间通常是连贯的，而界定字词边界通常使用的办法是取用能让给定的上下文最为通顺且在文法上无误的一种最佳组合。在书写上，汉语也没有词与词之间的边界。

（2）词义的消歧。许多字词不单只有一个意思，因而必须选出使句意最为通顺的解释。

（3）句法的模糊性。自然语言的文法通常是模棱两可的，针对一个句子通常可能会剖析出多棵剖析树，而我们必须要仰赖语意及前后文的信息才能在其中选择一棵最为适合的剖析树。

（4）有瑕疵的或不规范的输入。例如语音处理时遇到外国口音或地方口音，或者在文本的处理中处理拼写、语法或者光学字符识别（OCR）的错误。

（5）语言行为与计划。句子常常并不只是字面上的意思；例如，"你能把盐递过来吗？"，一个好的回答应当是把盐递过去；在大多数上下文环境中，"能"将是糟糕的回答，回答"不"或者"太远了我拿不到"也是可以接受的。再者，如果一门课程上一年来开设，对于提问"这门课程去年有多少学生没通过？"回答"去年没开这门课"要比回答"没人没通过"好。

14.6 语音处理

语音处理（Speech Signal Processing）是研究语音发声过程、语音信号的统计特性、语音的自动识别、机器合成以及语音感知等各种处理技术的总称。由于现代的语音处理技术都以数字计算为基础，并借助微处理器、信号处理器或通用计算机加以实现，因此也称数字语音信号处理。

语音信号处理是一门多学科的综合技术。它以生理、心理、语言以及声学等基本实验为基础，以信息论、控制论、系统论的理论作指导，通过应用信号处理、统计分析、模式识别等现代技术手段，发展成为新的学科。

14.6.1 语音处理的发展

语音信号处理的研究起源于对发音器官的模拟。1939 年美国 H．杜德莱展示了一个简单的发音过程模拟系统，以后发展为声道的数字模型。利用该模型可以对语音信号进行各种频谱及参数的分析，进行通信编码或数据压缩的研究，同时也可根据分析获得的频谱特征或参数变化规律，合成语音信号，实现机器的语音合成。利用语音分析技术，还可以实现对语音的自动识别，发音人的自动辨识，如果与人工智能技术结合，还可以实现各种语句的自动识别以至语言的自动理解，从而实现人机语音交互应答系统，真正赋予计算机以听觉的功能。

语言信息主要包含在语音信号的参数之中，因此准确而迅速地提取语言信号的参数是进行语音信号处理的关键。常用的语音信号参数有：共振峰幅度、频率与带宽、音调和噪声、噪声的判别等。后来又提出了线性预测系数、声道反射系数和倒谱参数等参数。这些参数仅仅反映了发音过程中的一些平均特性，而实际语言的发音变化相当迅速，需要用非平稳随机过程来描述，因此，20 世纪 80 年代之后，研究语音信号非平稳参数分析方法迅速发展，人们提出了一整套快速的算法，还有利用优化规律实现以合成信号统计分析参数的新算法，取得了很好的效果。

当语音处理向实用化发展时，人们发现许多算法的抗环境干扰能力较差。因此，在噪声环境下保持语音信号处理能力成为一个重要课题，这促进了语音增强的研究。一些具有抗干扰性的算法相继出现。当前，语音信号处理日益同智能计算技术和智能机器人的研究紧密结合，成为智能信息技术中的一个重要分支。

语音信号处理在通信、国防等部门中有着广阔的应用领域（见图 14-7）。为了改善通信中语言信号的质量而研究的各种频响修正和补偿技术，为了提高效率而研究的数据编码压缩技术，以及为了改善通信条件而研究的噪声抵消及干扰抑制技术，都与语音处理密切相关。在金融部门应用语音处理，开始利用说话人识别和语音识别实现根据用户语音自动存款、取款的业务。在仪器仪表和控制自动化生产中，利用语音合成读出测量数据和故障警告。随着语音处理技术的发展，可以预期它将在更多部门得到应用。

图 14-7　语音识别技术

14.6.2　语音理解

人们通常更方便说话而不是打字，因此语音识别软件非常受欢迎。口述命令比用鼠标或触摸板点击按钮更快。比如在 Windows 中打开如"记事本"这样的程序，需要单击"开始"→"程序"→"附件"→"记事本"命令，而语音识别软件允许用户简单地说"打开记事本"，就可以打开程序，节省了时间。

语音理解（Speech Understanding）是指利用知识表达和组织等人工智能技术进行语句自动识别和语意理解。同语音识别的主要不同点是对语法和语义知识的充分利用程度。

语音理解起源于美国，1971 年，美国远景研究计划局(ARPA)资助了一个庞大的研究项目，该项目要达到的目标称为语音理解系统。由于人对语音有广泛的知识，可以对要说的话有一定的预见性，所以人对语音具有感知和分析能力。依靠人对语言和谈论的内容所具有的广泛知识，利用知识提高计算机理解语言的能力，就是语音理解研究的核心。

利用理解能力，可以使系统提高性能：①能排除噪声和嘈杂声；②能理解上下文的意思并能用它来纠正错误，澄清不确定的语义；③能够处理不合语法或不完整的语句。因此，研究语音理解的目的，可以说是与其研究系统仔细地去识别每一个单词，倒不如去研究系统能抓住说话的要旨更为有效。

一个语音理解系统除了包括原语音识别所要求的部分之外，还须添入知识处理部分。知识处理包括知识的自动收集、知识库的形成，知识的推理与检验等，还希望能有自动地做知识修正的能力。因此，语音理解可以认为是信号处理与知识处理结合的产物。语音知识包括音位知识、音变知识、韵律知识、词法知识、句法知识，语义知识以及语用知识。这些知识涉及实验语音学、汉语语法、自然语言理解以及知识搜索等许多交叉学科。

14.6.3　语音识别

语音识别（Speech Recognition）是指利用计算机自动对语音信号的音素、音节或词进行识别的技术总称。语音识别是实现语音自动控制的基础。

语音识别起源于 20 世纪 50 年代的"口授打字机"梦想，科学家在掌握了元音的共振峰变迁问题和辅音的声学特性之后，相信从语音到文字的过程是可以用机器实现的，即可以把普通的读音转换成书写的文字。语音识别的理论研究已经有 40 多年，但是转入实际应用却是在数字技术、集成电路技术发展之后，现在已经取得了许多实用的成果。

语音识别一般要经过以下几个步骤：

（1）语音预处理，包括对语音的幅度标称化、频响校正、分帧、加窗和始末端点检测等内容。

（2）语音声学参数分析，包括对语音共振峰频率、幅度等参数，以及对语音的线性预测参数、倒谱参数等的分析。

（3）参数标称化，主要是时间轴上的标称化，常用的方法有动态时间规整（DTW）或动态规划方法（DP）。

（4）模式匹配，可以采用距离准则或概率规则，也可以采用句法分类等。

（5）识别判决，通过最后的判别函数给出识别的结果。

语音识别可按不同的识别内容进行分类：有音素识别、音节识别、词或词组识别；也可以按词汇量分类：有小词汇量（50 个词以下）、中词量（50~500 个词）、大词量（500 个词以上）及超大词量（几十至几万个词）。按照发音特点分类：可分为孤立音、连接音及连续音的识别。按照对发音人的要求分类：有认人识别，即只对特定的发话人识别，和不认人识别，即不分发话人是谁都能识别。显然，最困难的语音识别是大词量、连续音和不识人同时满足的语音识别。

14.6.4　自然语言处理的应用

如今，几乎每个人都拥有一台智能手机，这些设备具有语音识别功能，使用户能够说出自己的短信而无须输入字母。导航设备也增加了语音识别功能，用户无须打字，只需说出目的地址或"家"，就可以导航回家。如果有人由于拼写困难或存在视力问题，无法在小窗口中使用小键盘，那么语音识别功能是非常有帮助的（见图 14-8）。

图 14-8　自然语言处理的应用

作业

1. 自然语言处理是 AI 研究中（　　）的领域之一。

    A. 研究历史最长、研究最多、要求最高

    B. 研究历史较短，但研究最多、要求最高

    C. 研究历史最长、研究最多，但要求不高

    C. 研究历史最短、研究较少、要求不高

2. 在运用上，语言既是精确也是模糊的。由此，可以想象（　　）可能会给机器带来的问题。

    A. 语言表达   B. 语言收集

    C. 语言理解   D. 语言音色

3. 自然语言处理的研究至少涉及（　　）等语言学。

    A. 语言学   B. 计算机科学

    C. 数学   D. A、B 和 C

4. 人们长期以来所追求的，是使用（　　）与计算机进行通信。

    A. 程序语言   B. 自然语言

    C. 机器语言   D. 数学语言

5. 实现人机间自然语言通信，意味着要使计算机既能理解自然语言文本的意义，也能以自然语言文本来表达给定的意图、思想等。前者称为（　　），后者称为（　　）。因此，自然语言处理大体包括了这两个部分。

    A. 自然语言理解　　自然语言生成

    B. 自然语言生成　　自然语言理解

    C. 自然语言处理　　自然语言加工

    D. 自然语言输出　　自然语言识别

6. 造成自然语言处理困难的根本原因是自然语言文本和对话的各个层次上广泛存在的各种各样的（　　）。

    A. 一致性或统一性   B. 复杂性或重复性

    C. 歧义性或多义性   D. 一致性或多义性

7. 自然语言的形式（字符串）与其意义之间是一种多对多的关系，其实这也正是自然语言的（　　）所在。

    A. 缺点   B. 矛盾

    C. 困难   D. 魅力

8. 最早的自然语言理解方面的研究工作是（　　）。

    A. 语音识别   B. 机器翻译

    C. 语音合成   D. 语言分析

9. 在自然语言处理中，我们可以在一些不同（　　）上对语言进行分析。

    A. 语言种类   B. 语气语调

    C. 结构层次   D. 规模大小

10. 早些时候，通过非统计学方法进行的机器翻译主要有三种方法，但下列（　　）不属于其中之一。

  A. 自动翻译   B. 直接翻译

  C. 转换法   D. 中间语言方法

11. 不同于通常涉及大量的规则编码的早期尝试语言处理，现代 NLP 算法是基于（　　）。

  A. 自动识别   B. 机器学习

  C. 模式识别   D. 算法辅助

12. 语音处理是研究语音发声过程、语音信号的统计特性、（　　）、机器合成以及语音感知等各种处理技术的总称。

  A. 语音的自动模拟   B. 语音的自动检测

  C. 语音的自动识别   D. 语音的自动降噪

13. 语音信号处理是一门多学科的综合技术。它以（　　）以及声学等基本实验为基础。

  A. 生理   B. 心理

  C. 语言   D. A、B 和 C

14. 语音理解是指利用（　　）等人工智能技术进行语句自动识别和语意理解。

  A. 声乐和心理   B. 合成和分析

  C. 知识表达和组织   D. 字典和算法

思维与操作实训 自然语言处理实践

1. 实训目的

在开始本实训之前，请认真阅读课文的相关内容。

（1）了解语言的问题及其 AI 处理的可能性。

（2）熟悉自然语言处理的发展历史及其知识拓展内涵。

（3）了解自然语言处理和自然语音处理的基本方法。

2. 实训内容与步骤

（1）请观看教学视频：瓶子满了吗？体会这个视频段落要传达的思维内涵是什么。

答：_____

_____

_____

_____

（2）尝试独立进行语言处理并得出结果。

① 写出对下面这句话的尽可能多的解释：

Tom saw his dog in the park with the new galsses.

答：_____

_____

_____

_____

② 确定以下句子中动词"滚动"的不同感觉，并给出每个含义的非正式定义。尝试确定每种不同的感觉如何允许从每个句子中得出不同的结论。

我们把木头滚到河上。

_____

房子用圆木头建造。

_____

厨师用大罐子展开糕点。

_____

球滚过房间。

_____

我们使用小车将钢琴运到房子里。

_____

3．实训总结

_____
_____
_____
_____

_____

4．教师对实训的评价

_____
_____
_____
_____
_____

课程学习与实训总结

1．课程与实训的基本内容

至此，我们顺利完成了本课程的教学任务以及相关的全部实训操作。为巩固通过学习实训所了解和掌握的知识和技术，请就此做一个系统的总结。由于篇幅有限，如果书中预留的空白不够，请另外附纸张粘贴在边上。

（1）本学期完成的学习与实训操作主要有（请根据实际完成的情况填写）：

第 1 章：主要内容是：_____

_____

第 2 章：主要内容是：_____

_____

第 3 章：主要内容是：_____

_____

第 4 章：主要内容是：_____

_____

第 5 章：主要内容是：_____

_____

第 6 章：主要内容是：_____

_____

第 7 章：主要内容是：_____

_____

第 8 章：主要内容是：_____

_____

第 9 章：主要内容是：_____

_____

第 10 章：主要内容是：_____

_____

第 11 章：主要内容是：_____

_____

第 12 章：主要内容是：_____

_____

第 13 章：主要内容是：_____

_____

第 14 章：主要内容是：_____

_____

_____

（2）请回顾并简述：通过学习与实训，你初步了解了哪些有关人工智能的重要概念（至少 3 项）：

①名称：_____

　简述：_____

_____

_____

②名称：_____

　简述：_____

_____

_____

③名称：_____

　简述：_____

_____

_____

④名称：_____

　简述：_____

_____

_____

⑤名称：_____

　简述：_____

_____

_____

2．实训的基本评价

（1）在全部实训操作中，你印象最深，或者相比较而言你认为最有价值的是：

①_____

_____

_____

你的理由是：_____

_____

② _____

_____

_____

_____

你的理由是：_____

_____

_____

_____

_____

（2）在所有实训操作中，你认为应该得到加强的是：

① _____

_____

你的理由是：_____

_____

_____

_____

_____

② _____

_____

你的理由是：_____

_____

_____

_____

_____

（3）对于本课程和本书的实训内容，你认为应该改进的其他意见和建议是：

_____

_____

_____

_____

_____

_____

3．课程学习能力测评

请根据你在本课程中的学习情况，客观地在人工智能知识方面对自己做一个能力测评，在下表的"测评结果"栏中合适的项下打"✓"。

课程学习能力测评

关键能力	评价指标	测评结果					备注
		很好	较好	一般	勉强	较差	
课程基础内容	1．了解本课程的知识体系、理论基础及其发展						
	2．熟悉 AI 技术与应用的基本概念						
	3．熟悉智慧地球、大数据和 AI 等新思维						
	4．熟悉导读案例表达的知识内涵						
	5．了解 AI 的主要应用行业						
引言与典型应用	6．熟悉智慧城市与智能家居						
	7．熟悉智慧医疗与公共健康						
	8．熟悉智慧教育及其应用						
	9．熟悉新零售与智慧客户服务						
	10．熟悉 AI 时代的职业生涯规划						
基础知识	11．熟悉大数据时代思维变革						
	12．了解 AI 的知识表示方法						
基于知识的系统	13．了解专家系统及其典型案例						
	14．熟悉机器学习与应用						
	15．熟悉神经网络与深度学习						
高级专题	16．熟悉机器人与智能制造技术						
	17．了解智能图像处理技术						
	18．了解自然语言处理技术						
解决问题与创新	19．掌握通过网络提高专业能力、丰富专业知识的学习方法						
	20．能根据现有的知识与技能创新地提出有价值的观点						

说明："很好"5分，"较好"4分，余类推。全表满分为100分，你的测评总分为_____分。

4．人工智能导论学习与实训总结

_____

_____

_____

5．教师对学习与实训总结的评价

_____

_____

_____

_____

_____

各章作业参考答案

第1章

1. B　2. D　3. A　4. C　5. B　6. A　7. C　8. D　9. C　10. A
11. B　12. D　13. B

第2章

1. D　2. A　3. B　4. C　5. B　6. A　7. D　8. C　9. B　10. A
11. A

第3章

1. C　2. B　3. A　4. B　5. A　6. A　7. C　8. D　9. D　10. A
11. B　12. C　13. D　14. A　15. B

第4章

1. D　2. A　3. C　4. B　5. D　6. A　7. B　8. C　9. D　10. A

第5章

1. B　2. D　3. C　4. A　5. B　6. C　7. D　8. D　9. A　10. B
11. A　12. D　13. D　14. B

第6章

1. A　2. D　3. C　4. A　5. C　6. D　7. B　8. D　9. A

第 7 章

1. C 2. C 3. A 4. A 5. C 6. B 7. C 8. A 9. D 10. C
11. B 12. A 13. C 14. D 15. A

第 8 章

1. A 2. C 3. B 4. A 5. C 6. D 7. B 8. C 9. A 10. B
11. C 12. D 13. A 14. B

第 9 章

1. A 2. C 3. D 4. B 5. A 6. D 7. C 8. B 9. BCD
10. B 11. B 12. C 13. A 14. ABC 15. B

第 10 章

1. B 2. D 3. A 4. D 5. C 6. B 7. A 8. D 9. C 10. D
11. A 12. D

第 11 章

1. A 2. C 3. D 4. B 5. D 6. A 7. B 8. B 9. D 10. C
11. A 12. C

第 12 章

1. B 2. A 3. C 4. D 5.B 6. A 7. D 8. A 9. B 10. C
11. D 12. A 13. A 14. B 15. A 16. B

第 13 章

1. A 2. C 3. B 4. D 5. B 6. A 7. C 8. D 9. B 10. A
11. C 12. D 13. A 14. B 15. D 16. A 17. D 18. B 19. C 20. A

第 14 章

1. A 2. C 3. D 4. B 5. A 6. C 7. D 8. B 9. C 10. A
11. B 12. C 13. D 14. C